高等教育"双一流"工程图学类课程教材

陶 冶 王 静 高辉松 主编

# 工程制图 第3版

中国教育出版传媒集团

高等教育出版社·北京

内容提要

本书是在 2013 年出版的第 2 版基础上,依据教育部高等学校工程图学课程教学指导分委员会 2019 年制订的《高等学校工程图学课程教学基本要求》及最新发布的技术制图、机械制图相关国家标准修订而成的。

本书内容以培养学生徒手绘图、尺规作图、计算机绘图三种能力为重点,突出工程图学基础。主要内容包括工程图学基础(包括制图基本知识、投影基础、立体的投影、组合体视图、轴测图、机件的表达方法等),专业绘图基础(包括标准件与常用件、零件图、装配图、电气制图简介),计算机绘图基础等。不同专业可根据需求对教学内容进行取舍。

与本书配套的由陶冶、王静、肖露主编的《工程制图习题集》(第 3 版)由高等教育出版社同步出版,可供选用。

为便于教师进行教学和学生自学,与本书配套的多媒体课件及习题解答同步做了修订,读者可登录与本书配套的数字课程资源网站下载使用。另外,书中增加了一些微视频,读者可通过扫描二维码进行学习。

本书可作为高等学校近机类、非机类等工科专业的教材,也可供相关专业工程技术人员参考。

**图书在版编目(C I P)数据**

工程制图/陶冶,王静,高辉松主编.--3 版.--北京:高等教育出版社,2023.5
ISBN 978-7-04-059797-4

Ⅰ.①工… Ⅱ.①陶…②王…③高… Ⅲ.①工程制图-高等学校-教材 Ⅳ.①TB23

中国国家版本馆 CIP 数据核字(2023)第 013485 号

Gongcheng Zhitu

| | | | |
|---|---|---|---|
| 策划编辑 肖银玲 | 责任编辑 肖银玲 | 封面设计 李卫青 | 版式设计 李彩丽 |
| 责任绘图 黄云燕 | 责任校对 陈 杨 | 责任印制 耿 轩 | |

| | | | |
|---|---|---|---|
| 出版发行 | 高等教育出版社 | 网 址 | http://www.hep.edu.cn |
| 社 址 | 北京市西城区德外大街 4 号 | | http://www.hep.com.cn |
| 邮政编码 | 100120 | 网上订购 | http://www.hepmall.com.cn |
| 印 刷 | 北京宏伟双华印刷有限公司 | | http://www.hepmall.com |
| 开 本 | 787mm×1092mm 1/16 | | http://www.hepmall.cn |
| 印 张 | 16.5 | 版 次 | 2008 年 6 月第 1 版 |
| 字 数 | 420 千字 | | 2023 年 5 月第 3 版 |
| 购书热线 | 010-58581118 | 印 次 | 2023 年 5 月第 1 次印刷 |
| 咨询电话 | 400-810-0598 | 定 价 | 39.00 元 |

# 工程制图

（第3版）

陶 冶
王 静 主编
高辉松

1 计算机访问http://abook.hep.com.cn/1235477，或手机扫描二维码、下载并安装Abook应用。

2 注册并登录，进入"我的课程"。

3 输入封底数字课程账号（20位密码，刮开涂层可见），或通过Abook应用扫描封底数字课程账号二维码，完成课程绑定。

4 单击"进入课程"按钮，开始本数字课程的学习。

课程绑定后一年为数字课程使用有效期。受硬件限制，部分内容无法在手机端显示，请按提示通过计算机访问学习。

如有使用问题，请发邮件至 abook@hep.com.cn。

扫描二维码
下载 Abook 应用

# 第 3 版前言

本书是在 2013 年高等教育出版社出版的陶冶、王静、何扬清主编的《工程制图》(第 2 版)的基础上,依据教育部高等学校工程图学课程教学指导分委员会 2019 年制订的《高等学校工程图学课程教学基本要求》及最新发布的技术制图、机械制图相关国家标准修订而成的。与本书配套的陶冶、王静、肖露主编的《工程制图习题集》(第 3 版)同时修订出版。

本次修订除了修正错误外,为了满足 21 世纪人才培养的需求,更好地适应课程改革发展趋势和工程应用的实际需要,在保持第 2 版特色和基本构架的基础上,做了一些相应的修改和调整。本套书的主要特点如下:

1. 强调以产出为导向,注重理论联系实际。将投影理论与工程实际应用相结合,强化工程素质的培养;在教学内容中融入现代教育理论和方法论的研究成果,使学生在学习工程制图知识的同时,培养科学思维方法,从而提高创新能力。

2. 难度适宜,重点突出。内容紧扣《高等学校工程图学课程教学基本要求》,重点突出教学基本要求中规定的必学内容,同时在知识体系上遵循由浅入深、由简到繁的循序渐进过程。本次修订考虑目前工程类专业的学时和特点,对习题集中较难部分做了删减。

3. 为便于教师进行教学和学生自学,配套的多媒体课件及习题解答同时做了修订,读者可登录本书配套的数字课程资源网站下载使用。另外,书中增加了一些微视频,读者可通过扫描二维码进行学习。

4. 图文并茂,言简意赅。本书在内容编排上,多采用图、表描述相关基本知识。这些图表不但有利于加强学生对理论知识的把握,而且可潜移默化地培养学生使用图形的能力,为后续的工程应用奠定良好的基础。

5. AutoCAD 软件的使用自成一章,凸显计算机绘图在实际工程应用中的必备性,同时专门开辟一节来阐述如何应用 AutoCAD 绘制专业图,使学生在学习过程中更加具有针对性。受应用型人才培养模式和教学时数的制约,计算机绘图只是介绍 AutoCAD 软件的基本使用,不涉及编程绘图等高级应用,本书采用 AutoCAD 2020 版本。

6. 术语准确,符合国家标准;语言严谨并易于自学,图题明确;表述着眼于分析问题、解决问题的科学思维方法的训练,培养学生吸纳新知识和解决新问题的能力。

7. 书中的插图、例图、附图基本在 AutoCAD 的统一环境下绘制。

8. 书中凡涉及的技术要求及规范全部采用最新颁布的国家标准和行业规范。

9. 为了培养应用型和综合型人才,在编写中充分考虑了各工程类专业的需求,可应用本书作为教材的工程类专业较广。

参加本书修订工作的有华南农业大学陶冶、姜焰鸣,三峡大学王静、肖露、周祥曼,湖北工业大学吕小彪,南京农业大学高辉松、何扬清,北华大学关尚军,湖北汽车学院王永泉,岭南师范学院张洪军,郑州轻工业大学樊宁、王永彪。本书由陶冶、王静、高辉松任主编。

与本书配套的多媒体课件及习题解答由王静、陶冶、周祥曼、肖露等研制,微视频资源由王静、高辉松、肖露等制作。

　　北京理工大学董国耀教授认真审阅了本书,并提出了许多宝贵的修改意见;齐鲁工业大学李华教授认真审阅了本书中的英文部分,提出了许多宝贵的修改意见。在此一并致以深深的谢意。

　　本书在编写过程中参考了国内众多同类教材,在此向有关作者深表谢意。

　　由于水平有限,本书难免存在缺点和错误,敬请广大读者批评指正,编者邮箱:948628196@qq.com。

编　者

2022 年 11 月

# 目　　录

绪论 ……………………………………… 1

## 第1章　制图基本知识 ……………… 3
1.1　国家标准的基本要求 …………… 3
1.2　绘图工具及其使用 ……………… 14
1.3　几何作图 ………………………… 16
1.4　平面图形的尺寸及画图步骤 … 19
1.5　徒手作图 ………………………… 22
　　思考题 …………………………… 23

## 第2章　投影基础 …………………… 24
2.1　投影的形成 ……………………… 24
2.2　投影体系的形成 ………………… 25
2.3　点的投影 ………………………… 27
2.4　直线的投影 ……………………… 30
2.5　平面的投影 ……………………… 38
2.6　直线与平面、平面与平面的
　　　相对位置 ……………………… 43
　　思考题 …………………………… 49

## 第3章　立体的投影 ………………… 50
3.1　平面立体的投影 ………………… 50
3.2　曲面立体的投影 ………………… 54
3.3　平面与立体表面相交 …………… 59
3.4　两回转体表面相交 ……………… 68
　　思考题 …………………………… 73

## 第4章　组合体视图 ………………… 74
4.1　组合体的形成 …………………… 74
4.2　组合体视图的画法 ……………… 79
4.3　读组合体的视图 ………………… 81
4.4　组合体的尺寸标注 ……………… 86
　　思考题 …………………………… 88

## 第5章　轴测图 ……………………… 89
5.1　轴测图的基本知识 ……………… 89
5.2　正等轴测图的画法 ……………… 91
5.3　斜二轴测图的画法 ……………… 95

　　思考题 …………………………… 97

## 第6章　机件的表达方法 …………… 98
6.1　视图 ……………………………… 98
6.2　剖视图 …………………………… 102
6.3　断面图 …………………………… 110
6.4　局部放大图及常用简化画法 … 113
6.5　表达方法的综合应用 …………… 117
6.6　第三角投影简介 ………………… 118
　　思考题 …………………………… 120

## 第7章　标准件与常用件 …………… 121
7.1　螺纹及螺纹紧固件 ……………… 121
7.2　键和销 …………………………… 134
7.3　齿轮 ……………………………… 137
7.4　滚动轴承 ………………………… 141
7.5　弹簧 ……………………………… 143
　　思考题 …………………………… 146

## 第8章　零件图 ……………………… 147
8.1　零件图的内容 …………………… 148
8.2　零件图的视图选择 ……………… 149
8.3　零件图的尺寸标注 ……………… 152
8.4　零件结构的工艺性设计 ………… 155
8.5　零件图的技术要求 ……………… 158
8.6　读零件图 ………………………… 172
　　思考题 …………………………… 175

## 第9章　装配图 ……………………… 176
9.1　装配图的作用和内容 …………… 176
9.2　装配图的表达方法 ……………… 177
9.3　装配图中的尺寸标注 …………… 179
9.4　装配图的零件序号和
　　　明细栏 ………………………… 180
9.5　常见的合理装配结构 …………… 182
9.6　画装配图的步骤 ………………… 183
9.7　读装配图及由装配图

　　　拆画零件图 ……………… 189
　　思考题 …………………… 194
第 10 章　电气制图简介 ………… 195
　　10.1　框图 ………………… 195
　　10.2　电路图 ……………… 196
　　10.3　接线图 ……………… 197
　　10.4　线扎图 ……………… 200
　　10.5　印制电路板 ………… 201
　　思考题 …………………… 203
第 11 章　计算机绘图基础 ……… 204
　　11.1　AutoCAD 2020 绘图软件
　　　　　简介 ………………… 204

　　11.2　基本绘图命令 ……… 213
　　11.3　基本编辑命令 ……… 216
　　11.4　文本与尺寸标注 …… 218
　　11.5　图块的应用 ………… 220
　　11.6　参数化绘图工具 …… 223
　　11.7　AutoCAD 二维绘图实例 … 226
　　11.8　AutoCAD 三维绘图功能
　　　　　简介 ………………… 227
　　思考题 …………………… 232
附录 ……………………………… 233
参考文献 ………………………… 254

# 绪 论

# Preface

**一、学习本课程的目的和意义**

在工程技术中,为了正确地表示出机器、设备等的形状、大小等内容,通常将物体按一定的投影方法和技术规定表达在图纸上。这些方法就是工程制图课程所研究的内容,这种图纸称为工程图样。工程技术人员通过工程图样来表达和交流技术思想。因此,工程图样通常被称为是工程界的技术语言,每个工程技术人员都必须掌握这种语言。

对于工程类专业的学生来说,通过本课程的学习不仅能够掌握这种语言,同时还能够使学生的空间思维能力和创新能力得到进一步的提升,为后继相关课程的学习打下坚实的基础。

**二、本课程的学习内容和学习目标**

本课程的学习内容:

(1)制图的基本知识。包括与工程制图有关的国家标准、绘制工程图样的基本技能。

(2)正投影法的原理和应用。正投影法是工程制图的基础。

(3)介绍标准件以及零件图和装配图中的各种表达方法。包括螺纹、键、销、滚动轴承等标准件参数和表达,机件的各类表达方法及其在零件图和装配图中的合理使用。

(4)计算机绘图知识。主要介绍 AutoCAD 软件操作技能。

本课程的学习目标:

(1)正确使用绘图仪器和工具,熟练掌握绘图技巧,学会通过目测、尺量估测物体各组成部分,然后按比例徒手绘制草图的技能。

(2)掌握正投影的基本原理,培养阅读和绘制工程图样的基本能力,形成并逐渐提升由点、线、面等要素组成的平面图形通过空间思维转换形成几何立体的形体表达能力,以及将几何立体通过合理的思维和绘图技能表达成平面图形的能力。

(3)掌握并合理运用各种表达方式来表达物体形状和特点,掌握工程图样的主要内容和特点,熟悉各种规定画法、简化画法及其应用。

(4)培养利用计算机绘制图形的基本能力,能熟练利用 AutoCAD 绘制简单的工程图样。

(5)培养严谨细致的工程习惯、贯彻和执行国家标准的意识;培养学生形象思维能力、分析问题和解决问题的能力;树立创新意识,努力提高工程素质。

**三、本课程的学习方法**

(1)从制图国家标准着手,从整体上把握工程制图的技术标准和要求,理清工程制图要求的整体脉络。

(2)重点掌握点、线、面、体的投影规律和基本作图,理解运用形体分析,把握空间几何要素之间的位置关系和形体表达特点,经过图物反复转换,多想、多画,逐步培养空间思维能力,并熟练掌握绘图和读图的方法。

（3）坚持理论联系实际,学会运用点、线、面、体的投影规律分析专业图,了解专业图表达的特点,合理、简洁、完整地表达专业图。

# 第1章 制图基本知识

# Chapter 1 Fundamental Knowledge
# of Engineering Drawings

**内容提要**：本章主要介绍现行国家标准《技术制图》和《机械制图》中的图纸幅面及格式、比例、字体、图线、尺寸标注等部分内容，并介绍绘图工具及仪器使用、常用几何作图法等内容。

**Abstract**：This chapter mainly deals with the basic knowledge of *Technical Drawings* and *Mechanical Drawings*, including sheet sizes and layouts, scales, lettering, types of lines, dimensioning, introduction to geometric construction and the usage of drawing tools.

## 1.1 国家标准的基本要求
### 〔Fundamental Requests of National Drafting Standards〕

技术图样是设计和制造机械过程中的重要技术资料，是"工程界的语言"，国家标准对图样的画法、尺寸的标注等各方面做了统一的规定，每一个工程技术人员都应严格遵守国家标准的相关规定。

### 1.1.1 图纸幅面和格式〔Sheet Sizes and Layouts〕

技术制图《图纸幅面和格式》的国家标准编号为 GB/T 14689—2008，贯彻该标准的目的是为了使图纸幅面和格式达到统一，便于图样的使用和管理。

1. 图纸幅面

绘制技术图样时应优先采用代号为 A0、A1、A2、A3、A4 的五种基本幅面，基本幅面的尺寸见表1.1。在五种基本幅面中，各相邻幅面的面积大小均相差一倍，如 A0 为 A1 幅面的两倍，以此类推。

表 1.1 基本幅面的代号及尺寸       mm

| 基本幅面代号 | A0 | A1 | A2 | A3 | A4 |
|---|---|---|---|---|---|
| $B \times L$ | 841×1 189 | 594×841 | 420×594 | 297×420 | 210×297 |

幅面尺寸中，$B$ 表示短边，$L$ 表示长边。各种幅面的 $B$ 和 $L$ 均为一常数关系，即 $L = \sqrt{2}\,B$。必要时允许选用加长幅面，加长幅面的尺寸由基本幅面尺寸的短边成整数倍增加后得出，具体尺寸可参看国家标准规定。表示图幅大小的纸边界线（即图幅线）用细实线绘制，如图 1.1 所示。

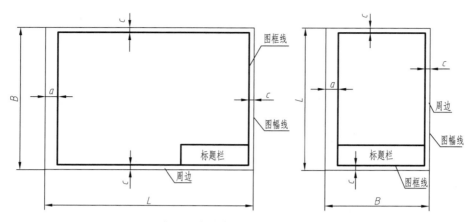

图 1.1 留有装订边的图框格式

**2. 图框格式**

图框格式有两种:一种是保留装订边的图框,用于需要装订的图样,其图框格式如图 1.1 所示。

图框线用粗实线绘制,图框线与图幅线之间的区域称为周边,各周边的具体尺寸与图纸幅面大小有关,见表 1.2。当图样需要装订时,一般采用 A3 幅面横装,A4 幅面竖装。

**表 1.2 周 边 尺 寸**

| 幅面代号 | A0 | A1 | A2 | A3 | A4 |
|---|---|---|---|---|---|
| $B \times L$ | 841×1 189 | 594×841 | 420×594 | 297×420 | 210×297 |
| $e$ | 20 | | | 10 | |
| $c$ | 10 | | | 5 | |
| $a$ | 25 | | | | |

另外一种是图纸不留装订边的图框格式,用于不需装订的图样,如图 1.2 所示。注意:同一产品的图样应采用同一种图框格式。

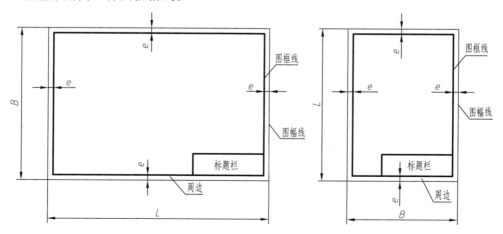

图 1.2 不留装订边的图框格式

在图框上、图纸周边上,还可按需画出附加符号,如对中符号、方向符号、剪切符号等,这些内容不详细介绍,需要时可查阅国标。

3. 标题栏及明细栏

(1)标题栏的格式

在每张技术图样上,均应画出标题栏,标题栏一般应位于图纸的右下角,其外框线用粗实线绘出。标题栏的格式由国家标准 GB/T 10609.1—2008 规定,如图 1.3 所示。学校制图作业中使用的标题栏可以简化,建议采用图 1.4 的格式。

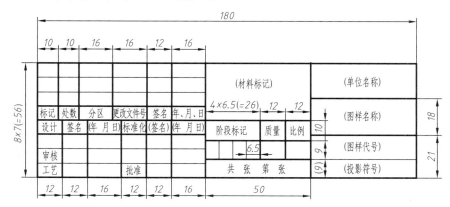

图 1.3 国家标准规定的标题栏格式

(2)明细栏的格式

在装配图中,除了标题栏外,还必须具有明细栏。《技术制图 明细栏》的国家标准编号为 GB/T 10609.2—2009。明细栏描述了组成装配体的各种零、部件的数量、材料等信息。明细栏配置在标题栏上方,按自下而上的顺序填写,如图 1.4 所示。当空间不够时,可紧靠在标题栏的左侧自下而上延续。

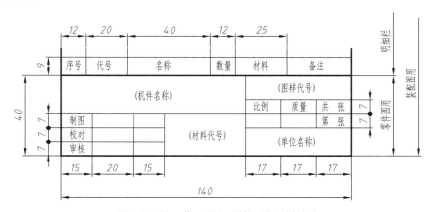

图 1.4 制图作业的标题栏、明细栏格式

## 1.1.2 比例 [Scales]

国家标准规定:图中图形与其实物相应要素的线性尺寸之比,称为比例。比值为 1 的比例称

为原值比例,比值大于 1 的比例为放大比例,比值小于 1 的比例为缩小比例。《技术制图　比例》的国家标准编号为 GB/T 14690—1993。

绘制技术图样时应优先在表 1.3 左半部规定的系列中选取适当的比例,必要时也允许选用此表右半部的比例。

表 1.3　标准比例系列

| 种类 | 优先选用比例 | 允许选用比例 |
| --- | --- | --- |
| 原值比例 | 1 : 1 | |
| 放大比例 | 5 : 1　　　2 : 1<br>$5 \times 10^n : 1$　$2 \times 10^n : 1$　$1 \times 10^n : 1$ | 4 : 1　2.5 : 1<br>$4 \times 10^n : 1$　$2.5 \times 10^n : 1$ |
| 缩小比例 | 1 : 2　　　1 : 5<br>$1 : 2 \times 10^n$　$1 : 5 \times 10^n$　$1 : 1 \times 10^n$ | 1 : 1.5　　1 : 2.5　　1 : 3　　1 : 4　　1 : 6<br>$1 : 1.5 \times 10^n$　$1 : 2.5 \times 10^n$　$1 : 3 \times 10^n$　$1 : 4 \times 10^n$　$1 : 6 \times 10^n$ |

注:$n$ 为正整数。

图样不论放大或缩小,在标注尺寸时,应按机件的实际尺寸标注。在同一张图样上的各图形一般采用相同的比例绘制,并应在标题栏的"比例"一栏内填写比例,如"1 : 1"或"1 : 2"等。

### 1.1.3　字体[Lettering]

国家标准规定图样中书写的字体必须做到:字体工整、笔画清楚、间隔均匀、排列整齐。《技术制图　字体》的国家标准编号为 GB/T 14691—1993。

各种字体的大小要选择适当。字体高度($h$)的公称尺寸系列为:1.8 mm,2.5 mm,3.5 mm,5 mm,7 mm,10 mm,14 mm,20 mm 等 8 种。若需书写更大的字,则字体高度应按 $\sqrt{2}$ 的比率递增。

1. 汉字

图样中的汉字应写成长仿宋体,并应采用国家正式公布的简化字。由于汉字的笔画较多,所以国家标准规定汉字的最小高度不应小于 3.5 mm,其字宽约为字高的 0.7 倍。

长仿宋体字具有"字体工整、笔画清楚"的特点,便于书写。长仿宋体字的示例如图 1.5 所示。

字体工整　　笔画清楚
间隔均匀　　排列整齐

图 1.5　长仿宋体字示例

2. 拉丁字母

拉丁字母有大写和小写,在书写方法上又分为直体和斜体两种,一般情况下采用斜体字。其字形以直线为主,辅以少量弧线。

汉语拼音字母与拉丁字母的书写方法完全相同。拉丁字母的示例如图 1.6 所示。

大写斜体

小写斜体

图 1.6 拉丁字母字体示例

**3. 数字**

在图样中标注尺寸数值,要用阿拉伯数字注写,要求其字形能明显区分,容易辨认。阿拉伯数字的示例,如图 1.7 所示。

斜体阿拉伯数字

图 1.7 阿拉伯数字字体示例

在局部放大图的标注中,还可能要应用罗马数字,罗马数字的示例,如图 1.8 所示。

斜体罗马数字

图 1.8 罗马数字字体示例

## 1.1.4 图线[Types of Lines]

GB/T 17450—1998 和 GB/T 4457.4—2002 规定了图样中图线的线型、尺寸和画法。

**1. 线型**

国家标准 GB/T 17450 中规定了 15 种基本线型,以及多种基本线型的变形和图线的组合。

表 1.4 中仅列出常用的四种基本线型、一种基本线型的变形——波浪线和一种图线组合——双折线。

表 1.4　常用的图线

| 代码 NO. | 名　称 | | 线　型 | 一 般 应 用 |
|---|---|---|---|---|
| 01 | 实线 | 粗实线 | | 可见轮廓线 |
| | | 细实线 | | 过渡线、尺寸线、尺寸界线、剖面线、弯折线、牙底线、齿根线、引出线、辅助线等 |
| 02 | 细虚线 | | | 不可见轮廓线 |
| 04 | 点画线 | 细点画线 | | 轴线、对称中心线、齿轮节线等 |
| | | 粗点画线 | | 有特殊要求的线或表面的表示线 |
| 05 | 细双点画线 | | | 相邻辅助零件的轮廓线、轨迹线、极限位置的轮廓线、假想投影的轮廓线等 |
| 基本线型的变形 | 波浪线 | | | 断裂处的边界线、剖视与视图的分界线 |
| 图线的组合 | 双折线 | | | 断裂处的边界线 |

**2. 图线的画法**

在同一图样中,同类图线的宽度应保持基本一致,所有线型的图线宽度应在下列数系中选择:0.13 mm,0.18 mm,0.25 mm,0.35 mm,0.5 mm,0.7 mm,1 mm,1.4 mm,2 mm。优先采用 0.5 mm 或者 0.7 mm。此数系的公比为 $\sqrt{2}$($\approx 1.4$)。在机械图样中采用粗细两种线宽,它们之间的宽度比例为 2∶1。

手工绘制虚线和点(双点)画线时,其线素(点、画、长画和短间隔)的长度如图 1.9 所示。图 1.10 为常见图线的用途示例。

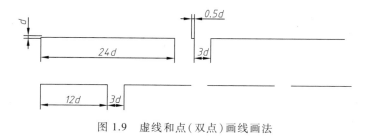

图 1.9　虚线和点(双点)画线画法

绘图时,应注意以下几点:

(1) 在同一图样中,同类图线的宽度应基本一致。虚线、点画线、双点画线、双折线等的画长和间隔长度应各自大致相同,点画线与双点画线的首尾两端应是长画而不是点。

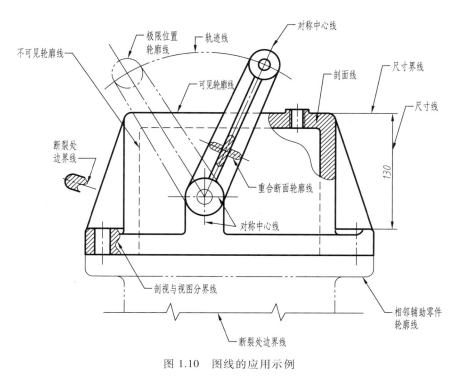

图 1.10　图线的应用示例

（2）画圆的对称中心线（细点画线）时，圆心应为长画的交点，不能以点或间隔相交，细点画线两端应超出圆弧或相应图形轮廓 3~5 mm。若图形较小，不便于绘制细点画线、细双点画线时，可用细实线代替，如图 1.11a 所示。

（3）当图线相交时，应是画线相交。但当细虚线位于粗实线的延长线上时，在细虚线和粗实线的分界点处，细虚线应留出间隔。如图 1.11b 所示。

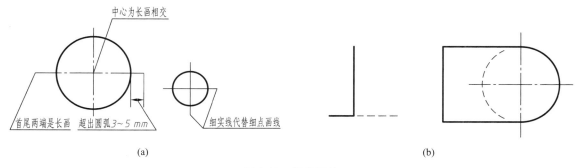

(a)　　　　　　　　　　　　　　　　　　　(b)

图 1.11　图线画法

## 1.1.5　尺寸标注 [ Dimensioning ]

《机械制图　尺寸标注》（GB/T 4458.4—2003）对机件的尺寸标注作了相关规定。机件的大小是通过图样上标注的尺寸来表示的，同时尺寸也是机件制造和检验的依据，所以必须遵循国家标准规定的规则和方法。

1. 尺寸的组成

一组完整的尺寸由尺寸数字、尺寸线、尺寸界线、尺寸线的终端组成,如图 1.12 所示。其中尺寸数字按标准字体书写,且同一张图样上的字高要一致。尺寸线与尺寸界线用细实线绘制,尺寸线的终端有两种形式:箭头和斜线。具体画法见表 1.5。

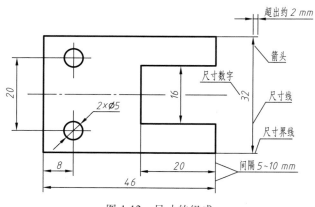

图 1.12   尺寸的组成

2. 基本规则

(1)图样上标注的尺寸数值就是机件实际大小的数值。它与画图时采用的缩放比例无关,与画图的精确度亦无关。

(2)图样上的尺寸以 mm(毫米)为计量单位时,不需标注单位名称或代号。若应用其他计量单位时,必须注明计量单位的代号或名称。

(3)国家标准明确规定:图样上标注的尺寸是机件的最后完工尺寸,否则要另加说明。

(4)机件的每个尺寸,一般只在反映该结构最清楚的图形上标注一次。

尺寸标注示例见表 1.5。

表 1.5   尺寸标注示例

| 项目 | 说　　　明 | 图　　　例 |
|---|---|---|
| 尺寸数字 | 1. 线性尺寸数字的方向应按图 a 所示的方式注写,并尽量避免在图中所示 30°范围内标注尺寸,无法避免时,可按图 b 的方式标注 | (a)　　　　　　　　　(b) |

| 项目 | 说　　明 | 图　　例 |
|---|---|---|
| 尺寸数字 | 　2. 线性尺寸的数字一般应注写在尺寸线的上方,也允许将非水平方向尺寸数字水平注写在尺寸线的中断处 | |
| | 　3. 尺寸数字不可被任何图线通过。不可避免时,需把图线断开 | |
| 尺寸线 | 　1. 尺寸线以细实线画出,线性尺寸的尺寸线应平行于表示其长度(或距离)的线段 | |
| | 　2. 尺寸线是独立的线,既不能由其他线代替,也不能与其他线重合。图形的轮廓线、中心线或它们的延长线不能用作尺寸线 | |

续表

| 项目 | 说　　明 | 图　　例 |
|------|---------|---------|
| 尺寸线 | 3. 尺寸线的终端为箭头时,箭头的画法如图 a 所示。线性尺寸线的终端允许采用斜线,其画法如图 b 所示。当采用斜线时,尺寸线与尺寸界线必须垂直(图 c) | <br>d 为粗实线的宽度<br>(a)<br>h=字体高度<br>(b)<br>(c) |
| 尺寸界线 | 1. 尺寸界线用细实线画出,一般应与尺寸线垂直。可利用轮廓线、轴线、对称中心线作尺寸界线 | |
| | 2. 当尺寸界线过于贴近轮廓线时,允许将其倾斜画出。在光滑过渡处,需用细实线将轮廓线延长,从其交点处引出尺寸界线 | 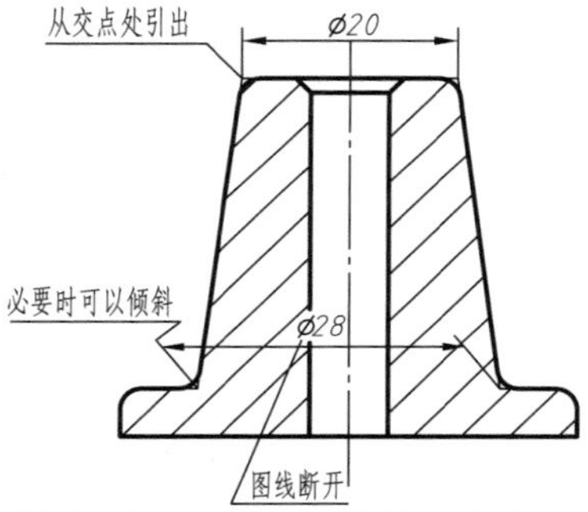 从交点处引出<br>必要时可以倾斜<br>图线断开<br> |
| 直径及半径尺寸注法 | 1. 大于半圆的圆弧标直径,直径尺寸数字之前应加注符号"φ" | |
| | 2. 小于半圆的圆弧标半径,半径尺寸数字之前应加注符号"R",其尺寸线应通过圆弧的中心 | 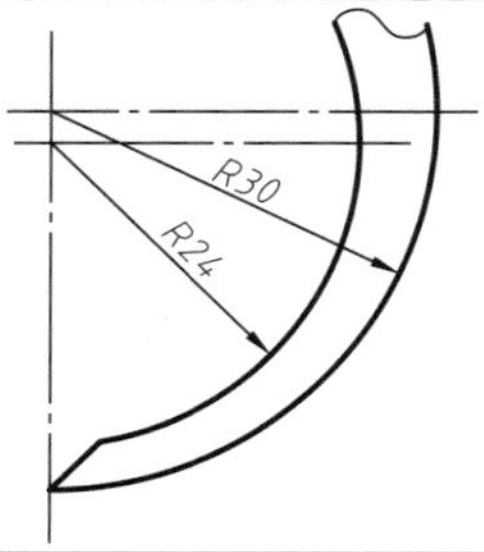 |

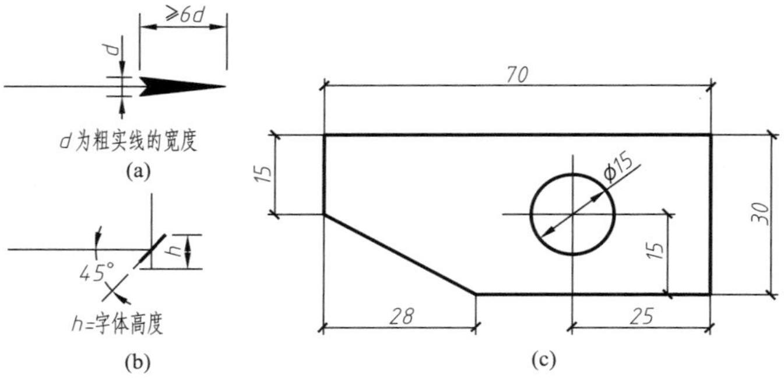

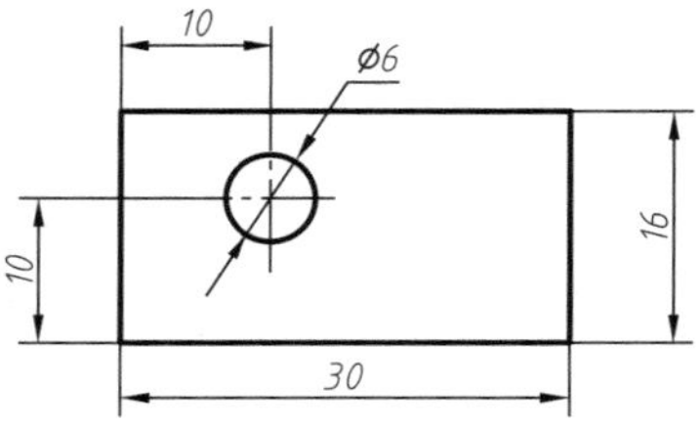

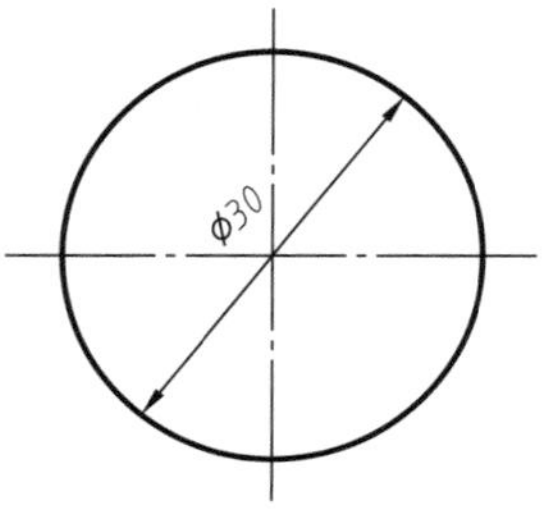

| 项目 | 说　　明 | 图　　例 |
|------|----------|----------|
| 直径及半径尺寸注法 | 3. 半径尺寸应标注在投影为圆弧的视图上 | 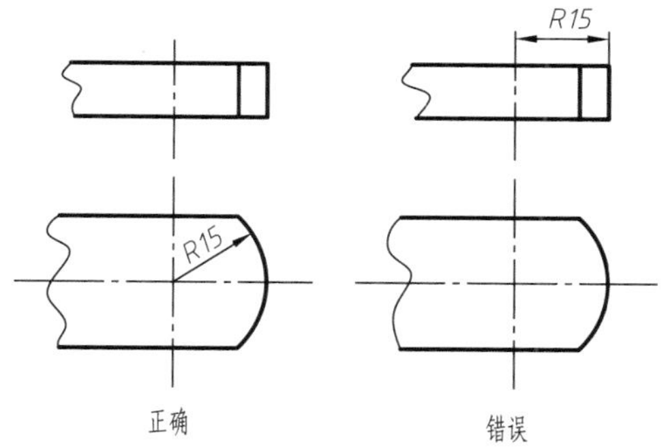 正确　　　　错误 |
| | 4. 标注球面的直径和半径时,应在符号"φ"和"R"前再加注符号"S"(图 a、b)。对于螺钉、铆钉的头部、轴(包括螺杆)及手柄的端部等,在不致引起误解时,可省略符号"S"(图 c) | 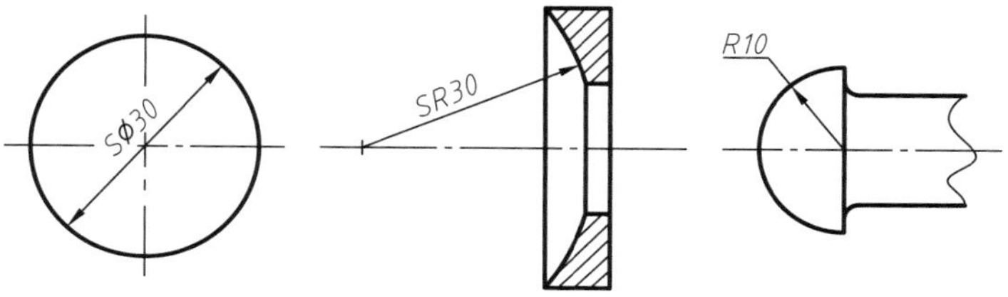 (a)　　　　(b)　　　　(c) |
| 角度尺寸的标注 | 1. 角度尺寸的尺寸界线应沿径向引出,尺寸线应画成圆弧,其圆心是该角的顶点,尺寸线的终端应画成箭头 | 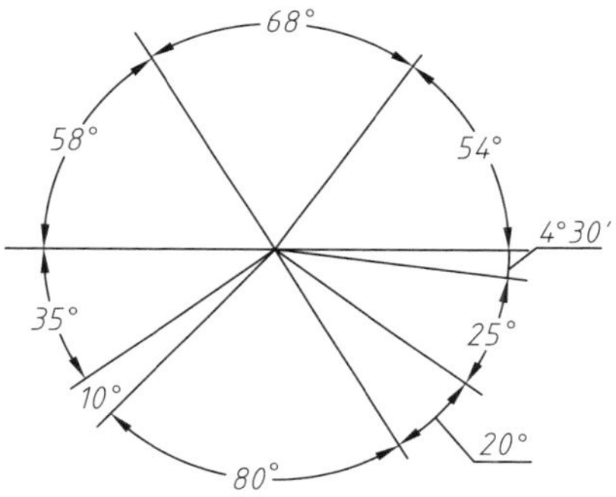 |
| | 2. 角度的数字一律写成水平方向,一般注写在尺寸线的中断处,必要时也可注写在尺寸线的上方或外面,狭小处可引出标注 | |
| 狭小部位的尺寸注法 | 当没有足够位置画箭头或注写数字时,其中一个可布置在图形外面,或者两者都布置在外面;尺寸线的终端允许用圆点或斜线代替箭头 | 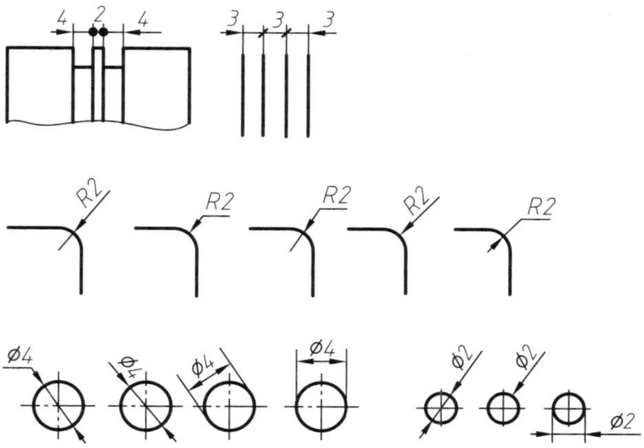 |

## 1.2　绘图工具及其使用
［Usage of Drawing Tools］

　　尺规绘图是手工绘制各类工程图样的基础,只有具备良好的尺规绘图能力,才有可能借助其他绘图手段和工具绘制高质量的工程图。常用的绘图工具有图板、丁字尺、三角板、圆规、分规、曲线板等。

### 1.2.1　图板、丁字尺、三角板［Plates,T-squares and Triangles］

1. 图板
图板供铺放图纸用,它的表面须平整,左、右两导边须平直。

2. 丁字尺和三角板
丁字尺常用来绘制水平线,与三角板联用时,可绘制竖直线和各种特殊角度的倾斜线,如图 1.13 所示。

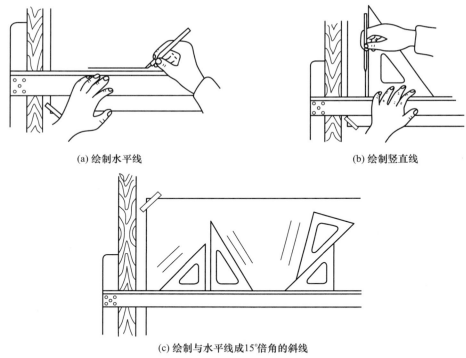

(a) 绘制水平线　　　　　　　　　　　　　　(b) 绘制竖直线

(c) 绘制与水平线成15°倍角的斜线

图 1.13　用丁字尺、三角板画线

### 1.2.2　圆规、分规［Compass and Dividers］

1. 圆规
圆规的用途是画圆。绘制较大直径的圆时,应调节圆规的针尖及铅芯尖约垂直于纸面(图

1.14a）。画一般直径圆和大直径圆时,手持圆规的姿势如图 1.14b 所示。

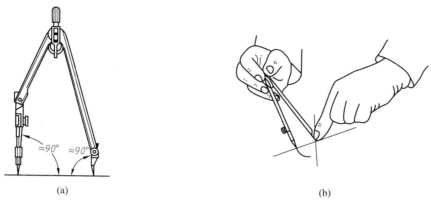

图 1.14　圆规的用法

2. 分规

分规的用途主要是移置尺寸(图 1.15a)和等分线段(图 1.15b)。

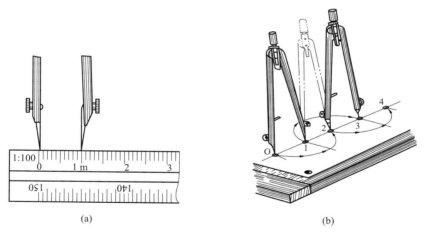

图 1.15　分规的用法

### 1.2.3　曲线板[French Curves]

曲线板是描绘非圆曲线的常用工具,其形状如图 1.16 所示。描绘曲线时,应先徒手将曲线上已求出各点轻轻地连接起来,然后在曲线板上选择与曲线吻合的一段描绘。每次描绘曲线段不得少于三点,连接时应留出一小段不描,作为下段连接时光滑过渡之用。

### 1.2.4　铅笔[Pencils]

铅笔铅芯的软硬是用字母 B 和 H 来表示,B 前的数字越大表示铅芯越软,H 前的数字越大表示铅芯越硬。一般常用 B 或 2B 的铅笔绘制粗线,H 或 HB 的铅笔绘制细线。铅笔的削法可参见

图 1.17。一般将 H、HB 型铅笔的铅芯削成锥形,用来画细线和写字;将 B、2B 型铅笔的铅芯削成楔形,用来画粗线。

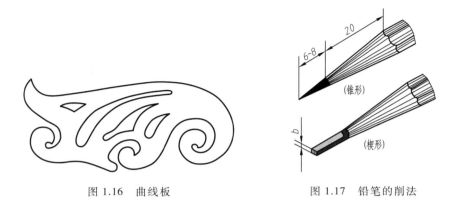

图 1.16　曲线板　　　　　　　图 1.17　铅笔的削法

<table>
<tr><td>1.3</td></tr>
</table>

## 1.3　几何作图

[ Geometric Construction ]

机件的轮廓形状是多样的,在绘制机件的图样时,经常遇到正多边形、圆弧连接以及其他一些曲线组成的平面几何图形的绘制。下面介绍常用的作图方法。

### 1.3.1　正多边形的作图[ Construction of Polygons ]

1. 作已知圆的内接正五边形

方法 1( 图 1.18a ):

(1) 在已知圆中取半径 $OM$ 的中点 $F$;

(2) 以 $F$ 为圆心,$FA$ 为半径作弧与 $ON$ 交于点 $G$;

(3) 以 $A$ 为圆心,$AG$ 为半径作弧与圆相交于点 $B$,$AB$ 即为正五边形的边长(近似)。

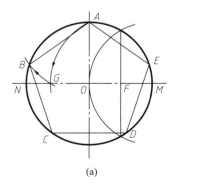
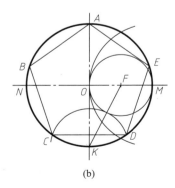

(a)　　　　　　　　　　　　(b)

图 1.18　正五边形的作法

方法 2(图 1.18b):

(1)以半径 $OM$ 的中点 $F$ 为圆心,$FO = d/4$ 为半径作圆 $F$;

(2)以 $K$ 为圆心作弧与圆 $F$ 相切,并与已知圆相交于 $C$、$D$ 两点,$CD$ 即为正五边形的边长(近似)。

2. 作已知圆的内接正六边形

方法:以已知圆直径的两端点 $A$、$D$ 为圆心,以 $AO$、$DO$ 为半径作弧,与圆相交于 $B$、$F$、$C$、$E$ 四点,$ABCDEF$ 即为求作的正六边形,如图 1.19 所示。

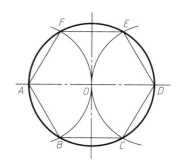

图 1.19 正六边形的作法

### 1.3.2 斜度与锥度的作图[Drawing of Slopes and Tapers]

1. 斜度

斜度是指直线或平面相对另一直线或平面的倾斜程度,即两直线或平面间夹角的正切值 $\tan \alpha$,如图 1.20a 所示。通常在图样上都是将比例化成 $1:n$ 的形式加以标注(图 1.20b),并在其前面加上斜度符号"∠"。斜度符号的画法如图 1.20c 所示,斜度符号的线宽为字高 $h$ 的 $1/10$,符号的方向应与斜度方向一致。

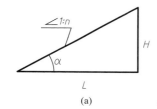
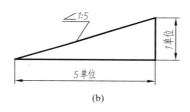

(a)                          (b)                          (c)

图 1.20 斜度的定义、标注样式及斜度符号的画法

2. 锥度

锥度是指正圆锥的底圆直径与高度之比,如果是正圆台,则是底圆直径和顶圆直径的差与高度之比(图 1.21),即

$$锥度 = \frac{D}{L} = \frac{D-d}{l} = 2\tan \alpha$$

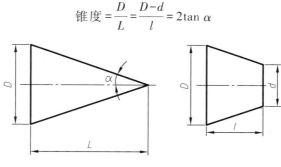

图 1.21 锥度

通常锥度也写成 $1:n$ 的形式加以标注,并在 $1:n$ 前面写明锥度符号。锥度符号的画法及标注样式如图 1.22 所示,锥度符号的方向要与图形中的大、小端方向统一,且基准线须从图形符

号中间穿过。图 1.23 为锥度的作图方法。

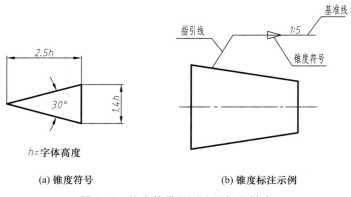

(a) 锥度符号　　　　　　　　　　　　(b) 锥度标注示例

图 1.22　锥度符号的画法及标注样式

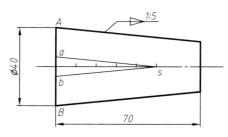

（1）先作锥度为 1∶5 的圆锥 sab；（2）分别过点 A 和 B 作直线平行于 sa 和 sb。

图 1.23　锥度的画法

### 1.3.3　圆弧连接的作图[ Joining Lines with an Arc ]

　　圆弧连接在机械零件的外形轮廓中常常见到。圆弧连接一般是指用已知半径的圆弧将两个几何元素（点、直线、圆弧）光滑连接起来,这段已知半径的圆弧称为连接弧。圆弧连接作图的要点是根据已知条件,求出连接圆弧的圆心与切点,表 1.6 列出了圆弧连接的作图示例。

表 1.6　圆弧连接作图示例

| 名称 | 已知条件 | 求连接弧圆心 | 求切点,画连接弧 |
|---|---|---|---|
| 相交直线的圆弧连接 | 以已知的连接弧半径 $R$ 画弧,与两直线相切 | 在已知两相交直线的内侧各作一平行线,与已知直线的距离为 $R$,则交点 $O$ 为圆心 | 点 $O$ 到两已知直线的垂足 $C_1$ 及 $C_2$ 为切点。以 $O$ 为圆心,$R$ 为半径画连接圆弧 $\overset{\frown}{C_1 C_2}$,即完成作图 |

续表

| 名称 | 已知条件 | 求连接弧圆心 | 求切点,画连接弧 |
|---|---|---|---|
| 内连接圆弧 | 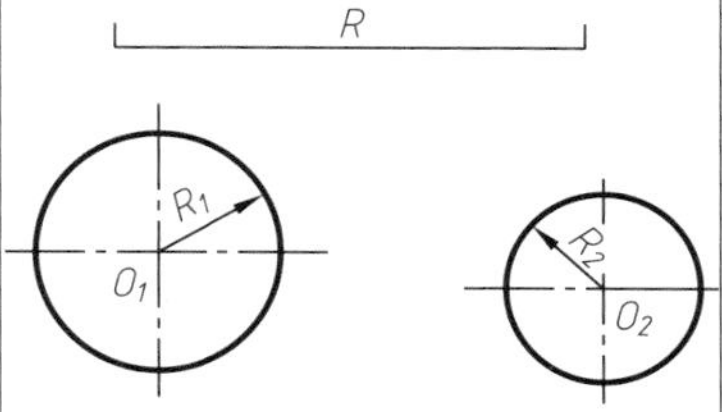 以已知的连接弧半径 $R$ 画弧,与两圆内切 | 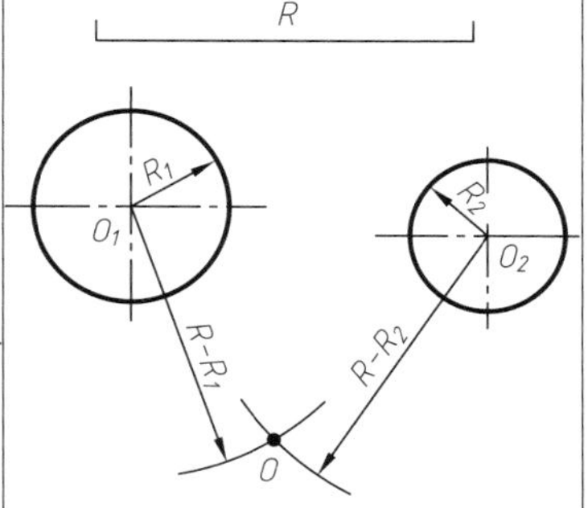 分别以 $(R-R_1)$、$(R-R_2)$ 为半径,$O_1$、$O_2$ 为圆心,画圆弧交于点 $O$(连接弧圆心) | 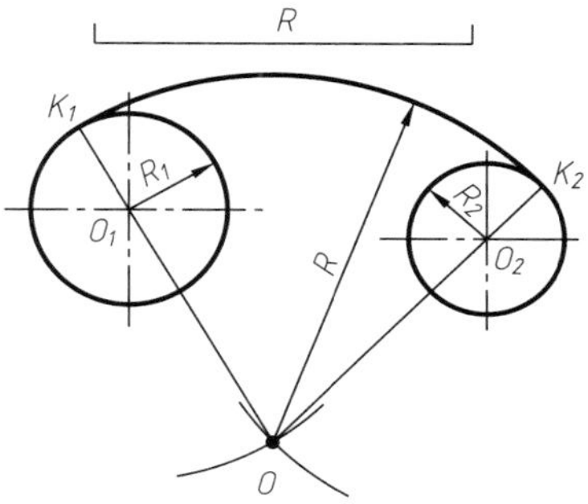 连接 $OO_1$、$OO_2$ 并延长,分别交两圆于两切点 $K_1$、$K_2$,以 $O$ 为圆心,$R$ 为半径画连接圆弧 $\overset{\frown}{K_1K_2}$,即完成作图 |
| 外连接圆弧 | 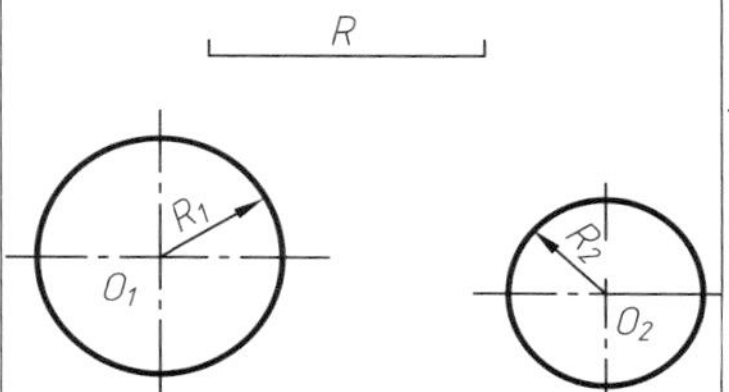 以已知的连接弧半径 $R$ 画弧,与两圆外切 | 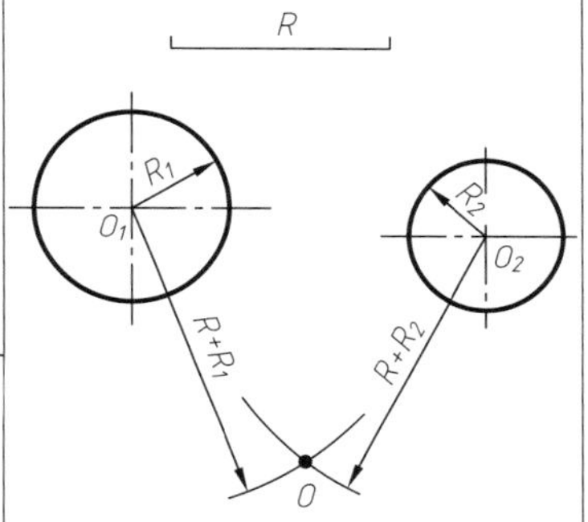 分别以 $(R+R_1)$、$(R+R_2)$ 为半径,$O_1$、$O_2$ 为圆心,画圆弧交于点 $O$(连接弧圆心) | 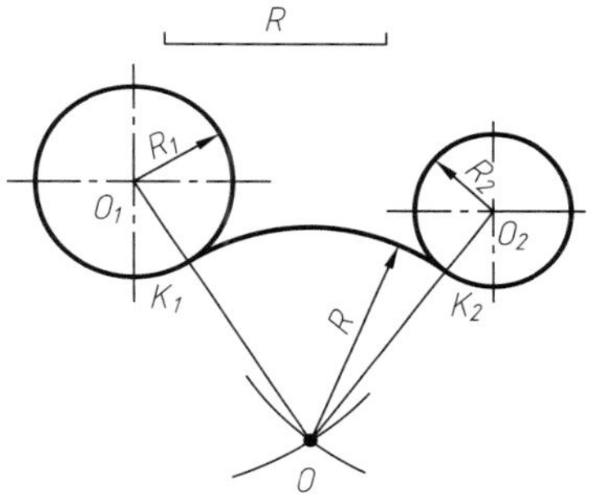 连接 $OO_1$、$OO_2$ 分别交两圆于两切点 $K_1$、$K_2$,以 $O$ 为圆心,$R$ 为半径画连接圆弧 $\overset{\frown}{K_1K_2}$,即完成作图 |

由表 1.6 可知,圆弧连接的几何原理是已知弧圆心、连接弧圆心、切点三点位于一条直线上。

## 1.4　平面图形的尺寸及画图步骤

### [ The Size and Drawing Steps of Plane Figures ]

如图 1.24 所示,平面图形通常是由一些线段连接而成的一个或数个封闭线框所构成。在画图时,要根据图中尺寸确定画图步骤;在注尺寸时(特别是圆弧连接的图形),需根据线段间的关系分析需要标注什么尺寸,注出的尺寸要齐全,既不能遗漏也不能重复。

### 1.4.1　平面图形的尺寸分析[ Dimensional Analysis of Plane Figures ]

平面图形的尺寸按其作用分为定形尺寸和定位尺寸两类,确定尺寸位置,必须引入基准的概念。

（1）尺寸基准    确定平面图形尺寸位置的几何元素（点、直线）称为尺寸基准，通常为标注尺寸的起点。一个二维的平面图形，应有两个方向（水平方向和垂直方向）的尺寸基准，一般选择图形的对称线、主要轮廓线、圆的中心线作为尺寸基准。

（2）定形尺寸    确定平面图形中各线段形状大小的尺寸称为定形尺寸，如直线的长度，圆及圆弧的直径或半径，以及角度的大小等，如图 1.24 中的 $\phi24$、$\phi12$、$R20$、$R40$、10、55。

（3）定位尺寸    确定平面图形各组成部分（线框及图线）之间相对位置的尺寸，一般有两个方向的定位尺寸，如图 1.24 中的 35、45。

### 1.4.2   平面图形的线段分析［Line Segment Analysis of Plane Figures］

平面图形中的线段（直线或圆弧），根据尺寸的完整程度可分为三类：已知线段、中间线段和连接线段。

（1）已知线段    具有完整的定形尺寸和定位尺寸的线段称为已知线段，此类线段可直接画出，如图 1.24 中 $\phi24$、$\phi12$ 的圆，长 55、10 的线段及图 1.25 中的长 16 的线段、$R8$ 的圆弧。

（2）中间线段    具有定形尺寸和一个定位尺寸的线段称为中间线段，此类线段必须利用与之相邻的已知线段的连接（相切或相交）关系画出，如图 1.24 中 $R40$ 的圆弧及图 1.25 中 $R50$ 的圆弧。

（3）连接线段    只有定形尺寸而没有定位尺寸的线段称为连接线段，此类线段必须根据两端的连接关系才能画出，如图 1.24 中 $R20$、$R15$ 的圆弧及图 1.25 中 $R40$ 的圆弧。

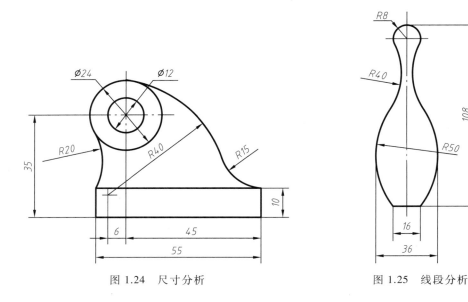

图 1.24   尺寸分析                图 1.25   线段分析

### 1.4.3   平面图形的画图步骤［Drawing Steps of Plane Figures］

通过以上分析可知，绘制平面图形时应根据尺寸分析出各线段类型，先画出已知线段，再画中间线段，最后画出连接线段。

如绘制图 1.25 所示的平面图形,先分析各类线段,画出长为 16 的已知线段及 $R8$ 的圆弧,如图 1.26a 所示。然后根据 $R50$ 的圆弧与长为 16 的线段相交的关系及尺寸 36 画出中间线段 $R50$,如图 1.26b 所示。最后根据 $R50$ 和 $R8$ 圆弧相切的关系画出 $R40$ 的连接圆弧,如图 1.26c 所示。

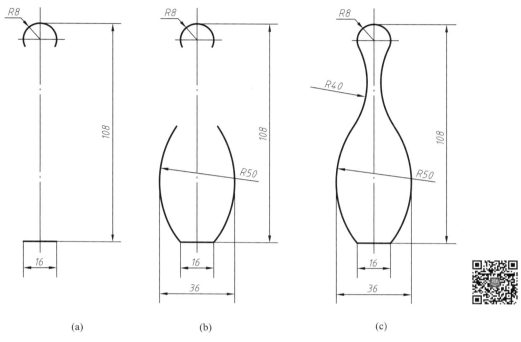

图 1.26 平面图形的画图步骤

### 1.4.4 平面图形的尺寸标注[Dimensioning of Plane Figures]

平面图形标注尺寸的一般规律是,在两条已知线段之间,可以有多条中间线段,但必须有也只能有一条连接线段。

标注尺寸的步骤如下。

(1)分析图形各部分的构成,确定基准。

(2)注出定形尺寸。

(3)注出定位尺寸。

(4)检查。

以图 1.27 为例,进行尺寸分析和标注。

(1)分析图形,确定基准。图形由一个外线框和三个圆构成。外线框由两段圆弧和四条线段组成。水平方向基准定为外线框右端线,竖直方向基准定为图形上下对称线。

(2)标注定形尺寸。标注外框线尺寸 90、60、$R15$,三个圆 $2 \times \phi12$ 及 $\phi30$。国家标准规定:当图形具有对称中心线时,分布在对称中心线两边的相同结构,可只标注其中一边的结构尺寸,如 $R15$。

（3）标注定位尺寸。φ30 水平方向定位尺寸为 25，2×φ12 水平定位尺寸为 50，竖直方向定位尺寸为 30；

（4）检查。标注尺寸要完整和清晰。

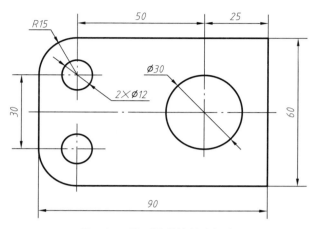

图 1.27   平面图形的尺寸标注

# 1.5   徒手作图

## 〔Technical Sketching〕

徒手图也称为草图，是指不借助绘图工具，通过目测物体的形状及大小，徒手绘制的图样。在零件测绘中，常常需要徒手目测绘制草图，因此工程技术人员应具备徒手绘图的能力。徒手图不是潦草的图，因此也要求：图线清晰、比例均匀、字体工整、表达无误。

下面介绍直线、圆及椭圆徒手图的绘制方法。

1. 直线的画法

画直线时，眼睛要注意终点方向，用手腕靠着纸面，随着画线方向移动。画水平直线应自左向右，画竖直线时自上而下运笔，以保证直线画得平直、方向准确，如图 1.28 所示。

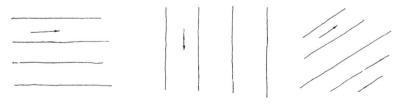

图 1.28   直线的徒手画法

2. 圆的画法

画圆时，首先定出圆心，然后过圆心画出两条相互垂直的中心线，在中心线上通过目测半径定出四个端点，过此四点即可画出小圆；画较大的圆时，可用类似方法定八点画出，如图 1.29 所示。

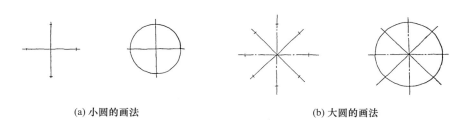

(a) 小圆的画法                                    (b) 大圆的画法

图 1.29   圆的徒手画法

3. 椭圆的画法

画椭圆时,先画椭圆的长、短轴,从而定出长、短轴端点,然后过这四个点画出矩形,最后徒手作椭圆与此矩形相切,图 1.30 是利用外接平行四边形画椭圆的方法。

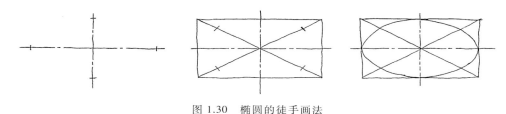

图 1.30   椭圆的徒手画法

## 思考题

1. 解释 GB/T 14691—1993 的含义。

2. 图样上标注的尺寸应当是机件在什么作业阶段的尺寸?

3. 非水平方向的尺寸,其数字可有哪几种标注方法?

4. 尺寸的终端用 45° 细斜线时,需符合什么条件?

5. 标题栏的格式和尺寸有何规定?

6. 机械图样上应用的图线有哪几种?

# 第2章 投影基础

# Chapter 2 Fundamental Knowledge of Projection

**内容提要**：本章主要介绍投影法的基本知识，包括投影的形成，投影的种类，点、直线、平面的投影特征。为组合体的投影表达、读图提供必要的理论基础。

**Abstract**：This chapter mainly deals with the basic knowledge of projection methodology including formation and categories of projection, analysing the projection of points, lines and planes. This provides indispensable fundamental theory for projection descriptions of the composite solids, reading drawings.

## 2.1 投影的形成

[Formation of Projection]

### 2.1.1 投影的概念[The Concept of Projection]

空间物体在光线的照射下，会在墙面或地面产生影子。投影法就是根据这种自然现象，经过科学的抽象而创造出来的。

如图 2.1 所示，投射线通过物体，向选定的平面进行投射，在该平面上得到图形的方法称为投影法，得到的图形称为投影，选定的平面称为投影面。其中物体用大写字母表示，其投影用同名小写字母表示。

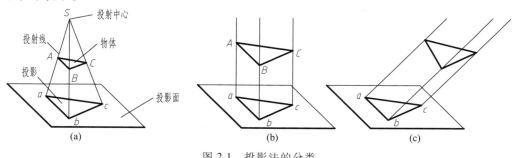

图 2.1 投影法的分类

### 2.1.2 投影法的种类[Categories of Projection]

根据投射线的类型不同（汇交或平行），投影法分为两大类：中心投影法和平行投影法。

1. 中心投影法

如图 2.1a 所示,投射线从一点出发,通过空间物体,到达投影面,在投影面上得到物体投影的方法,称为中心投影法。用中心投影法得到的图形称为中心投影图。

中心投影图一般不反映物体各部分的真实形状和大小,且投影的大小随投射中心、物体和投影面之间的相对位置的改变而改变,度量性较差。但中心投影图立体感较好,工程上常用中心投影法绘制建筑物的透视图以及产品的效果图。

2. 平行投影法

如图 2.1b、c 所示,所有的投射线相互平行,通过空间物体到达投影面,在投影面上得到物体投影的方法,称为平行投影法。

若用平行投影法来获取投影,则在物体的轮廓或表面平行于投影面时,投影的大小可真实地反映轮廓的长度或表面的形状大小。这样的投影直观,作图方便。

平行投影法分为以下两种:

(1) 正投影法　投射线垂直于投影面的投影称为正投影,如图 2.1b 所示。

(2) 斜投影法　投射线倾斜于投影面的投影称为斜投影,如图 2.1c 所示。

工程图样通常采用正投影法绘制,下面叙述中的"投影"均指用正投影法获得的正投影,斜投影法常用来绘制轴测图。

## 2.2　投影体系的形成

### [Formation of Orthographic Projection System]

#### 2.2.1　单面投影的形成及特性 [Formation and Properties of One-plane Projection]

工程上用的投影图必须能确切、唯一地反映空间的几何关系。根据一个投影,是不能反映唯一的空间情况的。例如,投影图上相互平行的直线 $ab//cd$,但对应到空间可能是相互平行的两直线 $AB//CD$(图 2.2a),也可能是不平行的两直线 $AB$ 和 $CD$(图 2.2b)。又如图 2.2c 所示,投影图上的点 $k$ 在线段 $mn$ 上,但对应到空间点 $K$ 可能属于线段 $MN$,也可能不属于线段 $MN$。再如图 2.2d 所示,投影面上的投影所表示的可能是几何体 $I$,也可能是几何体 $II$,还可能是其他形状的几何体。

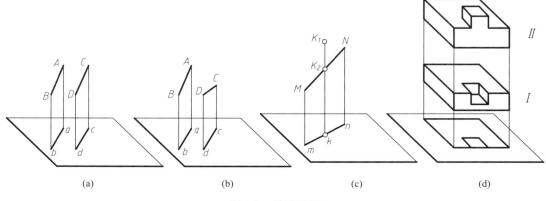

|       (a)       |       (b)       |       (c)       |       (d)       |

图 2.2　单面投影

以点的单面投影为例,如图 2.2c 所示,点向水平投影面的投影只表现了点的前后、左右两个方向的位置,点的高度无法体现。

要了解物体的三维信息,有必要在其他方向再设置新的投影面。

从上述图例可见,要求投影图能确切、唯一地反映空间的几何关系,常将几何体放置在两个或更多的投影面之间,向这些投影面作投影,形成多面投影。

### 2.2.2　多面投影的形成及特性[Formation and Properties of the Multiplanar Orthographic Projection]

**1. 多面投影体系的建立**

在绘制工程图时,通常设置三个互相垂直的投影面。除了原来的水平投影面之外增加了正立的投影面和侧立的投影面,三个投影面的两两垂直相交,其交线称为投影轴,三条轴也是相互垂直的,三条轴的交点称为投影原点。这样的关系与三维直角坐标系的 $X$、$Y$、$Z$ 轴之间的垂直关系吻合,可以最直接地利用三维坐标数据辅助说明物体的空间形状特征及位置。

以相互垂直的三个平面作为投影面,便组成了三面投影体系,如图 2.3a 所示。正立放置的投影面称为正立投影面,简称正面,用 $V$ 表示;水平放置的投影面称为水平投影面,用 $H$ 表示;侧立放置的投影面称为侧立投影面,简称侧面,用 $W$ 表示。投影面 $V$、$H$ 和 $W$ 面将空间分成 8 个分角,将物体置于第 1 分角内,使其处于观察者与投影面之间得到正投影的方法称为第一角画法。我国国家标准《机械制图》规定,工程图样采用第一角画法,如图 2.3b 所示,因此本书所述均以第一分角来阐述投影的问题。

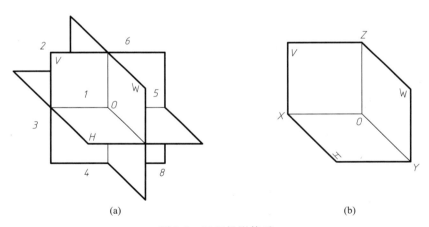

(a)　　　　　　　　　　　　　　　　(b)

图 2.3　三面投影体系

画投影图时,需要将三个投影面展开到同一个平面上,展开的方法是 $V$ 面不动,$H$ 面、$W$ 面分别绕 $OX$ 轴、$OZ$ 轴向下、向右旋转 $90°$ 与 $V$ 面同面。展开后,画图时去掉投影面边框。

**2. 三面投影的特性**

如果把形体沿 $OX$(左右)方向的尺寸称为长,沿 $OY$(前后)方向的尺寸称为宽,沿 $OZ$(上下)方向的尺寸称为高,从图 2.4 中可以看出:正面投影反映形体的长和高;水平投影反映形体的长和宽;侧面投影反映形体的宽和高。

由于三个投影表达的是同一个形体,因此三个投影是不可分割的一个整体,它们之间存在着以下关系：

正面投影与水平投影：长对正；

正面投影与侧面投影：高平齐；

水平投影与侧面投影：宽相等。

"长对正、高平齐、宽相等"是三面投影图的特性,不仅适用于整个形体的投影,还适用于形体的局部投影。

特别要注意形体的前后位置在投影图上的反映：水平投影的下方和侧面投影的右方,表示形体的前方,水平投影的上方和侧面投影的左方,表示形体的后方。

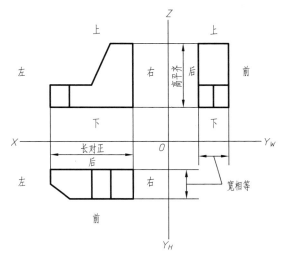

图 2.4　三面投影的特性

## 2.3　点的投影

[ **Projections of Points** ]

如图 2.5a 所示,过空间点 $A$ 的投射线与投影面 $P$ 相交于 $a$,$a$ 就是点 $A$ 在投影面 $P$ 上的投影。

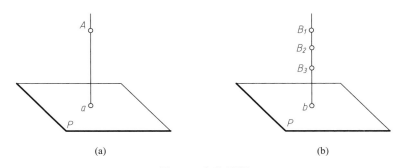

图 2.5　点的投影

　　点的空间位置确定后,它在投影面上的投影是唯一的,但是根据点的一个投影,不能唯一确定点在空间的位置,如图 2.5b 所示。要确定空间点的位置,需要知道空间点的 $x$、$y$、$z$ 三个坐标,为此可利用增加投影面的方法,建立如上所述的三面投影体系,在三面投影体系中获取点的多面投影,确定空间点的三个坐标,从而确定点在空间的位置。

### 2.3.1　点的投影[Projections of Points]

　　如图 2.6a 所示,有一空间点 $A$,过点 $A$ 分别向 $V$、$H$、$W$ 三个投影面投射,得到点 $A$ 的三个投影 $a$、$a'$、$a''$,分别称为点 $A$ 的水平投影、正面投影和侧面投影。

　　空间点及其投影的标记规定为:空间点用大写字母表示,如 $A$、$B$、$C$,在 $H$ 面上的投影用相应的小写字母表示,如 $a$、$b$、$c$;在 $V$ 面上的投影用相应的小写字母加一撇表示,如 $a'$、$b'$、$c'$;在 $W$ 面上的投影用相应的小写字母加两撇表示,如 $a''$、$b''$、$c''$。

　　为了能在同一张图纸上画出点的三个投影,投影后,$V$ 面不动,将 $H$ 面绕 $OX$ 轴向下旋转 90°,将 $W$ 面绕 $OZ$ 轴向右旋转 90°,使 $H$、$V$、$W$ 三个投影面共面,如图 2.6b 所示。画图时不必画出投影面的边框,如图 2.6c 所示。

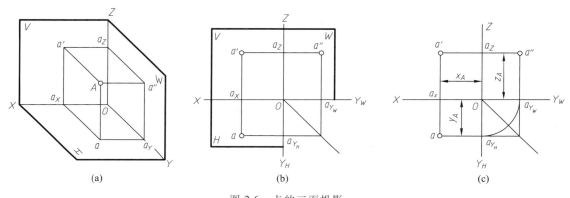

(a)　　　　　　　　　　　　　(b)　　　　　　　　　　　　　(c)

图 2.6　点的三面投影

　　应注意的是:投影面展开后 $Y$ 轴有两个位置,随 $H$ 面旋转的标记为 $Y_H$,随 $W$ 面旋转的标记为 $Y_W$。

### 2.3.2　点的投影特性[Properties of Point Projection]

1. 点的投影特性

　　如图 2.6c 所示,可以得出点的三面投影具有下列特性:

　　点的正面投影与水平投影的连线垂直于 $OX$ 轴,即 $a'a \perp OX$;点的正面投影与侧面投影的连线垂直于 $OZ$ 轴,即 $a'a'' \perp OZ$。

　　点的水平投影到 $OX$ 轴的距离等于点的侧面投影到 $OZ$ 轴的距离,即 $aa_X = a''a_Z =$ 点 $A$ 到 $V$ 面的距离;同理,$a'a_X = a''a_{Y_W} =$ 点 $A$ 到 $H$ 面的距离,$aa_{Y_H} = a'a_Z =$ 点 $A$ 到 $W$ 面的距离。

2. 点的投影与坐标之间的关系

　　如图 2.6c 所示,在三面投影体系中,三根投影轴可以构成一个空间直角坐标系,空间点 $A$ 的位置可以用三个坐标值($x_A$,$y_A$,$z_A$)表示,则点的投影与坐标之间的关系为:

$$aa_{Y_H} = a'a_Z = x_A, \quad aa_X = a''a_Z = y_A, \quad a'a_X = a''a_{Y_W} = z_A$$

即:水平投影 $a$ 反映点 $A$ 的 $x$、$y$ 的坐标;

正面投影 $a'$ 反映点 $A$ 的 $x$、$z$ 的坐标;

侧面投影 $a''$ 反映点 $A$ 的 $y$、$z$ 的坐标。

根据以上点的投影特性,可以得出,在点的三面投影中,只要知道其中任意两个面的投影,就可以求出第三面的投影。

【例 2.1】 如图 2.7a 所示,已知点 $A$ 的正面投影和水平投影,求作侧面投影。

**解**:方法 1(图 2.7b):

过点 $a'$ 作 $OZ$ 轴的垂线,在垂线上取 $a_Z a'' = a_X a$。

方法 2(图 2.7c):

(1)过点 $a'$ 作 $OZ$ 轴的垂线;

(2)过点 $a$ 作 $OY_H$ 轴的垂线,与 45°辅助斜线相交于一点,过此点向上作 $OY_W$ 轴的垂线;

(3)两次垂线的交点即是点 $A$ 的侧面投影 $a''$。

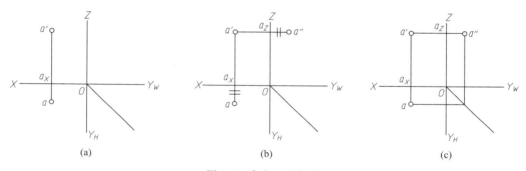

|     |     |     |
| --- | --- | --- |
| (a) | (b) | (c) |

图 2.7 求点 $A$ 的投影

### 2.3.3 两点的相对位置和重影点[Relative Positions of Two Points and Over-lapping Points]

1. 两点的相对位置

两点间上、下、左、右和前、后的位置关系,可以用两点的同面投影的相对位置和坐标大小来判断。$x$ 坐标判断左右,坐标大的在左(远离 $W$ 面),$y$ 坐标判断前后,坐标大的在前(远离 $V$ 面),$z$ 坐标判断上下,坐标大的在上(远离 $H$ 面)。

如图 2.8 所示,已知空间点 $A(x_A, y_A, z_A)$ 和 $B(x_B, y_B, z_B)$,可以看出 $x_B < x_A$ 表示点 $B$ 在点 $A$ 的右边,$z_B > z_A$ 表示点 $B$ 在点 $A$ 的上方,$y_B < y_A$ 表示点 $B$ 在点 $A$ 的后面。

2. 重影点

当空间两点在某一投影面上的投影重合时,这两点称为对该投影面的重影点。重影点在三对坐标值中,必定有两对值相等,利用另一对值可判断重影两点的可见性。

如图 2.9 所示,两点 $A$、$B$ 在水平投影面的投影重合,所以它们是水平投影面的重影点。由于点 $B$ 位于点 $A$ 的上方,故对水平投影而言点 $B$ 遮挡了点 $A$,不可见点的投影 $a$ 加上括号表示。

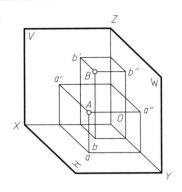

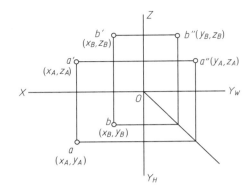

图 2.8  两点相对位置

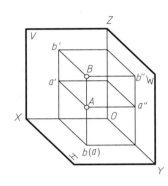

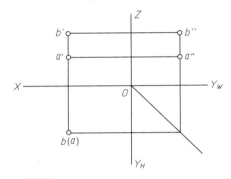

图 2.9  重影点

## 2.4  直线的投影

[Projections of Straight Lines]

### 2.4.1  直线投影[Projections of Straight Lines]

两点确定一条直线,故直线的投影可由直线上两点的投影确定,如图 2.10 所示,分别把两点 $A$、$B$ 的同面投影用直线相连,则得到直线 $AB$ 的同面投影。

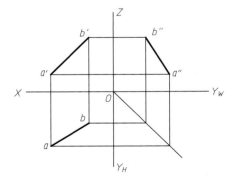

图 2.10  直线的投影

### 2.4.2　各种位置直线的投影特性[Projection Properties of Lines]

空间直线与投影面的相对位置有三类,分别是投影面平行线、投影面垂直线、一般位置直线。前两类又可再各分三种,统称为特殊位置直线,故有三大类七种位置直线。

1. 投影面平行线

只平行于一个投影面,与另外两个投影面倾斜的直线,称为投影面平行线。平行于 $H$ 面,对 $V$、$W$ 面都倾斜的直线称为水平线;平行于 $V$ 面,对 $H$、$W$ 面都倾斜的直线称为正平线;平行于 $W$ 面,对 $V$、$H$ 面都倾斜的直线称为侧平线。当线段与投影面平行时,在该投影面上的投影反映实长。三种投影面平行线的投影及其投影特性见表 2.1。

表 2.1　三种投影面平行线的投影及其投影特性

| 名称 | 立体图 | 投影图 | 投影特性 |
|---|---|---|---|
| 正平线 | | | $a'b'=AB=$实长;<br>$ab//OX$;<br>$a''b''//OZ$;<br>$a'b'$ 与 $OX$ 轴的夹角反映 $AB$ 对 $H$ 面的倾角 $\alpha$;<br>$a'b'$ 与 $OZ$ 轴的夹角反映 $AB$ 对 $W$ 面的倾角 $\gamma$ |
| 水平线 | | | $ab=AB=$实长;<br>$a'b'//OX$;<br>$a''b''//OY_W$;<br>$ab$ 与 $OX$ 轴的夹角反映 $AB$ 对 $V$ 面的倾角 $\beta$;<br>$ab$ 与 $OY$ 轴的夹角反映 $AB$ 对 $W$ 面的倾角 $\gamma$ |
| 侧平线 | | | $a''b''=AB=$实长;<br>$a'b'//OZ$;<br>$ab//OY_H$;<br>$a''b''$ 与 $OY$ 轴的夹角反映 $AB$ 对 $H$ 面的倾角 $\alpha$;<br>$a''b''$ 与 $OZ$ 轴的夹角反映 $AB$ 对 $V$ 面的倾角 $\beta$ |

从表 2.1 中可概括出投影面平行线的投影特性：

（1）投影面平行线的三个投影都是直线，其中在与直线平行的投影面上的投影反映线段实长，而且与投影轴倾斜，与投影轴的夹角等于直线对另外两个投影面的实际倾角；

（2）另外两个投影都短于线段实长，且分别平行于相应的投影轴，其到投影轴的距离，反映空间线段与所平行的投影面的真实距离。

**2. 投影面垂直线**

在三面投影体系中，垂直于某一投影面且平行于另两个投影面的直线，称为投影面垂直线。垂直于 $H$ 面且平行于 $V$、$W$ 面的直线称为铅垂线；垂直于 $V$ 面且平行于 $H$、$W$ 面的直线称为正垂线；垂直于 $W$ 面且平行于 $V$、$H$ 面的直线称为侧垂线。三种投影面垂直线的投影及其投影特性如表 2.2 所示。

表 2.2    三种投影面垂直线的投影及其投影特性

| 名称 | 立体图 | 投影图 | 投影特性 |
|---|---|---|---|
| 正垂线 | 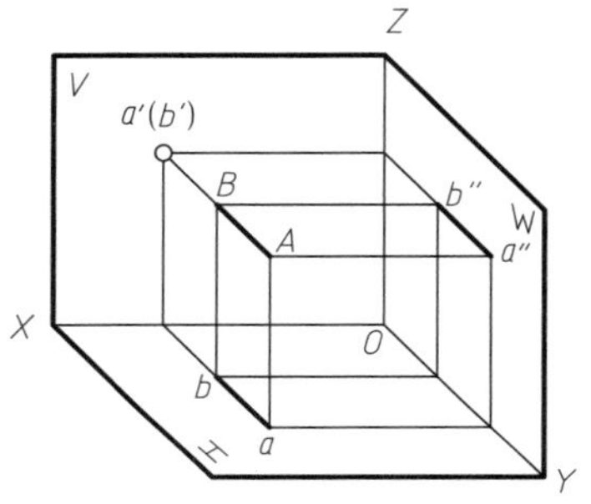 | 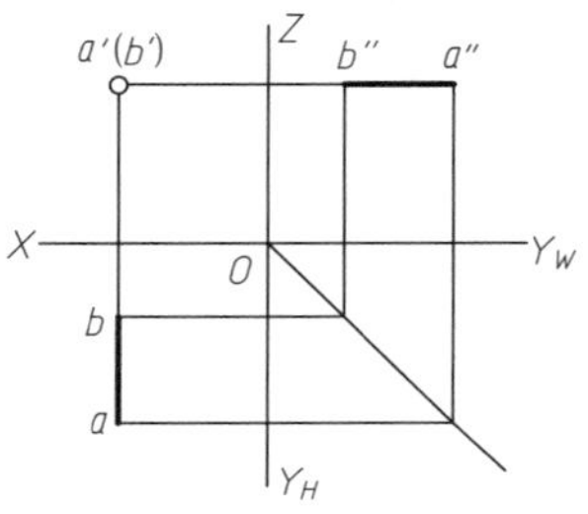 | $a'b'$ 积聚成一点；$ab \perp OX$；$a''b'' \perp OZ$；$ab = a''b'' = AB = $实长 |
| 铅垂线 | 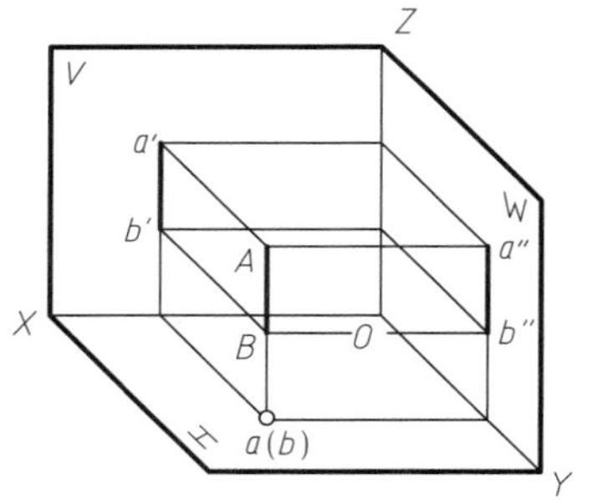 | 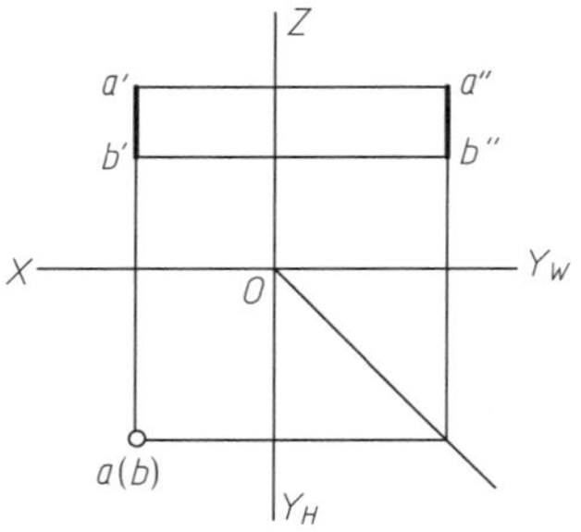 | $ab$ 积聚成一点；$a'b' \perp OX$；$a''b'' \perp OY_W$；$a'b' = a''b'' = AB = $实长 |
| 侧垂线 | 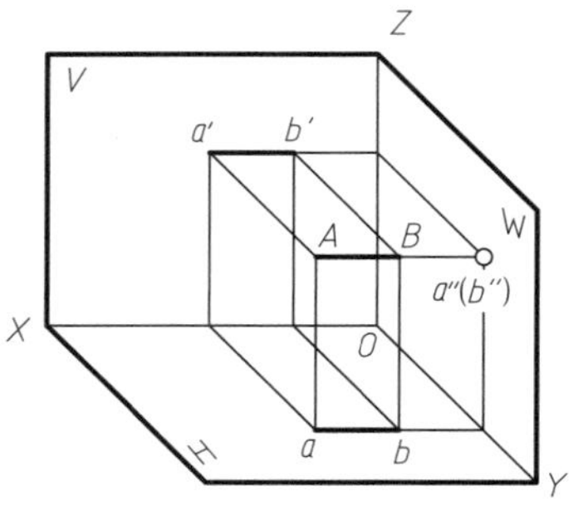 | 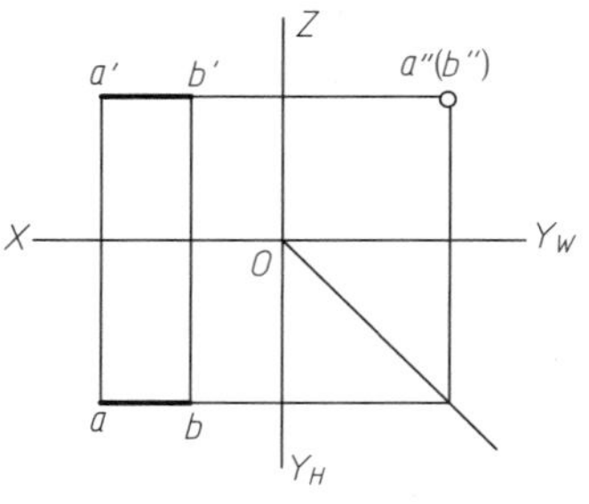 | $a''b''$ 积聚成一点；$ab \perp OY_H$；$a'b' \perp OZ$；$ab = a'b' = AB = $实长 |

从表 2.2 中可概括出投影面垂直线的投影特性：

（1）投影面垂直线在所垂直的投影面上的投影必积聚成为一个点；

（2）另外两个投影都反映线段实长，且垂直于相应的投影轴。

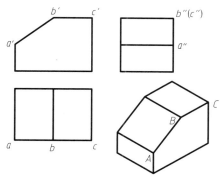

图 2.11 直线相对于投影面的位置

【例 2.2】 判别图 2.11 中线段 $AB$、$BC$ 相对于投影面的位置。

解：（1）因为 $a'b'$ 为实长且倾斜投影轴，$ab//OX$，$a''b''//OZ$，所以 $AB$ 为正平线。

（2）因为 $b''c''$ 积聚成一点，$bc \perp OY_H$，$b'c' \perp OZ$，所以 $BC$ 为侧垂线。

3. 一般位置直线

在三面投影体系中与三个投影面都倾斜的直线，称为一般位置直线，如图 2.12 所示。

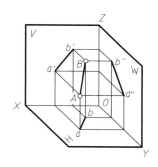 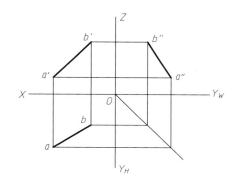

图 2.12 一般位置直线

从图中可得出一般位置线段的三个投影相对于投影轴均呈倾斜位置，与投影轴的夹角也不反映该线段对投影面倾角的真实大小；三面投影长度均小于实长。

【例 2.3】 分析正三棱锥各棱线或底边与投影面的相对位置（图 2.13）。

解：（1）棱线 $SB$（图 2.13a） $sb$ 与 $s'b'$ 分别平行于 $OY_H$ 和 $OZ$，可确定 $SB$ 为侧平线，侧面投影 $s''b''$ 反映实长。

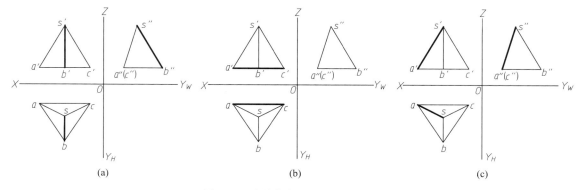

图 2.13 直线与投影面的相对位置

（2）底边 $AC$（图 2.13b）  侧面投影 $a''(c'')$ 重影,可判断 $AC$ 为侧垂线,$a'c'=ac=AC$。

（3）棱线 $SA$（图 2.13c）  三个投影面的投影都倾斜于投影轴,$SA$ 为一般位置直线。

### 2.4.3  直线上的点［Points on Lines］

点与直线的相对位置有两种情况:点在直线上或点不在直线上。

1. 直线上的点的投影特性

（1）从属性  若点在直线上,则点的投影必在该直线的同面投影上。

（2）定比性  线段被其上的点分割成两线段的长度之比,在投影图中保持不变,如图 2.14 所示,$a'c':c'b'=ac:cb=a''c'':c''b''$。

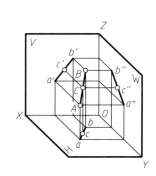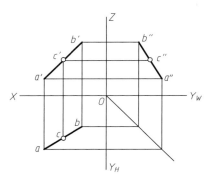

图 2.14  直线上的点

2. 求直线上点的投影

【例 2.4】  如图 2.15a 所示,已知点 $C$ 在直线上,求作它们的三面投影。

**解:**由于点 $C$ 在直线 $AB$ 上,故点 $C$ 的各个投影也必定在 $AB$ 的同面投影上。可以先作出 $AB$ 的侧面投影,然后再确定点 $C$ 的投影,具体过程如图 2.15b 所示。

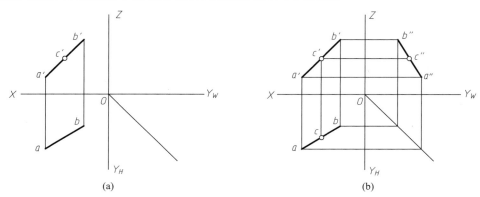

(a)                                      (b)

图 2.15  求直线上点的投影

3. 判断点是否在直线上

点是否在直线上,一般可通过两个投影面上的投影来判断。如图 2.16a 所示,可以通过两个面的投影判断点 $C$ 在 $AB$ 上,点 $D$ 在 $AB$ 外。但当直线为投影面平行线时,通常还需求出第三个面的投影进行判断。如图 2.16b 所示,点 $E$ 的水平投影和正面投影都在 $AB$ 对应投影上,由于 $AB$

为侧平线,故不能直接判断点 $E$ 是否在直线 $AB$ 上,通常作出 $AB$ 与点 $E$ 的侧面投影,再进行判断(图 2.16c),由作图可知点 $E$ 在直线 $AB$ 外。也可利用定比性判断,显然 $ae:eb \neq a'e':e'b'$。

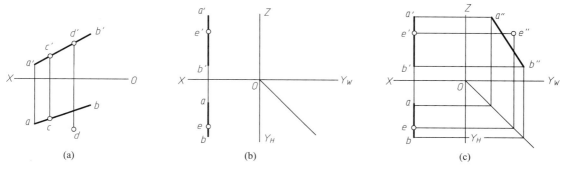

图 2.16　判断点是否在直线上

### 2.4.4　线段的实长和对投影面的倾角 [Ture Length of a Line and the Angles of a Straight Line to the Projection Planes]

特殊位置直线在三面投影中能直接反映实长和对投影面的倾角,而一般位置直线则不能。下面介绍根据直线的投影用直角三角形法求作一般位置线段的实长和对投影面的倾角。

如图 2.17a 所示,$AB$ 为一般位置线段,过 $A$ 作 $AB_1//ab$,则得一直角 $\triangle ABB_1$,在直角 $\triangle ABB_1$ 中,两直角边的长度为 $BB_1=Bb-Aa=z_B-z_A=\triangle z$,$AB_1=ab$,$\angle BAB_1=\alpha$。

由图可知,只要知道投影长度 $ab$ 和坐标差 $\triangle z$,就可求出线段 $AB$ 的实长及倾角 $\alpha$,作图过程如图 2.17b、c 所示。

同理,可求得直线对 $V$ 面的倾角 $\beta$ 和对 $W$ 面的倾角 $\gamma$。

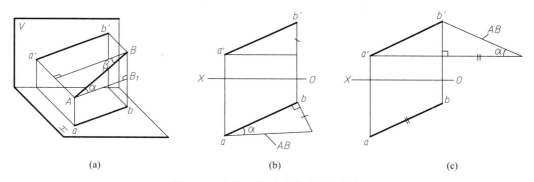

图 2.17　直角三角形法求实长和倾角

### 2.4.5　两直线的相对位置 [Relative Positions of Two Lines]

空间两直线的相对位置有三种:平行、相交和异面。

1. 两直线平行

若空间两直线相互平行,则其同面投影必相互平行。

判断两条直线是否平行,一般情况下,只需判断两直线的任意两对同面投影是否平行,如

图 2.18 所示。但当两直线为投影面的平行线时,只有两对同面投影平行,空间两直线不一定平行,如图 2.19 所示,通常需画出直线所平行的投影面的投影来判断。请读者思考,如果不作出第三面投影,该如何判断其是否平行。

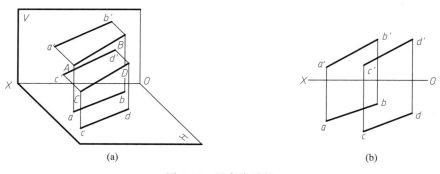

图 2.18　两直线平行

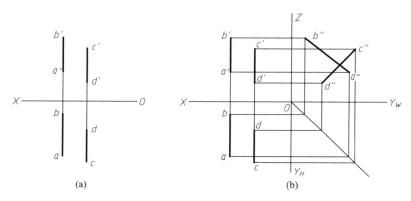

图 2.19　判断两投影面平行线是否平行

### 2. 两直线相交

若空间两直线相交,则其同面投影必相交,且其交点必符合空间点的投影特性。反之亦然。

判断空间两直线是否相交,一般情况下,只需判断投影图中两线的交点是否符合空间点的投影特性,如图 2.20 所示。

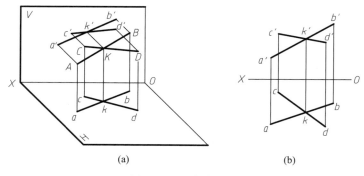

图 2.20　两直线相交

【例 2.5】 判断图 2.21a 中的 $AB$、$CD$ 是否相交。

**解：**由于 $CD$ 为侧平线，如图 2.21a 所示，两个投影并不能确定两线是否相交，通常需作出 $AB$、$CD$ 的侧面投影。也可以利用定比性判断两投影的交点是否是侧平线 $CD$ 上同一点的两个投影，读者自行作图判断。

如图 2.21b 所示，作出两直线的侧面投影可以得出，$V$ 面投影图中两直线的交点不符合空间点的投影特性，是两直线上的重影点，所以 $AB$、$CD$ 两直线不相交。

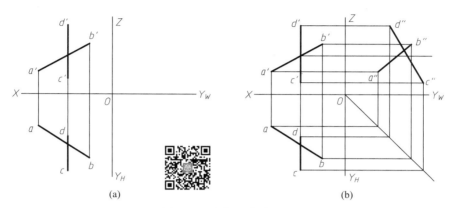

图 2.21　判断两直线相交

### 3. 两直线异面（交叉）

即不平行又不相交的两条直线称为两异面直线。两异面直线在空间不存在交点，在投影图中两异面直线投影的交点是两直线上重影点的投影。

如图 2.22 所示，两直线 $AB$、$CD$ 的正面投影的交点是重影点直线 $AB$ 上的点 $K$ 和直线 $CD$ 上的点 $F$ 的正面投影。如要判断点 $K$ 和点 $F$ 在正面投影的可见性只需比较两重影点的 $y$ 坐标值的大小，图中点 $F$ 的 $y$ 坐标值大于点 $K$ 的 $y$ 坐标值，所以点 $F$ 的正面投影 $f'$ 可见，点 $K$ 的正面投影 $k'$ 不可见。

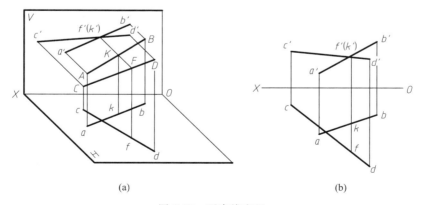

图 2.22　两直线交叉

## 2.5　平面的投影
[Projections of Planes]

### 2.5.1　平面的表示法 [Expression of Planes]

在投影图上,用一组几何元素表示一个平面,可以有五种不同的形式,如图 2.23 所示。

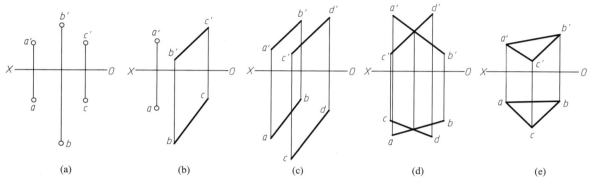

(a)　　　　　　(b)　　　　　　(c)　　　　　　(d)　　　　　　(e)

图 2.23　平面的表示法

（1）不在同一直线上的三个点；
（2）一直线及直线外一点；
（3）两相交直线；
（4）两平行直线；
（5）任意的平面图形,如三角形、四边形等。
以上的五种平面的表示法是可以相互转化的,其中以平面图形表示最为常用。

### 2.5.2　各种位置平面的投影特性 [Projection Properties of Planes]

平面对一个投影面的投影特性取决于平面与投影面的相对位置,有以下三种情况。
（1）实形性　如图 2.24a 所示,平面平行于投影面时,它的投影反映了平面的实形,这种投影特性称为实形性。
（2）积聚性　如图 2.24b 所示,平面垂直于投影面时,它的投影积聚成一条直线,这种投影特性称为积聚性。

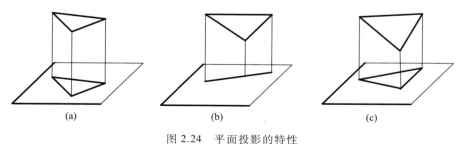

(a)　　　　　　　　(b)　　　　　　　　(c)

图 2.24　平面投影的特性

（3）类似性 如图 2.24c 所示，平面倾斜于投影面时，它的投影面积缩小，但投影与原来形状相类似，这种投影特性称为类似性。

在三面投影体系中，根据平面相对投影面的位置，可将平面分为特殊位置平面和一般位置平面，其中特殊位置平面又可分为投影面垂直面和投影面平行面。下面分别介绍三类位置平面的投影特性。

1. 投影面垂直面

垂直于一个投影面，且倾斜于另两个投影面的平面称为投影面垂直面，分为三种：垂直于 $V$ 面，同时倾斜于 $H$、$W$ 面时，称为正垂面；垂直于 $H$ 面，同时倾斜于 $V$、$W$ 面时，称为铅垂面；垂直于 $W$ 面，同时倾斜于 $V$、$H$ 面时，称为侧垂面。

表 2.3  三种投影面垂直面的投影及其投影特性

| 名称 | 立体图 | 投影图 | 投影特性 |
|---|---|---|---|
| 正垂面 | 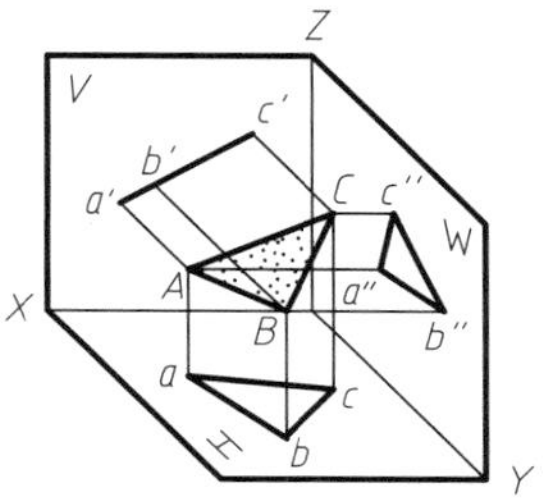 | 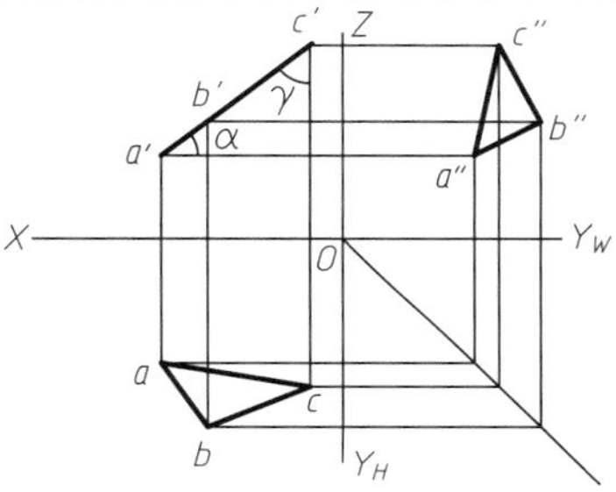 | 正面投影积聚成一倾斜于投影轴的直线段；平面与 $H$ 面的夹角 $\alpha$、平面与 $W$ 面的夹角 $\gamma$ 反映真实倾角；其他两个投影为类似形 |
| 铅垂面 | 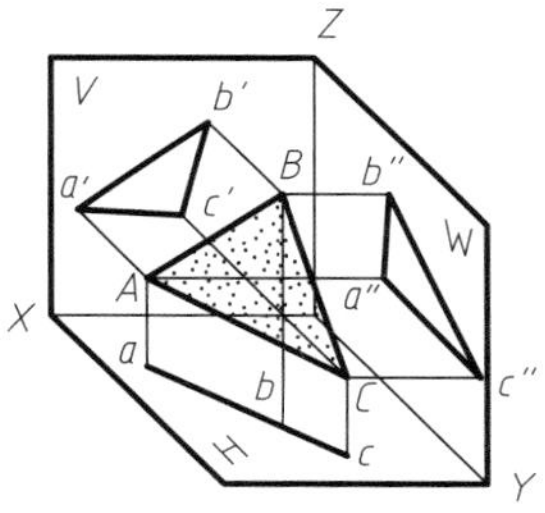 | 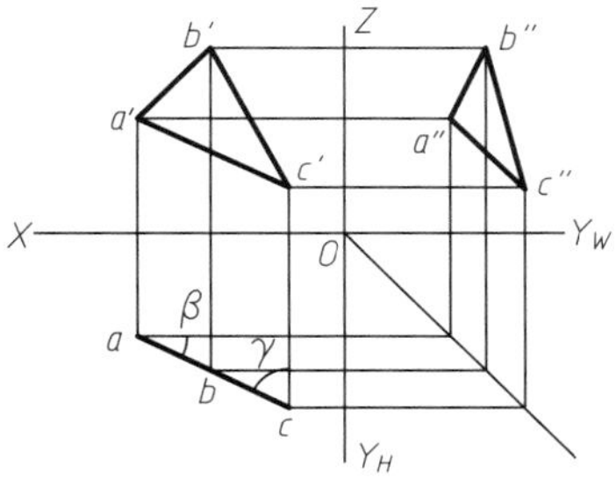 | 水平投影积聚成一直线段；平面与 $V$ 面的夹角 $\beta$、平面与 $W$ 面的夹角 $\gamma$ 反映真实倾角；其他两个投影为类似形 |
| 侧垂面 | 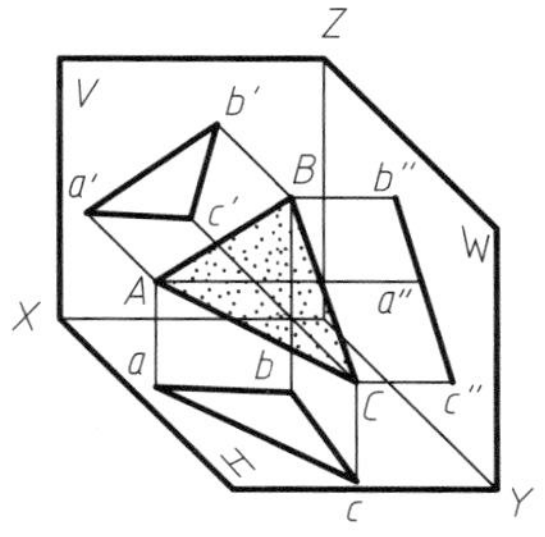 | 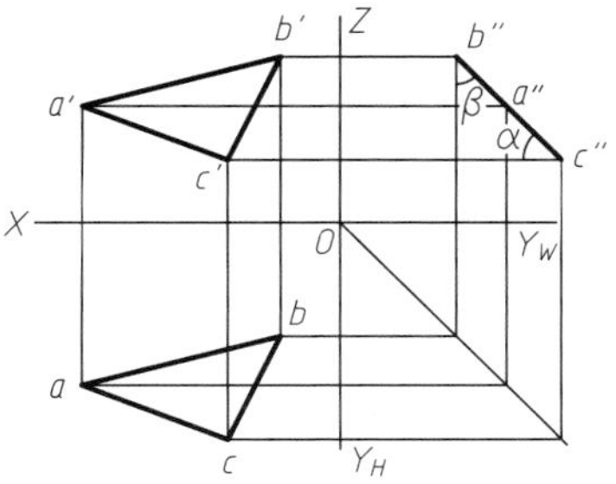 | 侧面投影积聚成一直线；平面与 $V$ 面的夹角 $\beta$、平面与 $H$ 面的夹角 $\alpha$ 反映真实倾角；其他两个投影为类似形 |

由表 2.3 可概括出投影面垂直面的投影特性：

（1）在与平面垂直的投影面上的投影积聚为一倾斜线段，该线段与两投影轴的夹角反映与另两投影面的倾角；

（2）其余两个投影都是缩小的类似形。

## 2. 投影面平行面

平行于一个投影面的平面称为投影面平行面,当某一平面为投影面平行面时,其必垂直于另外两个投影面。

平面平行于 $V$ 面时,称为正平面;平行于 $H$ 面时,称为水平面;平行于 $W$ 面时,称为侧平面。

**表 2.4　三种投影面平行面的投影及其投影特性**

| 名称 | 立体图 | 投影图 | 投影特性 |
| --- | --- | --- | --- |
| 正平面 | 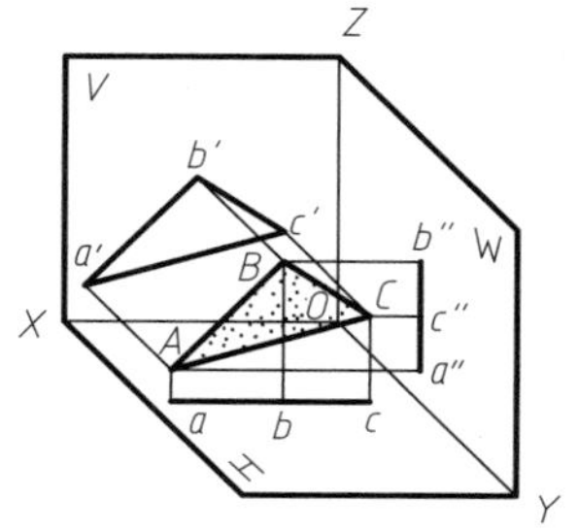 | 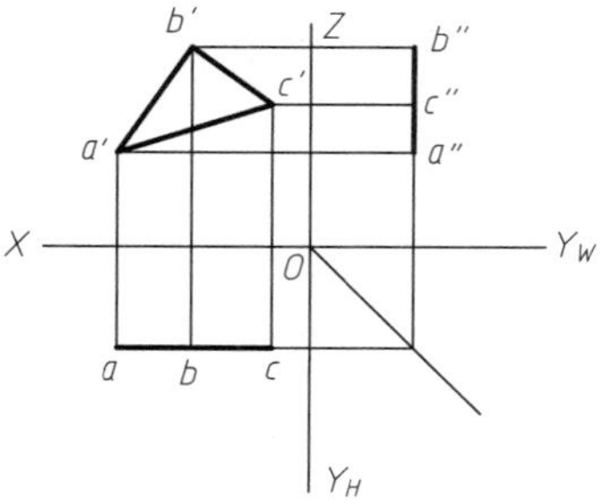 | 正面投影反映实形;其他两面投影积聚成直线,且分别平行于投影轴 $OX$、$OZ$ |
| 水平面 | 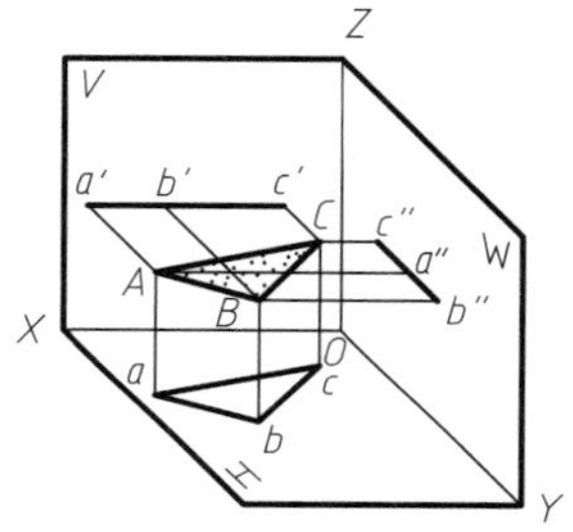 | 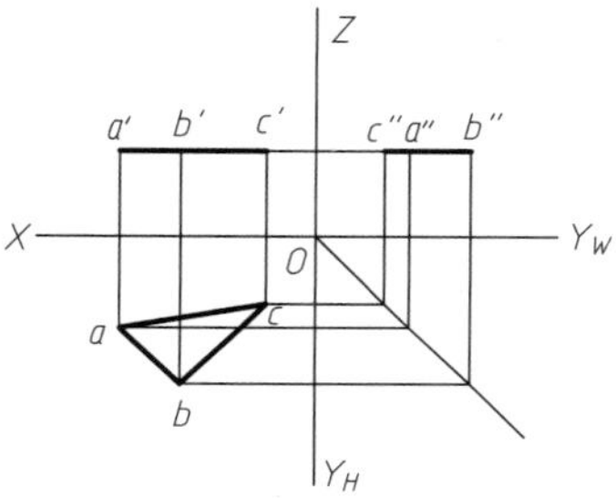 | 水平面投影反映实形;其他两面投影积聚成直线,且分别平行于投影轴 $OX$、$OY_W$ |
| 侧平面 | 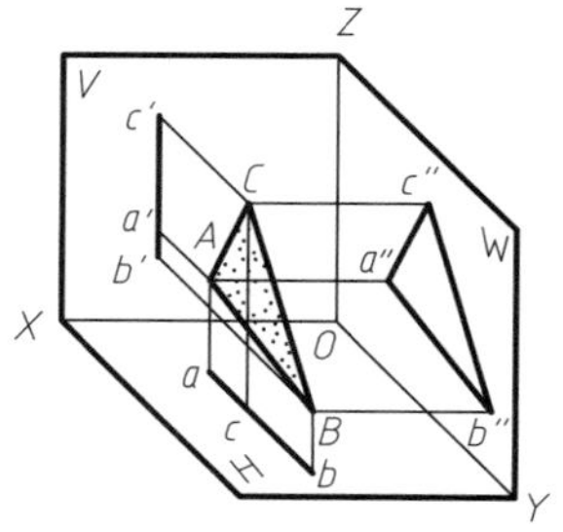 | 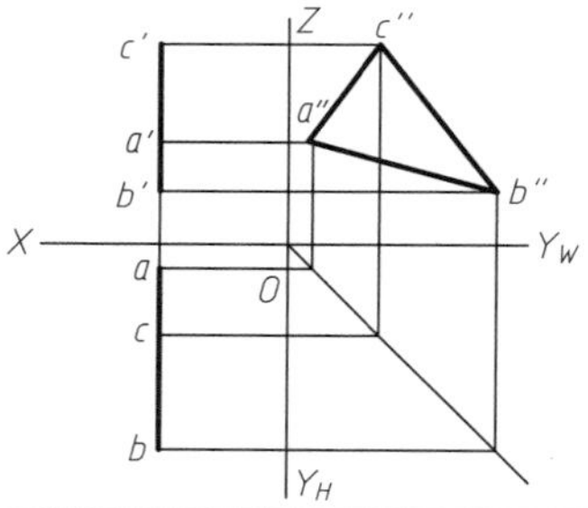 | 侧面投影反映实形;其他两面投影积聚成直线,且分别平行于投影轴 $OZ$、$OY_H$ |

由表 2.4 可概括出投影面平行面的投影特性:

(1) 在与平面平行的投影面上的投影反映实形;

(2) 其余两个投影积聚为直线,且平行于相应的投影轴。

## 3. 一般位置平面

一般位置平面其三面投影都呈现类似性。如图 2.25 所示,图中 $ABC$ 平面则为一般位置平面,它的三个投影 $abc$、$a'b'c'$、$a''b''c''$ 均不反映实形。

**【例 2.6】**　已知一平面图形为侧垂面,其两面投影如图 2.26a 所示,求其第三面投影。

**解**:根据点的投影规律,求出图中各点的水平投影,然后再顺次连接,即可得到其第三面投影,作图方法如图 2.26b 所示。

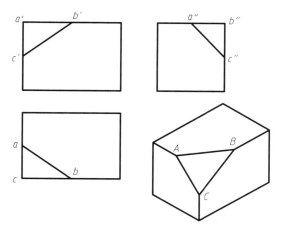

图 2.25 一般位置平面

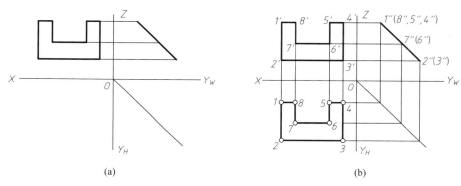

(a)                                                (b)

图 2.26 求作平面图形投影

【例 2.7】 判断平面立体上两平面 $P$ 和 $Q$ 相对于投影面的位置(图 2.27a)。

解:(1) 如图 2.27b 所示,平面 $P$ 在 $V$ 面的投影积聚为一直线,在另外两个投影面上的投影为类似形,所以平面 $P$ 为正垂面。

(2) 如图 2.27b 所示,平面 $Q$ 的 $V$ 面投影和 $W$ 面投影都积聚为 $OZ$ 轴的垂直线,所以平面 $Q$ 为水平面,水平投影面上的投影反映实形。

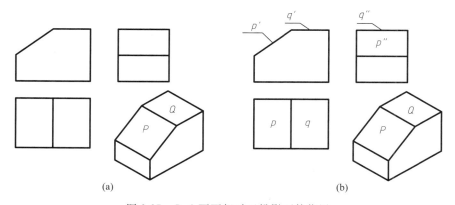

(a)                                                (b)

图 2.27 $P$、$Q$ 两面相对于投影面的位置

### 2.5.3　平面上的点和直线［Points and Lines on a Plane］

1. 在平面内取直线

在平面内取直线一般有两种方法：

1）在平面内取两个点，通过两点来确定直线；

2）通过平面内的一个点且平行于平面内的某条直线，此直线定在平面内。

【例 2.8】　如图 2.28a 所示，在平面 *ABC* 内求作一水平线 *DE*，使其到 *H* 面的距离为 10 mm。

**解：**（1）所要求的水平线在正面投影应为一平行于 *OX* 轴的直线，且距 *OX* 轴 10 mm，作图过程如图 2.28b 所示，直线与 *a'b'* 交于 *d'*，与 *a'c'* 交于 *e'*。

（2）因为所求直线应在 *ABC* 面内，故可作出水平投影 *d* 在 *ab* 上，水平投影 *e* 在 *ac* 上。连接 *de* 和 *d'e'*，即为所求，作图过程如图 2.28c 所示。

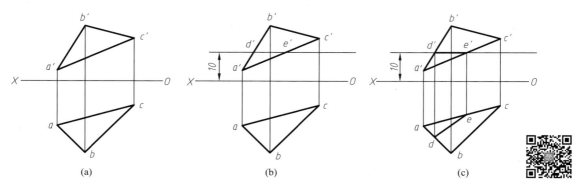

图 2.28　求平面内直线

2. 在平面内取点

平面上的点总位于平面内的某条直线上，故求平面上点的投影可以转化成先在平面内取包括所求点的直线的投影，然后再在此直线上求点的投影。

【例 2.9】　已知点 *M* 位于平面 *ABC* 内，求点的水平投影（图 2.29a）。

**解：**过点 *m'* 作一辅助线 *a'n'*，然后求出其水平投影 *an*，作图过程如图 2.29b 所示，那么 *AN* 就是平面 *ABC* 内经过点 *M* 的直线，然后再求出点 *M* 的水平投影 *m*，作图过程如图 2.29c 所示。

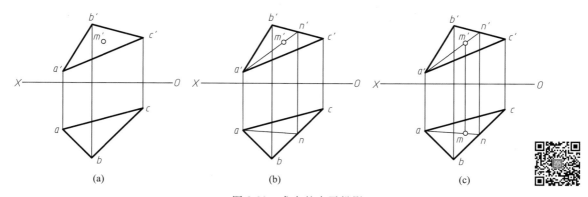

图 2.29　求点的水平投影

直线与平面、平面与平面的相对位置

[Relative Positions between Planes, and Relative Positions between a Line and a Plane]

直线与平面、平面与平面的相对位置关系可分为两种,即平行和相交。

直线与平面、平面与平面的相对位置的几何性质在初等几何中已有相应的定理和证明,本章主要研究这些几何性质在投影图中的关系以及相应的投影作图方法。

### 2.6.1 平行问题 [Parallelism]

1. 直线与平面平行

由初等几何可知:若一直线平行于平面上的任一直线,则此直线与该平面平行,如图 2.30 所示。反之,若一直线与某一平面平行,则在此平面上定能作出与该直线平行的直线。

【例 2.10】 如图 2.31a 所示,过点 $E$ 作水平线 $EF$ 与平面 $ABCD$ 平行。

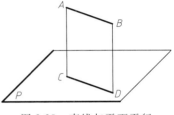

图 2.30 直线与平面平行

解:过点 $E$ 可作出无数条平行于平面 $ABCD$ 的直线,但其中仅有一条为水平线,它必定平行于平面 $ABCD$,作图过程如图 2.31b 所示。

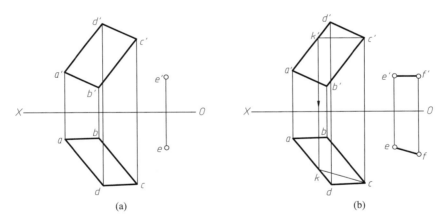

图 2.31 过点作直线平行于平面

(1) 在平面 $ABCD$ 上任作一条水平线 $CK$;

(2) 过点 $E$ 作直线 $EF$ 平行于水平线 $CK$,则直线 $EF$ 平行于平面 $ABCD$。

直线与特殊位置平面平行时,直线必有一个投影平行于该平面的积聚投影,或者直线、平面在同一投影面上的投影都有积聚性,如图 2.32 所示。

2. 平面与平面平行

由初等几何可知:若一平面上的两条相交直线分别平行于另一平面上的两条相交直线,则此两平面相互平行,如图 2.33 所示。

【例 2.11】 如图 2.34a 所示,已知 $AB /\!/ CD /\!/ EF /\!/ GH$,判断平面 $ABCD$ 与平面 $EFGH$ 是否平行。

解:判定两平面是否平行,只需在两个平面内分别找出一组相交直线,若其对应的投影平行

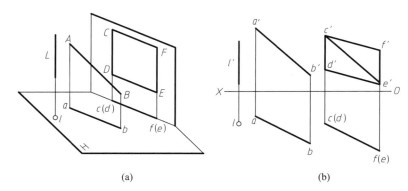

(a)      (b)

图 2.32　直线与特殊位置平面平行

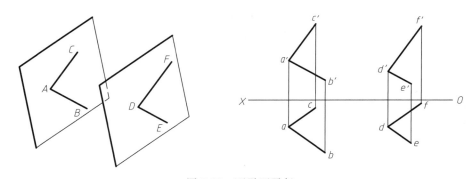

图 2.33　两平面平行

则两平面平行,反之则说明两平面不平行。

作图过程如图 2.34b 所示。

（1）连接 $a'd'$、$ad$,在平面 $ABCD$ 上构造一组相交直线 $AB$ 和 $AD$；

（2）过 $e'$ 作 $e'k' \parallel a'd'$,与 $g'h'$ 交于 $k'$；

（3）过 $k'$ 作 $k'k \perp OX$,与 $gh$ 交于 $k$；

（4）连接 $ek$,由图可知 $ek$ 不平行于 $ad$。

结论:平面 $ABCD$ 与平面 $EFGH$ 不平行。

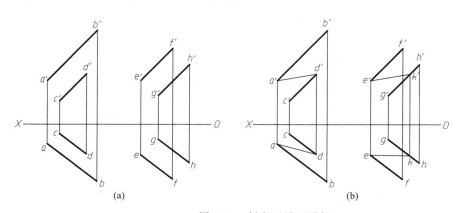

(a)      (b)

图 2.34　判定两平面平行

若两特殊位置平面相互平行,则其具有积聚性的同面投影必相互平行,如图 2.35 所示。

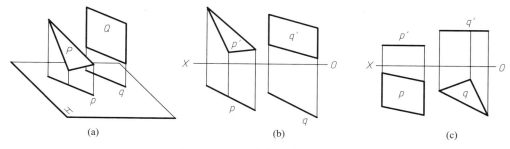

图 2.35　两特殊位置平面平行

### 2.6.2　相交问题[Intersection]

直线与平面、平面与平面,若不平行则必相交。

直线与平面相交的交点为直线和平面的共有点,既在直线上也在平面上。

两平面相交的交线为两平面的共有线,是同时位于两平面上的直线。确定两平面的两个共有点或一个共有点与交线的方向,都可得到两平面的交线。

在投影重叠处应当表明投影的可见性。交点是直线投影可见与不可见的分界点,交线是平面投影可见与不可见的分界线。因此,共有元素(交点、交线)具有共有性和分界性。

求解直线与平面、平面与平面的相交问题,一是求出交点或交线,二是判别可见性。

本书介绍的相交几何元素中均有一个有积聚性投影。

当直线或平面垂直于投影面时,在该投影面上的投影积聚成点或直线。此时,可在积聚性元素投影上直接确定交点或交线的同面投影,再根据从属性确定交点或交线的其他投影。

1. 一般位置直线与特殊位置平面相交

（1）求交点

特殊位置平面至少有一个投影具有积聚性,利用该积聚性投影可直接求出交点的该投影,然后求出其余投影。

由图 2.36a 可知,平面 $P$ 的水平投影积聚成线段 $p$,交点既要在平面 $P$ 上,又要在直线 $AB$ 上,则其水平投影既在平面 $P$ 的水平投影 $p$ 上,又必在直线 $AB$ 的水平投影 $ab$ 上。因此,$p$ 与 $ab$ 的交点 $k$ 即为交点 $K$ 的水平投影,如图 2.36b 所示。

根据点 $K$ 的正面投影必在 $a'b'$ 上,且 $k'k \perp OX$,可确定点 $K$ 的正面投影 $k'$。

（2）判别可见性

由图 2.36b 可知,直线与平面的正面投影有部分重叠,需要判别可见性。因为交点是可见与不可见的分界点,所以重叠部分必以交点为界一边可见,一边不可见。根据水平投影可以看出,交点 $K$ 左侧,直线的 $AK$ 段在平面 $P$ 之后,交点 $K$ 右侧,直线的 $BK$ 段在平面 $P$ 之前,所以 $a'k'$ 与 $p'$ 重合的部分不可见,用细虚线表示,$b'k'$ 与 $p'$ 重合的部分可见,用粗实线表示,如图 2.36c 所示。

当平面具有积聚性时,求线面交点的问题实际上就是"线上取点"的问题。

【例 2.12】　如图 2.37a 所示,求直线 $MN$ 与平面 $\triangle ABC$ 的交点 $K$,并判别可见性。

**解**:平面 $\triangle ABC$ 为正垂面,其正面投影具有积聚性。交点 $K$ 是两相交元素共有的点,其正面

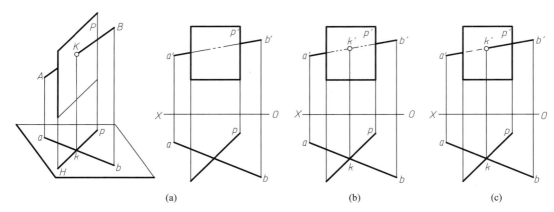

图 2.36 一般位置直线与特殊位置平面相交

投影必然位于正垂面的积聚性投影和直线的正面投影的交点处,其水平投影则可利用"线上取点"的方法确定。

作图过程如图 2.37b、c 所示。

（1）根据积聚性,直接确定交点的正面投影 $k'$。

（2）过 $k'$ 作 $k'k \perp OX$,与 $mn$ 交于 $k$。

（3）判别 $H$ 面投影的可见性。

由图 2.37c 可知,直线与平面的 $H$ 面投影有部分重叠,可见性根据上、下关系来判别。由正面投影可以看出,交点的左边平面 $\triangle ABC$ 在 $MN$ 的上方,故 $km$ 重叠的一段不可见,用细虚线表示。因为交点是可见与否的分界点,在重叠部分中,$km$ 的一段不可见,则 $kn$ 必可见,用粗实线表示。

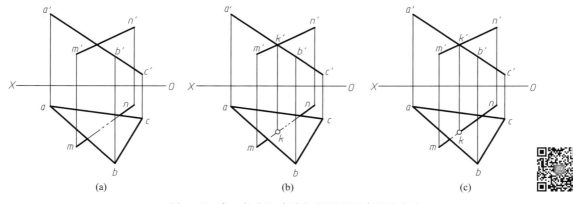

图 2.37 求一般位置直线与投影面垂直面的交点

## 2. 特殊位置直线与一般位置平面相交

（1）求交点

由图 2.38a 可知,直线 $MN$ 为铅垂线,其水平投影积聚成点 $m(n)$。交点 $K$ 既在直线 $MN$ 上,又在平面 $\triangle ABC$ 上,则其水平投影 $k$ 既在直线 $MN$ 的水平投影 $m(n)$ 上,也必在平面 $\triangle ABC$ 的水平投影 $abc$ 上,而直线 $MN$ 的水平投影为一个点,故交点 $K$ 的水平投影 $k$ 与 $m(n)$ 重合。

　　根据点 $K$ 的正面投影必在平面 $\triangle ABC$ 的正面投影 $a'b'c'$ 上，利用面上取点的方法，在平面 $\triangle ABC$ 上作辅助线 $AD$，即可确定出点 $K$ 的正面投影 $k'$，如图 2.38b 所示。

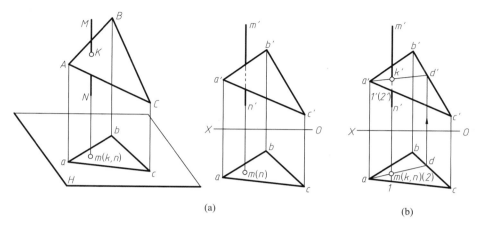

图 2.38　特殊位置直线与一般位置平面相交

（2）判别可见性

　　由图 2.38b 可知，直线与平面的正面投影有部分重叠，其可见性可利用重影点 $I$、$II$ 来判别。从图中可知，$I$、$II$ 为 $V$ 面的重影点，可见性根据前、后关系来判别。由水平投影可以看出，$AC$ 上的点 $I$ 在前，$MN$ 上的点 $II$ 在后，故 $k'2'$ 不可见，用细虚线表示。因为交点是可见与否的分界点，$k'2'$ 不可见，则 $m'k'$ 必可见，用粗实线表示。

　　当直线具有积聚性时，求线面交点的问题实际上就是"面上取点"的问题。

3. 一般位置平面与特殊位置平面相交

（1）求交线

　　由图 2.39a 可知，一般位置平面 $\triangle ABC$ 与铅垂面 $P$ 相交，交线 $MN$ 是两平面共有的线段。端点 $M$、$N$ 分别是直线 $AB$、$BC$ 与平面 $P$ 的交点。因此，求交线实质上是求一般位置平面上两直线与特殊位置平面的交点。

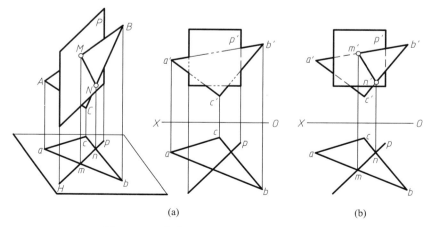

图 2.39　一般位置平面与特殊位置平面相交

根据特殊位置平面 $P$ 的积聚性投影,可确定出端点 $M$、$N$ 的水平投影 $m$、$n$。

根据点的从属性和点的投影规律,由 $m$、$n$ 可确定出 $m'$、$n'$,连接 $m'$、$n'$,则 $m'n'$、$mn$ 即为交线 $MN$ 的投影,如图 2.39b 所示。

（2）判别可见性

相交两平面可见性的判别范围为两平面投影重叠部分,如图 2.39b 所示,平面 $\triangle ABC$ 与铅垂面 $P$ 的正面投影有部分重叠。以交线为界,若平面 $\triangle ABC$ 在交线一侧可见,则在另一侧必不可见,而铅垂面 $P$ 的可见性则相反。

从图中可知,以交线 $MN$ 为界,$\triangle ABC$ 的右上部分在铅垂面 $P$ 之前,故在正面投影中属于 $\triangle a'b'c'$ 的右上部分可见,用粗实线表示。属于铅垂面 $P$ 的线段则不可见,用细虚线表示。在交线另一侧则完全相反,如图 2.39b 所示。

【例 2.13】　如图 2.40a 所示,求平面 $\triangle ABC$ 与平面 $\triangle DEF$ 的交线 $MN$,并判别可见性。

解:平面 $\triangle DEF$ 为正垂面,其正面投影具有积聚性。交线 $MN$ 是两相交元素共有的直线,其正面投影必然也积聚在该正垂面的积聚性投影上。

作图过程如图 2.40b、c 所示。

（1）根据积聚性,直接确定交线两端点的正面投影 $m'$、$n'$,则 $m'n'$ 即为交线的正面投影。

（2）交点是共有点,利用点与直线的从属性（点 $M$ 在 $AB$ 上,点 $N$ 在 $BC$ 上）,由 $m'$、$n'$ 求 $m$、$n$,连接 $m$、$n$ 即为交线的水平投影 $mn$。

（3）由 $V$ 面积聚性投影直接判别可见性。从图中可知,以交线 $MN$ 为界,$\triangle ABC$ 的后半部分在正垂面 $\triangle DFE$ 之上,故水平投影中属于 $\triangle abc$ 的后半部分可见,用粗实线表示。属于 $\triangle DFE$ 的线段则不可见,用细虚线表示。在交线的另一侧则完全相反,如图 2.40c 所示。

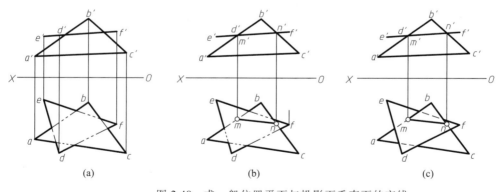

图 2.40　求一般位置平面与投影面垂直面的交线

4. 两特殊位置平面相交

两平面同时垂直于某一投影面时,其交线为该投影面的垂直线。因投影面垂直线在所垂直的投影面上的投影积聚为一点,故此点也就是交线的投影。

【例 2.14】　如图 2.41a 所示,求平面 $P$ 与平面 $Q$ 的交线 $MN$,并判别可见性。

解:平面 $P$ 和平面 $Q$ 均为铅垂面,其交线必为铅垂线。依据铅垂线的投影特性,其水平投影积聚为一点,正面投影则垂直于 $OX$ 轴。交线 $MN$ 是两相交元素共有的直线,故其水平面投影必在两铅垂面积聚性投影的交点处。

作图过程如图 2.41b、c 所示。

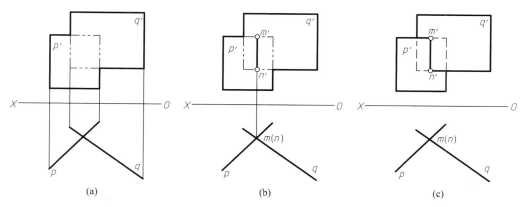

图 2.41　求投影面垂直面与投影面垂直面的交线

（1）根据积聚性，直接确定交线 $MN$ 的水平投影 $m(n)$。

（2）$MN$ 为铅垂线，依据交线的共有性，确定 $m'n'$。

（3）由 $H$ 面积聚性投影直接判别可见性。以交线为界，从水平投影中可见，交线左侧平面 $P$ 在前，其正面投影可见，平面 $Q$ 的正面投影则不可见；交线右侧平面 $Q$ 在前，其正面投影可见，平面 $P$ 的正面投影则不可见。

综上所述，当相交两几何元素（直线、平面）至少有一个元素的投影具有积聚性时，共有元素（交点或交线）的该投影面上的投影可利用投影积聚性直接确定，其他投影要在没有投影积聚性的元素上根据从属性求得（采用线上取点、面上取点法）。

## 思考题

1．投影分为哪几类？

2．正投影是怎样形成的？

3．试述各种直线及各种平面的空间位置和投影特性。

4．如何判断两直线的空间相对位置？

5．试述重影点的形成过程。

6．试述用直角三角形法求一般位置线段的实长及对投影面倾角的具体作图方法。

7．在一般情况下求作直线与平面的交点应通过哪几个作图步骤？怎样判断直线与平面图形的同面投影重合处的可见性？

8．在一般情况下求作平面与平面的交线应通过哪几个作图步骤？

# 第 3 章　立体的投影

# Chapter 3　Projections of Solids

**内容提要**：工程中的机件一般都可看成由一些简单的基本形体组合而成,基本形体主要有平面立体(棱柱、棱锥)和曲面立体(圆柱、圆锥、球)。本章主要介绍基本形体的三视图及表面上取点;平面与基本立体相交的投影;回转体与回转体表面相交的投影。

**Abstract**：The parts of a machine are generally considered as combination of some simple solids. The basic geometric solids include plane solids ( prisms and pyramids ) and curved solids ( columns, cones and spheres ). This chapter deals with the three-view drawings of basic geometric solids and the way of taking points on their surfaces, the intersections of planes and basic solids, and the intersections of two revolving solids, and the projections of their intersection lines.

## 3.1　平面立体的投影
### [Projections of Plane Solids]

所有表面均为平面的立体称为平面立体,常见的平面立体有棱柱、棱锥、棱台。根据点、线、面的投影特点和三视图的投影规律,即可画出平面立体的三面投影。

如图 3.1 所示,在三面投影体系中,将立体的三面投影称为三视图。其中,正面投影通常用来表示立体的主要形状特征,称为主视图;立体的水平投影称为俯视图;立体的侧面投影称为左视图。三面投影展开后,立体的三视图如图 3.1d 所示,投影轴由于只反映物体对投影面的距离,对视图之间的投影关系并无影响,故省略不画,视图的名称也不必标出。这三个视图同样具有"长对正、高平齐、宽相等"的特性。

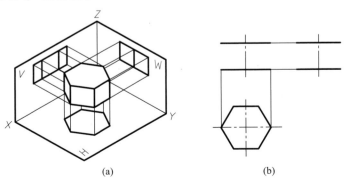

(a)　　　　　　　　　　　　　　　　(b)

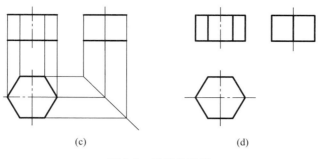

(c)                                    (d)

图 3.1    正棱柱投影

### 3.1.1    正棱柱[Prisms]

1. 正棱柱表面的组成

正棱柱是最常见的平面立体,它的表面由互相平行的上、下两底面和与底面垂直的若干个棱面组成,棱面与棱面的交线称为棱线。常见的棱柱有正三棱柱、正四棱柱、正五棱柱等。

2. 正棱柱的投影分析及画法

以正六棱柱(图 3.1a)为例,其上、下底面为水平面,$H$ 面的投影为正六边形,且反映实形,$V$、$W$ 面投影积聚成一直线。六个棱面和六条棱线分别垂直于 $H$ 面,$H$ 面投影分别积聚在正六边形的六条边和六个顶点上。前、后棱面平行于 $V$ 面,在 $V$ 面上的投影反映实形;在 $W$ 面上的投影积聚为直线。其他四个侧棱面的 $V$ 面、$W$ 面投影均为类似形。

画正六棱柱的三视图时,应先画上、下底面反映实形的 $H$ 面投影(正六边形)及其另两个面的投影,如图 3.1b 所示,再根据投影规律画出棱线的其他两个视图,如图 3.1c、d 所示。其他正棱柱的三视图画法类同,还需注意的是,当形体对称时,应用细点画线画出对称面的投影。

### 3.1.2    棱锥[Pyramids]

1. 棱锥表面的组成

棱锥表面是由一底面和若干个侧棱面组成,且所有的侧棱线都交于一点。棱锥的底面为多边形,侧棱面为三角形。

2. 正棱锥的投影分析及画法

以正三棱锥(图 3.2a)为例,底面为水平面,其 $H$ 面投影为三角形,反映实形,其他两面投影积聚成 $OZ$ 轴的垂直线。△$SAC$ 为侧垂面,其 $W$ 面投影积聚成一条线段,其 $H$ 面、$V$ 面投影为类似性;其他两侧棱面是一般位置平面,其三面投影均为类似形。

画三棱锥的三视图时,先画出底面△$ABC$ 的三个投影,再作出锥顶 $S$ 的三个投影,然后自锥顶 $S$ 与底面三角形的顶点 $A$、$B$、$C$ 的同面投影分别连线,作图过程如图 3.3 所示。其他棱锥投影的画法与正三棱锥画法相似。

### 3.1.3    平面立体表面取点[Taking Points on Plane Solids]

平面立体的表面是由若干个平面多边形构成的,因此,求解平面立体表面上的点的投影,实

52

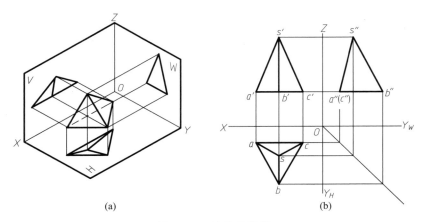

图 3.2 正棱锥的投影

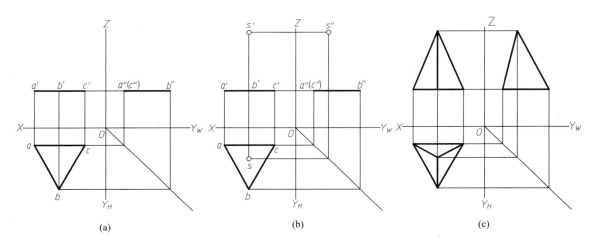

图 3.3 三棱锥投影的画法

际上就是求解平面多边形内的点的投影,即求解平面上的点的投影。

平面立体表面取点的思路是,求点先求线。在平面上直接确定一个点是比较困难的,但平面上的点一定在平面内的直线上。只要能作出一条过该点的直线,则平面上取点的问题就转化成直线上取点的问题,作图就容易了。

当平面立体表面的投影具有积聚性时,则其表面上点的投影可直接根据点的投影特性作图。

**1. 棱柱表面取点**

如图 3.4 所示,点 $K$ 和点 $H$ 是正六棱柱表面上的点,已知点 $K$ 的正面投影 $k'$ 及点 $H$ 的水平投影 $h$,求点 $K$ 和点 $H$ 的另外两面投影。

通过投影分析可知,点 $K$ 位于正六棱柱的前表面 $ABB_0A_0$ 上,且表面 $ABB_0A_0$ 为正平面,其水平投影和侧面投影具有积聚性,因此,可直接由 $k'$ 作竖直投影连线和水平投影连线,分别交 $ab$ 于 $k$,交 $a''a_0''$ 于 $k''$,$k$ 即为点 $K$ 的水平投影,$k''$ 即为点 $K$ 的侧面投影。同理,由投影分析可知点 $H$ 位于正六棱柱的底面 $A_0B_0C_0D_0E_0F_0$ 上,可直接由 $h$ 作竖直的投影连线交 $f_0'a_0'$ 于 $h'$,$h'$ 即为点 $H$ 的正面投影,再通过点的投影规律即可求出点 $H$ 的侧面投影 $h''$。

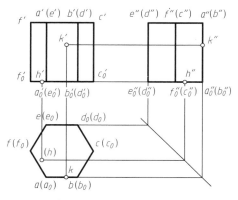

图 3.4 正六棱柱表面取点

## 2. 棱锥表面取点

如图 3.5a 所示,点 $P$ 在四棱锥 $SABCD$ 的表面上,已知点 $P$ 的正面投影 $p'$,求作点 $P$ 的水平投影和侧面投影。

分析:平面内任意一点一定在平面内的某条直线上,因此,可以在平面内找一条过点 $P$ 的直线,再通过这条直线确定点 $P$ 的水平投影和侧面投影。

从图 3.5a 可以看出,点 $P$ 应在平面 $SAB$ 上,因此,只需要找到平面 $SAB$ 内过点 $P$ 的一条直线,此题即可求解。可利用已知的点 $S$ 并过点 $P$ 在平面 $SAB$ 内作一条直线 $SE$,交底边 $AB$ 于点 $E$,则点 $P$ 一定在直线 $SE$ 上,只需作出 $SE$ 的三面投影,则点 $P$ 的水平投影和侧面投影即可作出。

作图过程:如图 3.5b 所示。

(1)过 $p'$ 作辅助线 $s'e'$ 交 $a'b'$ 于 $e'$;

(2)因为点 $E$ 在底边 $AB$ 上,根据点的从属性,过 $e'$ 作投影连线交 $ab$ 于 $e$,再用细实线连接 $se$。$se$ 即为 $SE$ 的水平投影;

(3)根据点的投影规律,过 $p'$ 作投影连线交 $se$ 于 $p$,$p$ 即为点 $P$ 的水平投影;

(4)已知点 $P$ 的正面投影 $p'$ 和水平投影 $p$,利用点的投影规律,即可作出点 $P$ 的侧面投影 $p''$。

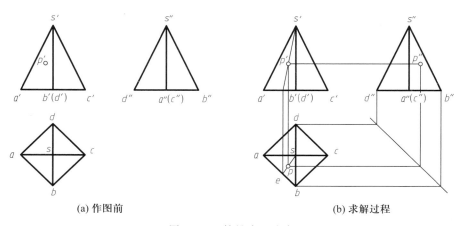

(a) 作图前      (b) 求解过程

图 3.5 四棱锥表面取点

图 3.6 给出了一些平面立体及其表面取点的示例,请读者自行阅读,读懂各投影所反映的形状,分析各表面的投影及其可见性。

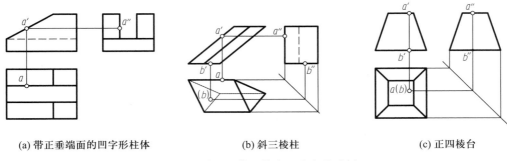

(a) 带正垂端面的凹字形柱体　　　　　(b) 斜三棱柱　　　　　(c) 正四棱台

图 3.6　平面立体及其表面取点的示例

## 3.2　曲面立体的投影

［Projections of Curved Solids］

由曲面或平面与曲面围成的立体称为曲面立体,常见的曲面立体为回转体,常见的回转体有圆柱、圆锥和球等。

### 3.2.1　圆柱［Cylinders］

**1. 圆柱的形成**

圆柱表面有圆柱面、顶面和底面。圆柱面由一线段绕与它相平行的轴线旋转一周而成。该线段称为母线,母线任一位置称为素线。

在三面投影体系中,圆柱放置时,一般使回转轴垂直于投影面。

**2. 圆柱的投影分析及画法**

如图 3.7 所示,圆柱轴线为铅垂线,圆柱的顶面和底面为水平面,其 H 面投影为圆,反映实形;其他两面投影积聚成一直线。整个圆柱面的 H 面投影积聚在顶、底面投影圆的圆周上;在 V 面投影中,前、后两半圆柱面的投影重合为一矩形,矩形的两条竖直线是圆柱面的 V 面转向轮廓线,即圆柱面前、后分界线的投影。在 W 面投影中,左、右两半圆柱面的投影重合为一矩形,矩形的两条竖直线是圆柱面的 W 面转向轮廓线,即圆柱面左、右分界线的投影。

画圆柱的三视图时,应先画出圆的对称中心线和圆柱轴线的投影(细点画线);再画顶、底面的三面投影图;最后画圆柱面的三面投影图。作图过程如图 3.8 所示。

**3. 圆柱表面取点**

在曲面上确定点和线,有三个步骤:

(1) 确定所取的点、线在曲面所处的空间位置;

(2) 用面上取点法或面上取线法取点、线;

(3) 判断点、线的可见性(点、线投影可见性与曲面部分可见性相同)。

**【例 3.1】**　如图 3.9a 所示,已知圆柱面上的点 A、B、C 的 V 面投影 a′、b′、c′,求其 H、W 面投影。

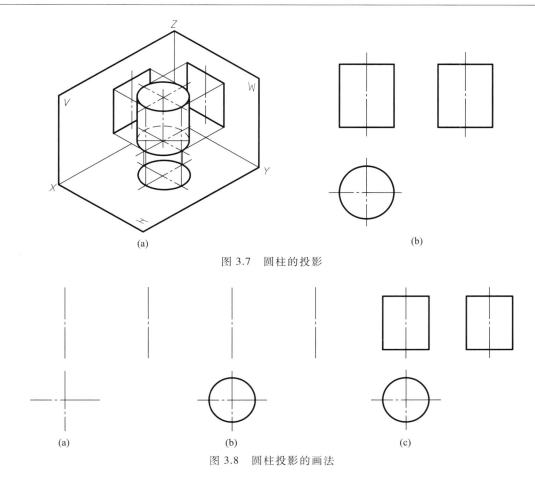

图 3.7 圆柱的投影

图 3.8 圆柱投影的画法

提示:利用圆柱面在 $H$ 面的积聚性,确定点的 $H$ 面投影,再根据点的投影规律,求得点的 $W$ 面投影,如图 3.9b 所示。

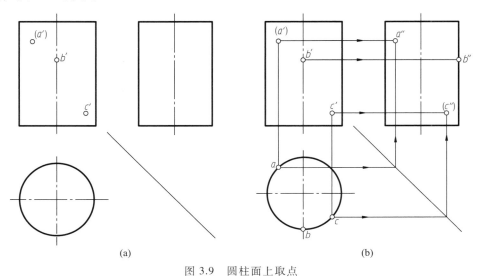

图 3.9 圆柱面上取点

### 3.2.2 圆锥 [ Cones ]

1. 圆锥的形成

圆锥的表面有圆锥面和底面。圆锥面由一线段绕与它相交的轴线旋转一周而成。该线段称为母线,该母线在曲面上的任意位置称为素线。

在三面投影体系中,圆锥放置时,一般使底面为投影面平行面。

2. 圆锥的投影分析及画法

如图 3.10 所示,圆锥轴线为铅垂线,底面平行于 $H$ 面,其 $H$ 面投影为圆,反映实形,其他两面投影积聚成直线。圆锥面的三个投影都没有积聚性,其 $H$ 面投影与底面的投影重合,其 $V$ 面投影由前、后两个半圆锥面的投影重合为一等腰三角形,三角形的两腰分别是圆锥最左、最右素线的投影,即圆锥面前、后分界的转向轮廓线投影。其 $W$ 面投影由左、右两个半圆锥面的投影重合为一等腰三角形,三角形的两腰分别是圆锥最前、最后素线的投影,即圆锥面左、右分界的转向轮廓线投影。

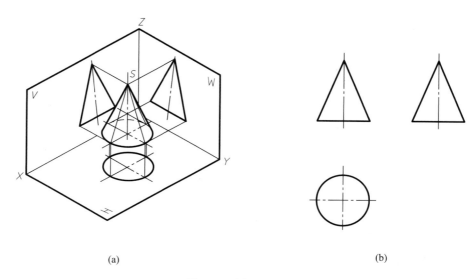

(a)                                    (b)

图 3.10 圆锥的投影

画圆锥三面投影图时,应先画圆的对称中心线及圆锥轴线的 $V$ 面、$W$ 面投影;然后画底面的三面投影图;最后再按圆锥的高度确定顶点 $S$ 的投影,并按"三等"关系画出 $V$、$W$ 面的转向轮廓线的投影。作图过程如图 3.11 所示。

3. 圆锥面上取点

【例 3.2】 如图 3.12a 所示,已知点 $A$、$B$ 的 $V$ 面投影,求其另两面投影。

**解**:求点 $A$ 方法 1(素线法) 连 $s'$ 和 $a'$,延长 $s'a'$,与底圆的 $V$ 面投影相交于 $c'$。由 $c'$ 引垂线与后半底圆的 $H$ 面投影交得 $c$,连 $sc$ 再过 $a'$ 作垂线在 $sc$ 上得 $a$,由 $a'$ 和 $a$ 求得 $a''$,如图 3.12b 所示。

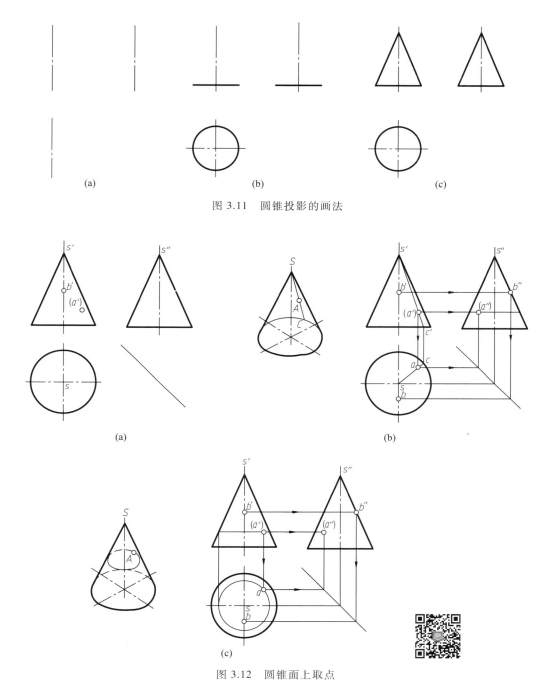

图 3.11 圆锥投影的画法

(a)

(b)

(c)

图 3.12 圆锥面上取点

点求 A 方法 2（纬圆法） 过 a′作垂直于轴线的水平纬圆（这个圆实际就是点 A 绕轴线旋转所形成的）的 V 面投影，其长度即是纬圆直径的实长；圆心在轴线上，水平投影与 s 重合；在水平投影上，以 s 为圆心作水平纬圆实形，再过 a′作垂线与水平圆交于 a，即为所求，如图 3.12c 所示。

　　求点 $B$ 方法　因点 $B$ 在 $W$ 面的转向轮廓线上，$b''$ 直接在 $W$ 面上求得，再根据点的投影规律求得 $b$，如图 3.12b 所示。

### 3.2.3　球 [ Spheres ]

1. 球的形成

球的表面是球面。球面由半圆绕其直径旋转一周而成。

2. 球的投影分析及画法

如图 3.13 所示，球的三个投影均为大小相等的圆。$V$ 面投影的轮廓圆是前、后半球面可见与不可见的分界线的投影，在球的前后对称面上；$H$ 面投影的轮廓圆是上、下两半球面可见与不可见的分界线的投影，在球的上、下对称面上；$W$ 面投影的轮廓圆是左、右两半球面可见与不可见的分界线的投影，在球的左右对称面上。

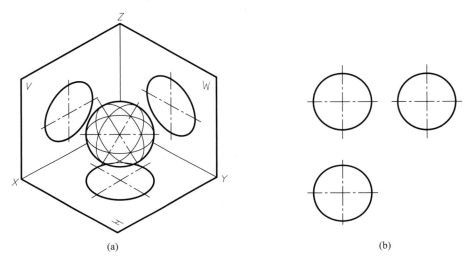

(a)                                      (b)

图 3.13　球的投影

　　画球的三视图时，应分别用细点画线画出对称中心线，确定球心的三面投影，再画出三个与球等直径的圆，过程如图 3.14 所示。

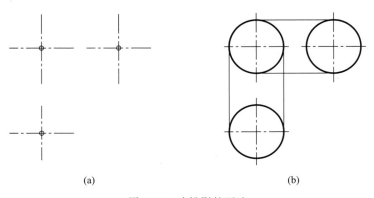

(a)                                      (b)

图 3.14　球投影的画法

3. 球面上取点

【例 3.3】　如图 3.15a 所示,已知球面上点 $A$、$B$、$C$ 的 $V$ 面投影,求其另两面投影。

提示:点 $A$、$C$ 在转向轮廓线上可直接求得,点 $B$ 用纬圆法(即作水平圆)求得,作图过程如图 3.15b 所示。

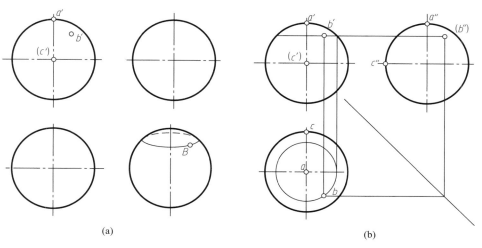

图 3.15　球面取点的投影

# 3.3　平面与立体表面相交

## ⌈Intersection of a Solid and a Plane⌋

平面与立体表面相交,即立体被平面截切,该平面称为截平面,立体表面产生的交线称为截交线,截交线围成的图形称为截面或断面,如图 3.16 所示。

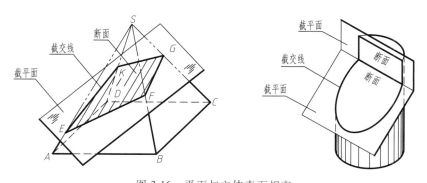

图 3.16　平面与立体表面相交

一般情况下,截交线是封闭平面多边形,一个截平面生成一个截交线多边形。当截平面相交时,其交线是两截交线的公共边。

### 3.3.1　平面与平面立体相交 [ Intersection of a Plane and a Plane Object ]

平面和平面立体相交生成的截交线,其边是截平面和棱面或顶(底)面的交线,边的两端点是棱线或底边与截平面的交点。

求平面立体截交线的一般步骤为:

(1) 形体分析:分析平面立体表面性质及投影特性;

(2) 截平面分析:确定截平面数目和截平面与哪些棱线相交;

(3) 求截交线:用线面交点法(棱线法)求出截交线各端点,连成截交线;

(4) 判断可见性:截交线各线段的可见性与棱面的可见性相同;

(5) 完成截后立体的投影(注意相邻两截面所产生的交线)。

1. 平面截切棱柱

【例 3.4】 如图 3.17 所示,正垂面 P 截切五棱柱,求作切后的三面投影。

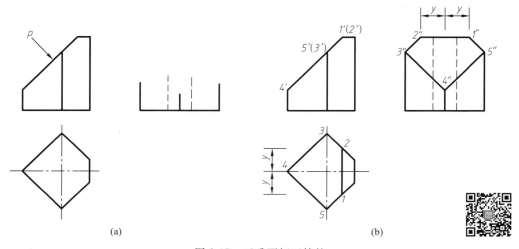

(a)　　　　　　　　　　　　　　　　(b)

图 3.17　正垂面切五棱柱

分析:如图 3.17a 所示,五棱柱各侧棱面均垂直于 H 面,H 面投影积聚成五边形;截平面 P 是正垂面,与五棱柱的四个棱面及上顶面相交,故截交线是五边形,其 V 面投影与平面 P 的积聚性投影重合。

作图过程(图 3.17b):

(1) 确定截交线的 V 面投影。截交线的 V 面投影是直线段 1′2′3′4′5′,其中 1′2′ 是截平面 P 与上顶面在 V 面上积聚投影的交点( I II 是平面 P 与棱柱上顶面的交线)。

(2) 求截交线的 H 面投影。过 1′2′ 作竖直投影连线,与棱柱的积聚投影五边形相交,前点为 1、后点为 2;3、4、5 分别在五边形相应顶点上。

(3) 求截交线的 W 面投影。按投影规律作出截交线各顶点的 W 面投影,并依次连成五边形即可。

(4) 判断可见性,完成棱线投影。截交线的 H、W 面投影均可见。在 W 投影面上,被截的三条棱线均可见,而形体上最右的两条棱线未与截平面相交,其投影是完整的,且不可见。

2. 平面截切棱锥

【例 3.5】　如图 3.18a 所示,已知正三棱锥 $SABC$ 及水平面 $P$、正垂面 $Q$,求作三棱锥被 $P$、$Q$ 两平面截切后的三面投影。

分析:如图 3.18a 所示,正三棱锥的底面 $\triangle ABC$ 是水平面,$\triangle SAC$ 是侧垂面($AC$ 是侧垂线),$\triangle SAB$、$\triangle SBC$ 均为一般位置平面;平面 $P$、$Q$ 分别与三棱锥三个棱面、两条棱线相交。因平面 $P$、$Q$ 均垂直于 $V$ 面,故截交线的 $V$ 面投影与切口的积聚投影重合。

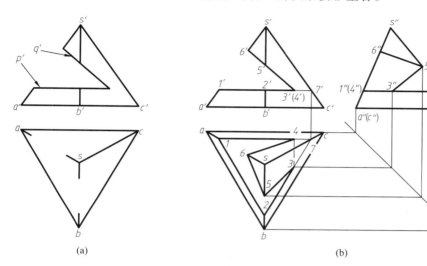

图 3.18　带缺口的三棱锥

作图过程(图 3.18b):

(1) 作出三棱锥的 $W$ 面投影。

(2) 定出截交线各顶点的 $V$ 面投影 $1'$、$2'$、$3'$、$4'$、$5'$、$6'$:I、VI 分别是棱线 $SA$ 与平面 $P$、$Q$ 的交点,II、V 分别是棱线 $SB$ 与平面 $P$、$Q$ 的交点,III、IV 是平面 $P$、$Q$ 交线,且垂直于 $V$ 面。

(3) 求平面 $P$ 的截交线。平面 $P$ 平行于锥底面,故平面 $P$ 与整个三棱锥的截交线是一个与底面相似的 $\triangle$ I II VII。求出 $\triangle 127$,再求 $3$、$4$。四边形 I II III IV 才是平面 $P$ 产生的实际截交线。按投影规律求出 $1''$、$2''$、$3''$、$4''$。

(4) 求平面 $Q$ 的截交线。根据 $5'$、$6'$ 作出 $5''$、$6''$,连接四边形 $3''4''6''5''$;再求 $5$、$6$,连四边形 $3465$。四边形 III IV V VI 是平面 $Q$ 产生的实际截交线。

(5) 判断可见性,完成全图。$H$ 面投影上只有平面 $P$、$Q$ 之间的交线 III IV 的投影 $34$ 不可见,画成细虚线。在各投影中,应擦去棱线 $SA$、$SB$ 被截部分的投影。

### 3.3.2　平面与回转体表面相交 [Intersection of a Plane and a Revolving Surface]

截交线的形状取决于回转面的几何性质以及它与截平面的相对位置。而截交线的投影与截平面对投影面的相对位置有关。回转面上截交线上的点是素线与截平面的交点,如图 3.19 所示。

求截交线的步骤如下:

(1) 形体分析:分析回转体的表面性质及投影特性。

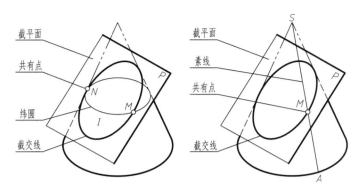

图 3.19　平面与回转体相交

（2）截平面分析：确定截平面数目（注意相邻两截平面所产生的交线）和空间位置。

（3）求截交线：用线面交点法求出截交线一系列点，连成截交线。注意先确定特殊点，即控制曲线形状的点、轮廓线上的点（可见与不可见的分界点）、截交线的极限位置点，再插补一些一般点。

（4）判断可见性：截交线段可见性与所属回转面部位的可见性相同。

（5）完成截后立体的投影。

1. 平面截切圆柱

不同位置的截平面截切圆柱，所得的截交线形状不同，见表 3.1。

表 3.1　圆柱截交线

| 截平面的位置 | 平行于圆柱轴线 | 垂直于圆柱轴线 | 倾斜于圆柱轴线 |
|---|---|---|---|
| 截交线的形状 | 矩形 | 圆 | 椭圆 |
| 立体图 | | | |
| 投影图 | | | |

【例3.6】 如图3.20a所示,已知圆柱及截平面P的H、V面投影,求截交线的W面投影。

分析:如图3.20a所示,圆柱的轴线垂直于H面,截平面P是正垂面,与圆柱轴线斜交,截交线的空间形状是椭圆,其V面投影与平面P的积聚性投影重合,其H投影与圆柱面积聚性投影圆周重合,只需求作截交线椭圆的W面投影。此时,截交线椭圆的短轴垂直于V面,长度等于圆柱直径,长轴的长度随截平面与圆柱轴线的夹角θ变化而变化。

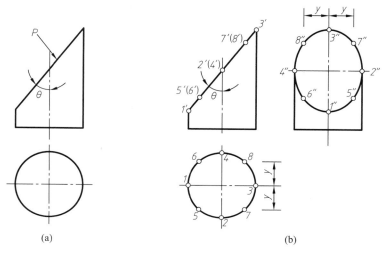

图 3.20 正垂面截圆柱

作图过程(图3.20b):

(1)求特殊点。在H面投影圆周上定出等分点1、2、3、4,Ⅰ、Ⅲ分别是截交线上最左、最右点(也是最低、最高点),Ⅱ、Ⅳ分别是截交线上最前、最后点(ⅡⅣ是椭圆短轴),各点的V面投影均在平面P的积聚性投影上。作出各点的W面投影1″、2″、3″、4″。

(2)求一般点。在H面投影圆周上任取点5,5′在平面P的积聚性投影上,由5、5′求出5″。利用椭圆曲线的对称性,作出点Ⅴ的其余对称点Ⅵ、Ⅶ、Ⅷ的W面投影。

(3)连线。按H面投影中各点的顺序,在W面投影上依次连接各点,即得截交线的W面投影。

(4)判断可见性,完成投影图。截交线的W面投影可见。圆柱的最前、最后素线上部被截去,圆柱的W面转向轮廓线的投影画至2″、4″。

从本例可以看出:随着截平面与圆柱轴线夹角θ变大(小),1″3″将会变短(长),而2″4″长度始终不变。当θ=45°时,1″3″与2″4″等长,截交线的W面投影是与圆柱直径相等的圆。读者可自行分析作图。

多个截平面截立体时,需逐一求出每个截平面的截交线,其截交线的组合即为所求,注意截平面之间的交线。

图3.21画出了两种常见的圆柱切口的投影图,侧平截平面生成矩形截交线,水平截平面生成部分圆面截交线,圆柱面上的交线是直线和圆弧。请读者自行分析。

2. 平面截切圆锥

不同位置的截平面截切圆锥,所得的截交线形状不同,见表3.2。

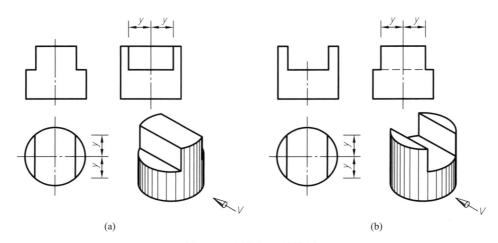

(a)                                        (b)

图 3.21   圆柱切口投影图

表 3.2   圆锥截交线

| 截平面的位置 | 通过锥顶 | 垂直于圆锥轴线 | 与所有素线相交 $\alpha<\theta<90°$ | 平行于一条素线 $\theta=\alpha$ | 平行于两条素线 $\theta<\alpha$ |
|---|---|---|---|---|---|
| 截交线的形状 | 三角形 | 圆 | 椭圆 | 抛物线+线段 | 双曲线+线段 |
| 立体图 | | | | | |
| 投影图 | | | | | |

【**例 3.7**】   如图 3.22a 所示,已知圆锥及截平面 $P$ 的 $V$ 面投影,求截交线的投影。

分析:截平面与圆锥轴线相交,夹角 $\theta$ 大于锥半角 $\alpha$,截交线是一个椭圆,椭圆的 $V$ 面投影与截平面的积聚性投影重合,即 $V$ 面投影为一直线。

作图过程(图 3.22b):

(1)求椭圆长轴的端点 $I$、$III$。在截交线和圆锥最左、最右素线的 $V$ 面投影的交点处,作出

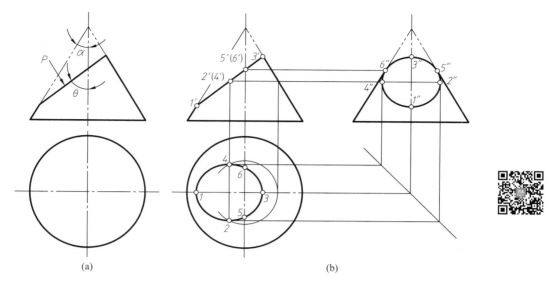

图 3.22　正垂面截切圆锥的作图过程

1'、3'，由 1'、3'作出 1、3、1"、3"。

（2）求椭圆短轴的端点 II、IV。取 1'3'的中点处，即为椭圆的短轴 II IV 的有积聚性的 V 面投影 2'（4'）。由于 II、IV 不在圆锥的各外形转向轮廓线上，因此需作水平纬圆求其各投影。

（3）求特殊点 V、VI。圆锥最前、最后素线分别与截平面相交于 V、VI，5'、6'重合一点，5"、6"分别在圆锥的两条 W 面转向轮廓线上；根据 5"、6"求出 5、6。

（4）为使椭圆曲线较为准确，视具体情况，可再求适量的一般点，作法与 II、IV 类似。最后在 H、W 面投影上依次连成椭圆曲线。

（5）补全 W 面的转向轮廓线和圆锥底面的投影。

需注意，侧平投影中点 5"、6"是椭圆和轮廓的切点。点 2"、4"是投影椭圆长轴端点，位于轮廓线内侧。

【例 3.8】　如图 3.23a 所示，已知圆锥及截平面 P 的 V 面投影，求圆锥被截后的 H、W 面投影。

分析：如图 3.23a 所示，圆锥的轴线垂直于 W 面，截平面 P 是水平面，平面 P 平行于圆锥轴线，截交线是双曲线和直线段，其 V 面投影与平面 P 的积聚性投影重合，其 W 面投影也与平面 P 的积聚性投影重合，仅需求截交线的 H 面投影。

作图过程（图 3.23b）：

（1）求特殊点。P 面分别与圆锥最上素线、底圆交于 A、B、C 三点，在已知的 V、W 面投影上定出 a'、b'、c'及 a"、b"、c"，求出 a、b、c。

（2）求一般点。在截交线的 V 面投影上任取点 d'（亦可在截交线的 W 投影上任意取点），用素线法或纬圆法求 d"、d。视具体情况，用相同方法再求适量一般点，并依次连成前后对称的双曲线。

（3）判断可见性，完成全图。双曲线位于上半锥面，H 面投影可见；圆锥最前、最后素线未与 P 面相交，它们是完整的；在 W 面投影中，加粗底圆的实际部分。

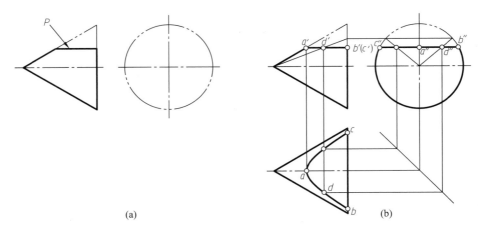

(a)                    (b)

图 3.23    水平面截切圆锥的作图过程

如图 3.24 所示,多个截平面截立体时,需逐一求出每个截平面的截交线,注意截平面之间的交线。请读者自行分析。

3. 平面截切球

平面与球面的截交线是圆。当截平面平行于投影面时,截交线的投影为圆;当截平面垂直于投影面时,截交线的投影为直线;当截平面倾斜于投影面时,截交线的投影为椭圆。

如图 3.25 所示,截平面 $P$ 是水平面,截交线的 $V$、$W$ 面投影是水平线段,分别与平面 $P$ 的 $V$、$W$ 面投影重合,截交线的 $H$ 面投影反映圆的实际形状,圆的直径可从 $V$、$W$ 面投影中量取,圆心与球心的同面投影重合。

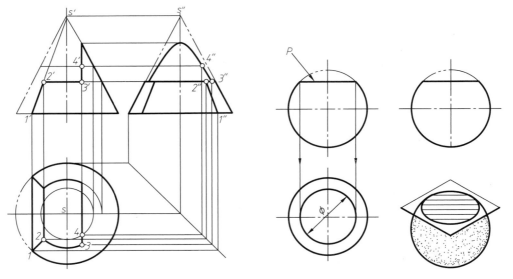

图 3.24    多个截平面截切圆锥的作图过程          图 3.25    水平面截切球

【例 3.9】    如图 3.26 所示,球被正垂面 $P$ 截切左上角,补全球被截切后的 $H$、$W$ 面的投影。

分析:正垂面 $P$ 截切球,截交线的 $V$ 面投影积聚在平面 $P$ 的投影上,$H$、$W$ 面上投影为椭圆。

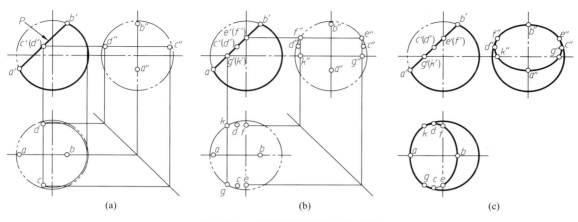

图 3.26　正垂面截切球的作图过程

作图过程（图 3.26）：

（1）在 V 面求得椭圆长短轴端点投影 a′、b′、c′、d′，A、B 两点在 V 面转向轮廓线上，H、W 面的投影可直接得出。C、D 两点要用纬圆法，作水平圆求得，如图 3.26a 所示。

（2）E、F、G、K 四点分别在 W、H 面的转向轮廓线上，可直接求得，如图 3.26b 所示。

（3）判断可见性，完成全图。连椭圆，补出剩下的转向轮廓线，如图 3.26c 所示。

【例 3.10】　如图 3.27 所示，已知带切口半球的 V 面投影，求截交线并完成半球的三面投影。

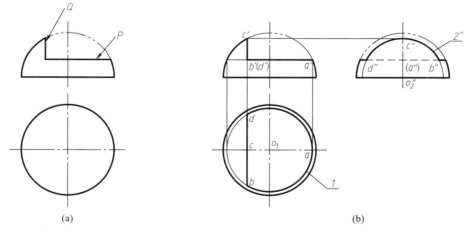

图 3.27　带切口的半球的作图过程

分析：如图 3.27a 所示，半球上的切口由两个截平面组成：平面 P 平行 H 面，球面上的交线是水平圆弧；平面 Q 平行 W 面，球面上的交线是侧平圆弧。两条截交线的各投影均为直线段或圆弧。

作图过程（图 3.27b）：

（1）求平面 P 的截交线。其 V 面投影与平面 P 的积聚投影重合，W 面投影也与平面 P 的积聚投影重合；其 H 面投影圆弧的圆心 $o_1$ 与球心的同面投影重合，半径可从 V（W）面投影中量取。

（2）求平面 $Q$ 的截交线。其 $V$ 面投影与平面 $Q$ 的积聚投影重合，$H$ 面投影与平面 $Q$ 的积聚投影重合（$bd$ 段），其 $W$ 面投影圆弧的圆心 $o''_2$ 与球心的同面投影重合，半径可从 $V(H)$ 面投影中量取。

（3）判断可见性，完成全图。因切口在上半球，截交线的 $H$ 面投影均可见，$H$ 面转向轮廓线的投影完整；平面 $Q$ 的截交线在左半球，其 $W$ 面投影可见。两截平面相交于正垂线 $BD$，$b''d''$ 不可见，补齐球的 $W$ 面转向轮廓线的投影，如图 3.27b 所示。

## 3.4　两回转体表面相交
### ［Intersection of Two Revolving Surfaces］

### 3.4.1　相贯线的基本概念［Basic Concept of Intersection Lines］

两个立体相交称为相贯，在相贯体的表面上形成的交线称为相贯线，如图 3.28 所示。

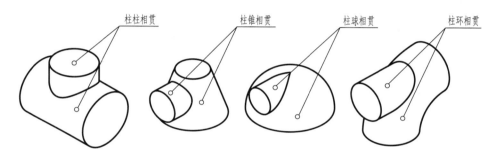

图 3.28　两回转体相贯

两回转体的相贯线是两回转体表面的共有线，相贯线上的点是两回转体表面的共有点。一般情况下，交线是一封闭的空间曲线，特殊情况下是平面曲线或直线。

相贯线的性质：共有性、封闭性、分界性。

### 3.4.2　求两回转体相贯线的方法和步骤［General Steps Seeking Two Rotators Intersecting Line］

求相贯线的一般步骤为：

① 形体分析：分析立体表面性质及相贯方式，确定取点方法；

② 求相贯线上的点：可利用表面取点法、辅助面法；

③ 判断可见性：只有两立体相对某一投影面都可见时，交线投影才可见；

④ 依次连线：将同面上的各点投影顺序连成光滑曲线；

⑤ 完成相贯体投影。

1. 表面取点法

基本原理：利用圆柱面的积聚性投影，求得相贯线的一个投影，再在另一回转体表面上取点，即可求相贯线的其他投影。

当两回转体具有公共对称面，且对称面平行某一投影面时，相贯线在对称面所平行的投影面上的投影实虚重合为平面曲线。

【例 3.11】 如图 3.29 所示,已知正交两圆柱相贯,补画相贯线的 $V$ 面投影。

分析:

(1)交线分析 由投影图可知,相交两圆柱的轴线垂直、直径不等,相贯线为前后左右对称的空间曲线,由于大圆柱轴线垂直于 $W$ 面,小圆柱轴线垂直于 $H$ 面,所以,相贯线的 $W$ 面投影为一段圆弧,$H$ 面投影为圆。

(2)确定求交线的方法 如图 3.30 所示,已知交线的 $W$ 面投影和 $H$ 面投影求作 $V$ 面投影,根据点的投影规律已知点的两个投影求第三投影的方法,可以用表面取点法在面上直接求点作出相贯线的 $V$ 面投影。

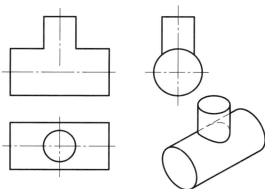

图 3.29 正交两圆柱相贯

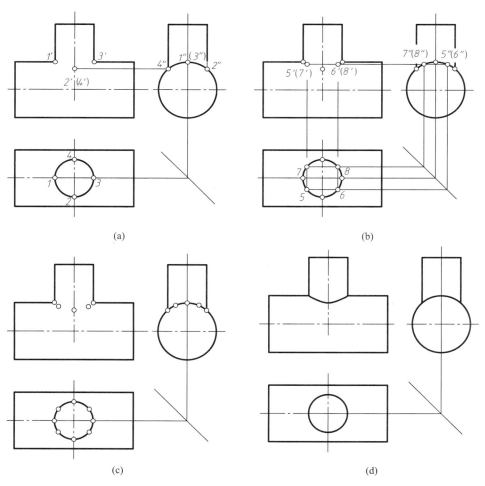

图 3.30 求正交两圆柱相贯线的步骤

作图过程(图 3.30):

(1)求特殊点。先在相贯线的 H 面投影上定出最左、最前、最右、最后点 I、II、III、IV 的投影 1、2、3、4,再在相贯线的 W 面投影上相应地作出 1″、2″、3″、4″,根据点的投影规律,分别求出点的 V 面投影 1′、2′、3′、4′,如图 3.30a 所示。

(2)求一般点。先在已知相贯线的 W 面投影上任取一重影点 5″、(6″)、7″、(8″),找出 H 面投影 5、6、7、8,然后根据点的投影规律,作出 V 面投影 5′、6′、(7′)、(8′),如图 3.30b、c 所示。

(3)分析可见性,光滑连线。按顺序光滑连接所求各点的投影,画出相贯线的投影,如图 3.30d 所示。

正交两圆柱相贯,它们表面相交有三种形式:一种是立体的两外表面相交;一种是外表面与内表面相交;一种是内表面与内表面相交,如图 3.31 所示。

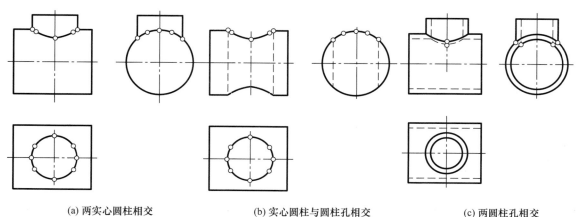

(a) 两实心圆柱相交          (b) 实心圆柱与圆柱孔相交          (c) 两圆柱孔相交

图 3.31  正交两圆柱相贯线三种形式

【例 3.12】 如图 3.32 所示,已知圆柱与圆锥相交,完成 H 面投影。

总体思路:在 H 面中圆柱和圆锥相贯线的投影没有画出,圆柱的转向轮廓线没有画到位,圆锥底圆的投影没有画全,要补全这些图线。求相贯线的投影时首先应分析两相贯体的空间形状,再分析两相贯体产生的相贯线的投影,哪个是已知的,哪个是要求的,根据已知求未知,确定一种求交线上点的方法,最后连接点将交线的投影画出来。

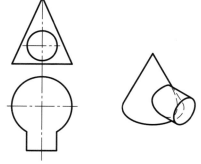

图 3.32  圆柱与圆锥相贯

分析:

(1)交线分析  图中圆柱与圆锥相贯,所要求的相贯线是圆柱面和圆锥面相交所产生的,相贯线属于两个回转面上的线,圆柱的轴线与 V 面垂直,其 V 面投影积聚为圆,相贯线 V 面投影也在这个圆周上。由此可知,本例是由已知相贯线的 V 面投影,求相贯线的 H 面投影。

(2)取点分析  先在相贯线的 V 面投影上找出最上、最左、最下、最右四个点 1、2、3、4 的投影,再在相贯线上的适当位置找出 5、6、7、8 四个一般点的投影。

作图过程(图 3.33):

(1)求点 $I$ 的 $H$ 面投影。过 $1'$ 点作一个水平圆上,水平圆的 $V$ 面投影是一条直线,水平圆的 $H$ 面投影是一个反映实形的圆,根据点在圆上,可求出点 $I$ 的 $H$ 面投影,如图 3.33b 所示。

(2)求其余点的 $H$ 面投影。同理用上面所讲的锥面上找点的方法可求出其余各点的 $H$ 面投影。如图 3.33c 所示。

(3)光滑连线。按顺序光滑连接所求各点的投影,画出相贯线。如图 3.33d 所示。从投影关系看,位于圆柱下面的相贯线是不可见的,用细虚线表示。

(4)处理外形轮廓线。将圆柱的转向线投影画到位,补全圆锥底圆的 $H$ 面投影,不可见画细虚线。如图 3.33e 所示。

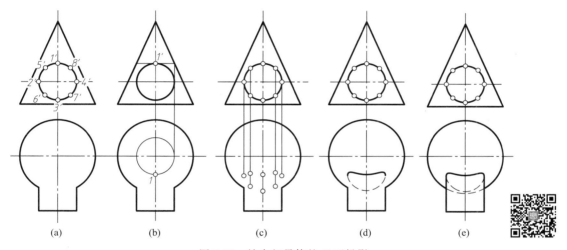

图 3.33 补全相贯体的 $H$ 面投影

## 2. 辅助平面法

辅助平面法理论基础:三面共点原理。选用一组辅助平面去截切两个相交的曲面立体,得到两组截交线,这两组截交线相交的交点就是辅助平面与两曲面立体表面的交点,即相贯线上的点。前面所讲述的表面取点法所做的题都可以采用辅助平面法求解。

辅助平面选择的关键:使两立体的截交线的投影应是简单易画的图线——直线或圆。常见的辅助平面为投影面的平行面和投影面的垂直面。

【例 3.13】 如图 3.34a、b 所示,求作圆台和半球的相贯线,补全三面投影。

分析:如图 3.34b 所示,圆台轴线是铅垂线,半球也可视为具有铅垂轴线,它与圆台轴线平行,两轴线所在平面平行于 $V$ 面。根据两立体的相对位置,可以判断相贯线是一条封闭的前后对称的空间曲线。其 $H$ 面投影、$W$ 面投影仍为封闭曲线。$V$ 面投影是前后重合的一段曲线。

作图过程(图 3.34c):

(1)求相贯线上的特殊点。主视图中圆台和半球轮廓线的交点 $1'$、$2'$ 即是相贯线上的最左、最右点,也是最低、最高点的 $V$ 面投影。由于点 $I$、$II$ 位于前后对称面上,可按投影关系求得其

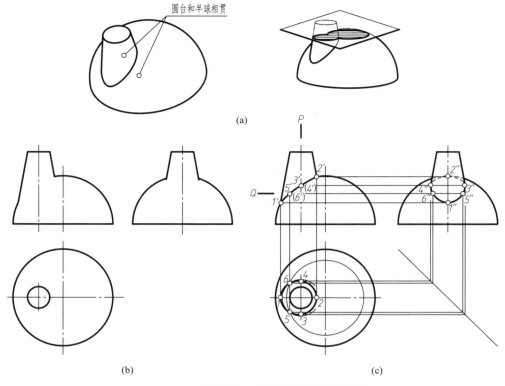

图 3.34　用辅助平面法求相贯线

$H$ 面投影 *1*、*2* 和 $W$ 面投影 *1″*、*2″*。相贯线的最前、最后点 Ⅲ、Ⅳ 可选取辅助侧平面 $P$ 来求解,平面 $P$ 与半球的截交线为半圆,$W$ 面投影反映实形,平面 $P$ 与圆台的截交线为其 $W$ 面转向轮廓线,该两截交线的 $W$ 面投影交点为 *3″*、*4″*,它们也是相贯线 $W$ 面投影可见与不可见的分界点。由 *3″*、*4″* 作出 *3*、*4*、*3′*、*4′*。

（2）求一般点。选取辅助水平面 $Q$,它与两立体的截交线均为水平圆,在 $H$ 面投影中求得 *5*、*6* 点,并由此作出 $V$ 面投影 *5′*、*6′*,$W$ 面投影 *5″*、*6″*。

（3）连线。$H$ 面投影中各点连线次序为 *1—5—3—2—4—6—1*,其他投影连线次序相同。

（4）判断可见性并完成两立体的投影。相贯线的 $W$ 面投影中,*3″2″4″* 一段不可见,为细虚线;左视图中半球的转向轮廓线投影被圆台遮挡的部分为细虚线。

### 3.4.3　相贯线的特殊情况［Special Cases of Intersection Lines］

1. 回转体共轴线时,相贯线为垂直于轴线的圆,如图 3.35a 所示。

2. 两圆柱轴线平行或两圆锥共锥顶时,两回转面上的相贯线为直线,如图 3.35b、c 所示。

3. 当两个回转面轴线相交且同时外切一圆球时,相贯线为两条平面曲线（即椭圆）,如图 3.36所示。

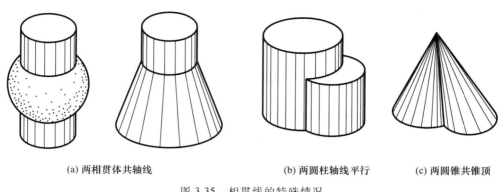

(a) 两相贯体共轴线　　　　　　　　　(b) 两圆柱轴线平行　　　　(c) 两圆锥共锥顶

图 3.35　相贯线的特殊情况

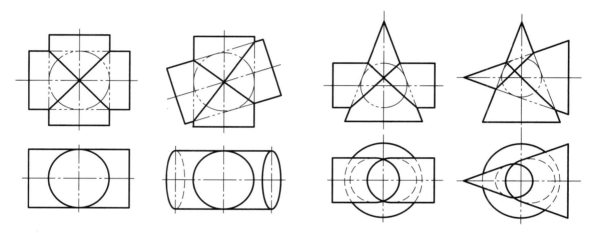

图 3.36　切于同一个球面的相贯线

## 思考题

1. 基本立体的种类有哪些？

2. 哪些点是曲面立体截交线上的特殊点？作图时在可能和方便的情况下,应作出哪些特殊点？当作出了全部特殊点后,应在什么地方再作一些一般点？

3. 当截平面垂直于投影面时,怎样求作平面立体的截交线和断面实形？

4. 平面与圆柱的截交线有哪三种情况？

5. 平面与圆锥的截交线有哪五种情况？

6. 平面与球的截交线是什么形状？

7. 求相贯线表面取点法的原理是什么？

# 第4章 组合体视图

# Chapter 4  Drawings of Composite Solids

**内容提要**：本章主要介绍画组合体的方法和步骤；读组合体的方法和步骤；标注组合体尺寸的方法。

**Abstract**：This chapter discusses the steps and ways of making and reading drawings of composite solids，and the ways of dimensioning composite solids.

## 4.1  组合体的形成

［Composition of Solids］

工程上的机械零件一般都可看作是由若干基本体组成的。在工程图中，常把由基本体组成的形体叫组合体。

### 4.1.1  组合体的组合形式［Combinations of Composite Solids］

组合体按构成方式不同可分为叠加、切割两种。

1. 叠加型组合体

叠加型组合体，简称叠加体，由若干基本体叠加而成，相邻形体部分表面相互接触贴合，贴合面是平面或曲面。图 4.1 所示的形体，由圆台、圆柱体和长方板叠加而成，图 4.2 所示的形体，由六棱柱、圆柱体和圆台叠加而成，它们的贴合面都是平面。

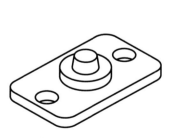

图 4.1  叠加体（一）

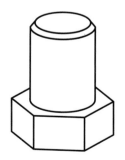

图 4.2  叠加体（二）

图 4.3 所示的形体，主体分三部分，上面是水平圆柱，下面是长方板，中间有一块竖板。圆柱和竖板间的贴合面是圆柱面；竖板的两斜侧面与圆柱面相切，相切处光滑过渡，在视图上不画出来。

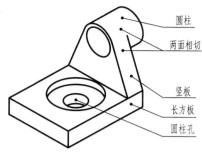

图 4.3　叠加体(三)

### 2. 切割型组合体

切割型组合体,简称切割体,可看成由基本体经切割或制孔形成。基本体被平面切割后,在它的表面上必然会产生一些交线,这是切割体的一大特点,这些交线在图上必须画出来,看图时也应注意分析它们。

图 4.4 所示的形体,方槽可看作是由两个平行于圆柱轴线的平面和一个垂直于圆柱轴线的平面切出来的,表面出现的交线是直线和圆弧。

图 4.5 所示的形体,由正圆锥体被垂直于轴线的平面切割且中间穿孔而成,交线是圆。

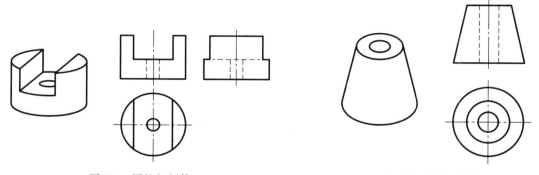

图 4.4　圆柱切割体　　　　　　　　　　　　　图 4.5　圆台切割体

图 4.6 所示的形体,可认为是球被四个侧平面和一个水平面切割而成。由于球被任意平面切割,所得交线都是圆,因此这五个平面切割球而得到的交线是圆或圆弧。球中间有一穿孔。

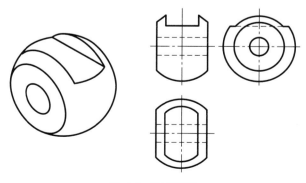

图 4.6　球切割体

图 4.7 所示的形体,圆柱上的缺口可看成是圆柱被两个正垂面切割而成的。截切后圆柱面上的交线是两段椭圆弧。

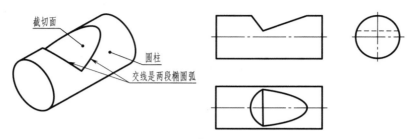

图 4.7　带缺口的圆柱

### 4.1.2　组合体上相邻表面间的连接关系[Relation of Adjacent Surfaces on a Composite Solid]

当两个基本体在叠加和切割时,相邻两个基本体表面之间连接关系有相交、相切、平齐三种。

图 4.8 所示的形体表面相交,作图时要画出交线的投影。

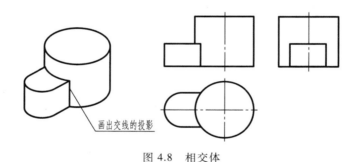

图 4.8　相交体

图 4.9 所示的形体表面相切,相切处光滑过渡,作图时不画出切线的投影。

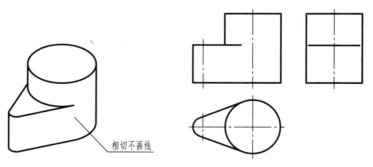

图 4.9　相切体

图 4.10 所示的形体,可看成由两个形体叠加组成。两形体叠加后它们的前后表面分别处于同一平面内,称为平齐或共面,此时在视图上不应画出两表面的分界线。

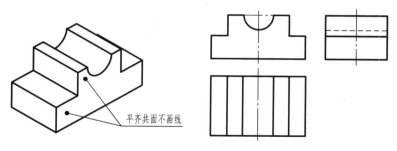

图 4.10 叠加体

### 4.1.3 形体分析法和线面分析法 [ Shape Analysis and Surface Analysis ]

把组合体假想分解为若干个形体,并对各形体的形状及其相对位置进行分析,然后综合起来确定组合体的分析方法,称为形体分析法。它是画图、读图及尺寸标注的基本方法,可使复杂的问题简单化。

图 4.11a 所示组合体,可分解成由两个长方块和一个竖板三大块叠加而成,如图 4.11b 所示。

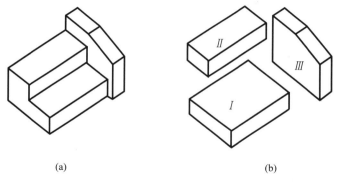

(a)　　　　　　　　　　　　　　　　　　(b)

图 4.11 形体分析法

组合体也可以看成是由若干面(平面或曲面)、线(直线或曲线)所围成的。线面分析法就是分析组合体视图中的某些线、面的投影关系,以确定组合体该部分形状的方法。下面以图 4.12 为例说明线面分析法在读图中的应用。

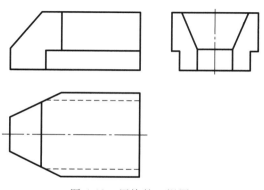

图 4.12 压块的三视图

先分析整体形状。由于压块的三个视图的轮廓基本上都是长方形(只缺掉了几个角),所以它的基本形体是一个长方块。进一步分析细节形状,从主、俯视图可以看出,主视图的长方形缺个角,说明在长方块的左上方切掉一角。俯视图的长方形缺两个角,说明长方块左端切掉前、后两角。左视图也缺两个角,说明前后两边各切去一块。

这样,压块的大致形状就能想象出来了,接着用线面分析法进行具体分析,找出各个表面的三个投影。

(1) 如图 4.13a 所示,从俯视图中的梯形线框 p 出发,在主视图中找出与它对应的斜线 p′,根据投影关系得 W 面投影 p″,p″、p 是类似形,由此可知 P 面是一个梯形正垂面,长方块的左上角就是由这个平面切割而成的。

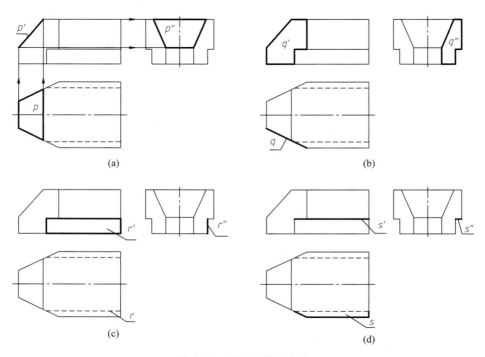

图 4.13   压块的看图方法

(2) 如图 4.13b 所示,由主视图的七边形 q′ 出发,在俯视图上找出与它对应的斜线 q,宽相等对应 W 面投影 q″,q′、q″ 是类似七边形,由此可知 Q 面是一个铅垂面,长方块的左端就是由这样的两个平面切割而成的。

(3) 从主视图上的长方形 r′ 入手,找出 R 面的三个投影(图 4.13c);从俯视图的四边形 s 出发,找到 S 面的三个投影(图 4.13d)。可以看出,R 面是正平面,S 面是水平面。长方块右前、右后两边,就是由这两个平面切割而成的。

这样,既从形体上,又从线、面的投影上进行分析,全面弄清了整个压块的三个视图,就可想象出图 4.14 所示的空间形状。

通常采用形体分析法读组合体视图,当对组合体某些局部读不

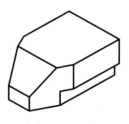

图 4.14   压块

懂时,再采用线面分析法分析该部分形状。线面分析方法主要用来分析视图中的局部复杂投影,对于切割型的组合体用得较多。

## 4.2 组合体视图的画法

[Making Drawings of a Composite Solid]

### 1. 形体分析

画组合体的视图时应先对组合体进行形体分析。

图 4.15 所示的轴承座由圆筒 $I$、支承板 $II$、肋板 $III$、底板 $IV$ 叠加组成。支承板、肋板和底板分别是不同形状的平面体,支承板的左、右侧面与圆筒的外柱面相切,前面与圆筒的外柱面以及底板上面、肋板左、右侧面相交,后面与圆筒和底板的后表面共面;肋板的左、右侧面及前面与圆筒的外圆柱面和底板上面相交,支承板和肋板在底板的上面且左右对称;底板上面制有两个小圆柱孔。

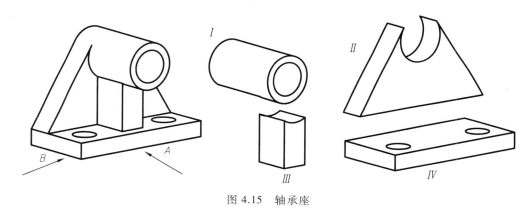

图 4.15　轴承座

### 2. 视图选择

在形体分析的基础上,进行视图选择,主要是选择主视图。主视图的选择包括组合体的安放位置及主视图的投射方向。画组合体的视图时,一般使组合体处于自然安放位置,即将主要平面放置成投影面平行面,主要轴线放置成投影面垂直线,选择最能反映其形状特征的方向作为主视图的投射方向。同时还应考虑其他视图中细虚线最少。

图 4.15 所示的轴承座处于自然安放位置,可分别从箭头 $A$、$B$ 所示的方向进行观察,经过比较,$A$ 向能更多地反映各部分的形状和彼此之间的位置特征,所以选 $A$ 向作为主视图的投射方向。主视图确定后,其他视图也随之而定。

### 3. 确定比例和图幅

视图确定后,即可根据所画组合体的大小及复杂程度,确定画图比例和图幅。绘图时可选用适当的比例。图幅应选用标准幅面。

### 4. 画图步骤

在选好的图幅上,先按标准画出图框和标题栏,然后根据组合体的长、宽、高三个方向尺寸的大小,在图幅上定出三个视图的位置。应注意三视图的布局要匀称,视图之间和视图与图框之间均应留出足够的空间,以备标注尺寸。

　　在布置好视图位置的图幅上,用细实线绘制各视图的底稿。画底稿时,先画出各视图的主要中心线或基准线的位置,然后按形体分析法所分解的各形体及它们的相对位置,由大形体到小形体、由主要形状到细部形状,逐个画出它们的三视图。对每一个形体,应从反映形状特征的视图画起,而且要三个视图相互联系起来画,这样既能保证各基本形体间的相对位置和投影关系,又能提高画图速度。底稿画完后,要仔细检查、修正错误,擦去多余的作图线,按规定线型加深。绘制图 4.15 所示轴承座三视图的方法和步骤如图 4.16 所示。

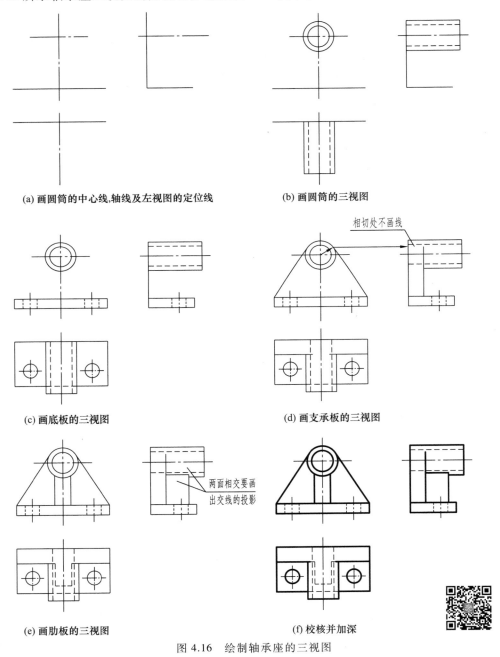

图 4.16　绘制轴承座的三视图

# 4.3 读组合体的视图

[Reading a Drawing of a Composite Solid]

### 4.3.1 读图的基本原则[Basic Principles of Reading a Drawing]

1. 把几个视图联系起来识读

由于每个视图只能反映形体在某一方向上的投影,仅由一个或两个视图不一定能唯一地确定组合体的形状,图 4.17 所示的三组视图,其主视图都相同,但俯视图不同,所表示的形体也不同。图 4.18 所示的三组视图,其主视图和俯视图都相同,但左视图不同,所表示的形体也不相同。通常要将几个视图联系起来看,最后综合起来想出组合体的整体形状。

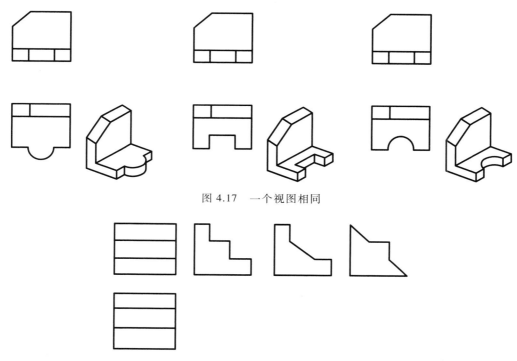

图 4.17 一个视图相同

图 4.18 两个视图相同

2. 善于抓住形状或位置特征视图

反映组合体形状的三视图,每个图的信息量并不一样。能清楚表达物体形状或位置特征的视图更能方便快速识图。在读图时要善于抓住特征视图,图 4.19 左视图为形状特征视图,图 4.20 左视图为位置特征视图。

3. 理解视图中图线和线框的含义

对组合体的视图进行分析时,应首先对其进行形体分析,将组合体的视图按线框分割成若干部分,再按投影规律分离出各部分在其他视图上的投影,然后分析各部分的形状和它们的相对位置,有时还需要用线面分析法对图中的线、封闭图框进行分析。

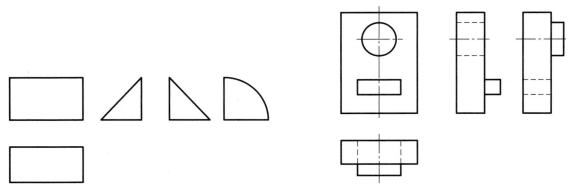

图 4.19　形状特征视图　　　　　　　　　　　图 4.20　位置特征视图

图中的线可能是具有积聚性的平面或曲面的投影,也可能是两个面交线的投影或者是曲面转向线的投影;图中的封闭图框可能是平面的投影或曲面的投影,如图 4.21 所示。

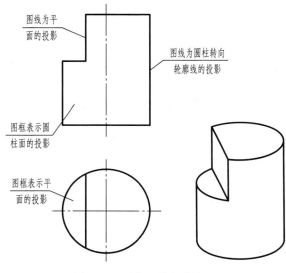

图线为平面的投影

图线为圆柱转向轮廓线的投影

图框表示圆柱面的投影

图框表示平面的投影

图 4.21　图线和线框的含义

## 4.3.2　读图的方法和步骤[Methods and Steps of Reading a Drawing]

读组合体视图的基本方法和画图一样,主要是用形体分析法,对于比较复杂的组合体在形体分析法的基础上进一步采用线面分析法来读懂视图。下面通过例题分别对不同类型的组合体的视图进行分析,以此提高空间思维能力和读图能力。

1. 叠加型组合体

对于叠加型组合体,首先要将其分解为若干个基本形体,分析每一部分形体的形状特征和彼此之间的位置关系及表面连接关系,从而弄清图中每一条线、每一个封闭图框的含义,最后综合起来构思出组合体的整体形状。

【例 4.1】　如图 4.22 所示,已知组合体的主、俯视图,补画其左视图。

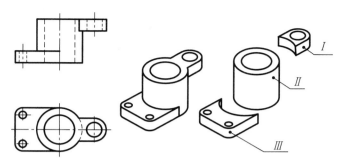

图 4.22 叠加型组合体

总体思路:从图中可以看出这是一个由三部分构成的叠加型组合体,首先通过形体分析构思出每一部分的空间形状,进而分析它们彼此之间的位置关系和表面连接关系,画出每一部分的左视图,再综合起来画出完整的左视图。

分析:

先从主视图入手,按线框将其分为三部分,如图 4.22 所示,然后根据线框分析每一部分形体的形状。

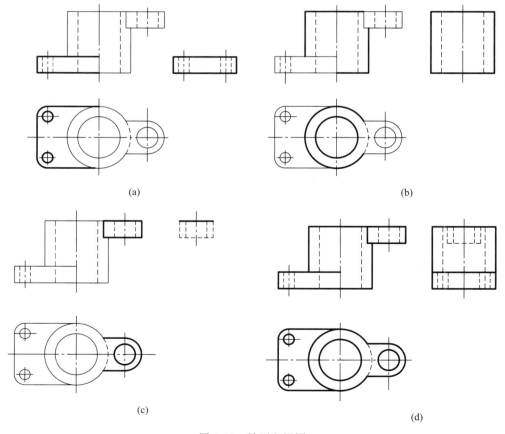

图 4.23 补画左视图

如图 4.23a 所示,左边的部分是一块板,板上面有两个小圆孔,板前后表面和圆柱面相切。

如图 4.23b 所示,中间部分是一个圆柱,圆柱中间有一个通孔。

如图 4.23c 所示,右边的部分是一个 U 形板,在上面有一个通孔,U 形板的上表面和圆柱的顶面平齐。

作图:

如图 4.23a 所示,根据投影规律高平齐,从主视图中直接画出板的高度尺寸,在俯视图中量取板宽度方向的尺寸,画出板的左视图可见轮廓线的投影,然后画出板上两个小圆柱孔的投影,这两个小圆柱孔从投射方向看是不可见的,所以用细虚线表示。

如图 4.23b 所示,对于圆柱应先画出圆柱的左视投影,再用细虚线画出内孔的投影。

如图 4.23c 所示,U 形块的左视投影为一矩形,因为 U 形块被圆柱遮挡,左视图不可见,所以用细虚线表示。

根据上面画出的每一部分形体的左视图,最后整理得到组合体的左视图,如图 4.23d 所示。

2. 切割型组合体

对于切割型组合体,首先应分析切割体的原形,其次分析截平面在切割体上所产生交线的形状和投影。

【例 4.2】　如图 4.24 所示,已知组合体的主、俯视图,补画其左视图。

总体思路:从图中可以看出这是一个切割型组合体,对于这一类形体,通过形体分析首先构思出切割体的原形,进而在原形的基础上分析切割掉的基本形体被一些什么面切割及这些面相对于投影面的位置,切割后在原形表面上产生的交线是什么形状以及这些交线相对于投影面的投影是否为实形。画图时应先画出原形上没有被切去的最大轮廓线的投影,再画出上面交线的投影。

分析:图中的组合体的原形是一个长方体,在此基础上分别用不同的柱面和平面逐步切割掉 6 块基本形体,生成组合体,如图 4.25 所示。

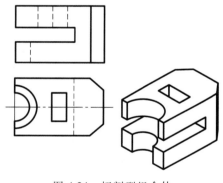

图 4.24　切割型组合体

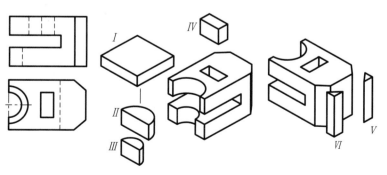

图 4.25　切割型组合体分解

如图 4.26a 所示,将主视图和俯视图中的最外轮廓线补齐,可以看出图中组合体的原形是一个长方体。

如图 4.26b 所示,在原形的基础上用三个平面在中间靠左边的位置切割掉一个长方体,从前向后中间形成一个通槽。

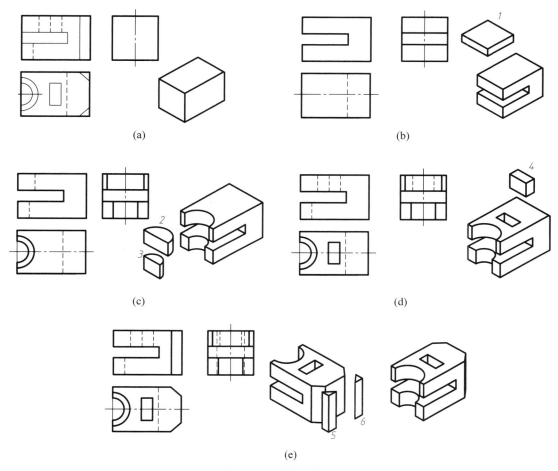

图 4.26    补画左视图

如图 4.26c 所示,组合体的左边用不同的柱面分别切去两个半圆柱孔。

如图 4.26d 所示,在组合体的上表面向下用四个平面挖去一个小的长方体,形成一个长方形的槽。

如图 4.26e 所示,在组合体的右边前后面各用一个铅垂面切去一个角。

具体画图步骤如图 4.26 所示。

如图 4.26a 所示,画出原形的左视图,原形是一个长方体,左视图为一矩形。

如图 4.26b 所示,画出中间通槽的左视图。

如图 4.26c 所示,画出不同半径的两个半柱孔在左视图中最大转向线的投影。

如图 4.26d 所示,组合体上表面向下挖切的小长方槽的左视图是不可见的,用细虚线表示。

　　如图 4.26e 所示,组合体的右边前后面各用一个铅垂面切去一个角的左视图为不可见,用细虚线表示。

# 4.4　组合体的尺寸标注

[ Dimensioning of Composite Solids ]

视图只能表达组合体的形状,而组合体的大小由标注的尺寸来确定。

1. 尺寸标注的基本要求

(1)正确　尺寸标注要符合国家标准的规定。

(2)完整　尺寸标注必须齐全,所注尺寸要能完全确定零件的形状和大小,但不能有多余重复尺寸,也不能遗漏尺寸。

(3)清晰　尺寸布局合理,尽量标注在形状特征明显的视图上,关联尺寸应尽量集中标注,排列整齐便于看图。

2. 基本体的尺寸标注

标注基本体的尺寸时,一般要标注长、宽、高三个方向的尺寸。

如图 4.27 所示,三棱柱不标注三角形斜边长;五棱柱的底面是圆内接正五边形,可标注出底面外接圆直径和高度尺寸;正六棱柱正六边形不注边长,而是标注对面距(或对角距)以及柱高;

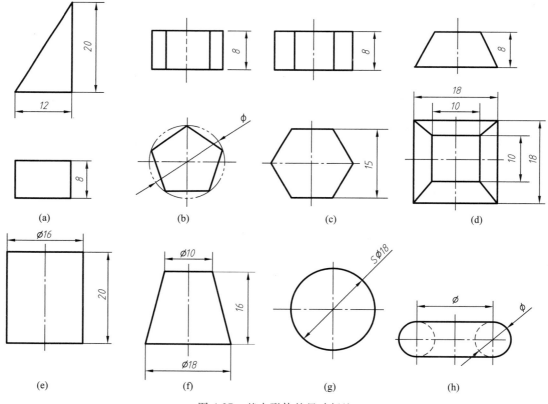

图 4.27　基本形体的尺寸标注

四棱台只标注上、下两个底面尺寸和高度尺寸。标注圆柱、圆台、圆环等回转体的直径尺寸时,应在数字前加注φ,并且常注在其投影为非圆的视图上。用这种形式标注尺寸时,只要用一个视图就能确定其形状和大小,其他视图可省略不画。球也只需画一个视图,可在直径或半径符号前加注 $S$。对于斜截面和带缺口的基本体,除了注出基本体的尺寸外,还要注出确定截平面位置的尺寸。截平面位置确定之后,立体表面的交线通过作图可以确定,因此不必标注交线的尺寸。

3. 组合体的尺寸标注

按照形体分析的方法,可将组合体分解成由若干基本形体组合而成,标注出各基本形体的大小尺寸(即定形尺寸),标注出各形体的相对位置尺寸(即定位尺寸),最后根据组合体的结构特点,标注出它的总体尺寸。

在标注尺寸时要选择尺寸基准。一般可选择组合体的对称平面、底面、大的端面以及回转体的轴线等作为尺寸基准。

下面以图 4.28 所示的轴承座尺寸标注为例,说明组合体视图上尺寸标注的方法和步骤。

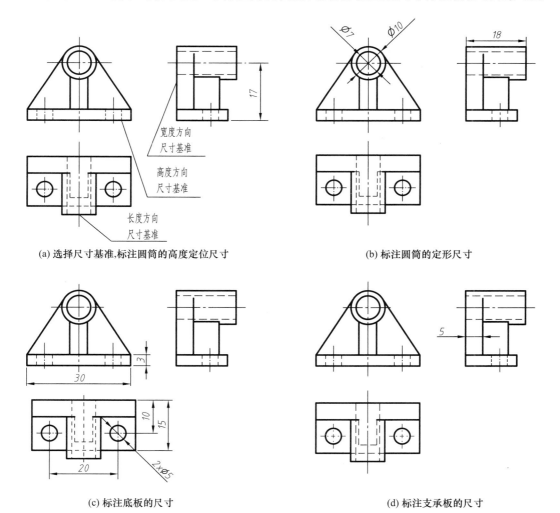

(a) 选择尺寸基准,标注圆筒的高度定位尺寸            (b) 标注圆筒的定形尺寸

(c) 标注底板的尺寸                              (d) 标注支承板的尺寸

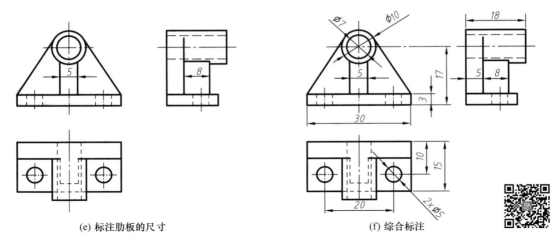

(e) 标注肋板的尺寸　　　　　　　　　　　　　　　(f) 综合标注

图 4.28　轴承座的尺寸标注

## 思考题

1. 什么是组合体？其组合形式有哪几种？
2. 组合体中各基本体表面间连接关系有哪些？它们的画法各有何特点？
3. 什么是形体分析法？
4. 画组合体视图时,如何选择主视图？
5. 试述组合体尺寸标注的方法与步骤。

# 第5章 轴 测 图

# Chapter 5　Axonometric Projections

**内容提要**：本章介绍轴测图形成的原理及画法，主要是介绍正等轴测图和斜二轴测图的画法，帮助读者提高理解形体及空间想象的能力。为正确理解投影图提供形体分析及线面分析的思路。

**Abstract**：This chapter is concerned with principles and making of axonometric drawings, mainly on making of isometric and cabinet drawings. It helps readers understand composite solids and visualize 3-D objects from drawings, providing ways of composite solids analysis and line-plane analysis.

## 5.1 轴测图的基本知识

[Basics of Axonometric Projection]

把物体置于空间直角坐标系中，用平行投影法将物体连同坐标轴一起沿不平行于任何坐标面的方向向设定的投影面投射，使物体的长、宽、高三个不同方向的形状都表示出来，得到的具有立体感的图形称为轴测投影，又称轴测图。轴测图是单面投影图，如图 5.1 所示。

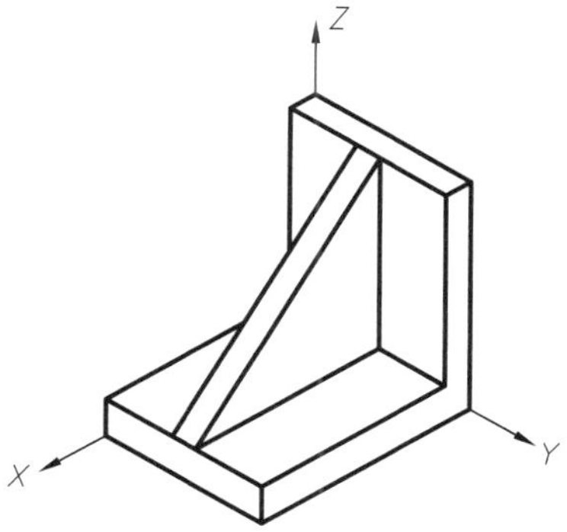

1. 轴测图的形成

如图 5.2 所示，将一个长方体向 $V$ 面、$H$ 面作正投影，就得到其 $V$ 面、$H$ 面的正投影。若将长方体沿不平行于一个坐标面的方向 $S$，用平行投影的方法将其投射到一个选定的平面 $P$ 上，所得到的图形就是轴测图（平面 $P$ 称为轴测投影面，方向 $S$ 称为轴测投射方向）。

2. 与轴测图相关的基本要素

（1）轴测投影面

把被选定的投影面称为轴测投影面，如图 5.2 所示 $P$ 面。

图 5.1　轴测图

（2）轴测轴

如图 5.2 所示，在轴测投影图中，空间物体的三个坐标轴 $O_0X_0$、$O_0Y_0$、$O_0Z_0$ 在轴测投影面 $P$ 上的投影 $OX$、$OY$、$OZ$，称为轴测投影轴。

（3）轴向伸缩系数

轴测轴上的单位长度与相应直角坐标系上的单位长度之比称为轴向伸缩系数。如图 5.2 所

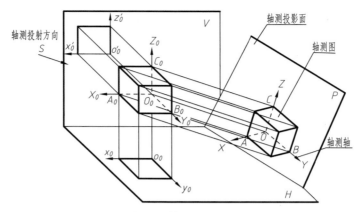

图 5.2　轴测图的形成

示，在三个坐标轴 $O_0X_0$、$O_0Y_0$、$O_0Z_0$ 上各取单位长度线段 $O_0A_0$、$O_0B_0$、$O_0C_0$，向轴测投影面 $P$ 上投射得投影分别为 $OA$、$OB$、$OC$，其轴向伸缩系数为：

$p_1 = OA/O_0A_0$——$OX$ 轴的轴向伸缩系数；

$q_1 = OB/O_0B_0$——$OY$ 轴的轴向伸缩系数；

$r_1 = OC/O_0C_0$——$OZ$ 轴的轴向伸缩系数。

（4）轴间角

如图 5.2 所示，相邻两个轴测轴之间的夹角称为轴间角。

3. 轴测图的分类

根据轴测投射方向与轴测投影面是否垂直，可将轴测图分为两类：

（1）正轴测图

轴测投射方向垂直于轴测投影面。

（2）斜轴测图

轴测投射方向倾斜于轴测投影面。

由于物体相对于轴测投影面位置不同，轴向伸缩系数也不同。故两类轴测图又分别有下列三种不同的形式。

$$
正轴测图
\begin{cases}
正等轴测图（简称正等测），p_1 = q_1 = r_1 \\
正二轴测图（简称正二测），p_1 = r_1 \neq q_1 \ 或 \ p_1 = q_1 \neq r_1 \\
正三轴测图（简称正三测），p_1 \neq q_1 \neq r_1
\end{cases}
$$

$$
斜轴测图
\begin{cases}
斜等轴测图（简称斜等测），p_1 = q_1 = r_1 \\
斜二轴测图（简称斜二测），p_1 = r_1 \neq q_1 \ 或 \ p_1 = q_1 \neq r_1 \\
斜三轴测图（简称斜三测），p_1 \neq q_1 \neq r_1
\end{cases}
$$

为作图简便，工程形体的轴测图常用正等轴测图和斜二轴测图两种方式绘制。

4. 正投影图与轴测图的比较

从图 5.1 可以看出，轴测图具有直观性和立体感强的特点，容易看懂，然而它不能表达物体的每个侧面，有些面的形状失真。如长方形投影后变成斜四边形；圆投影后变成椭圆等。更为重要的是度量性差、不方便标注尺寸及技术要求。因此工程上把它作为辅助图样,用以帮助阅读复杂的正投影图。而正投影图的缺点就是缺乏立体感,作图容易读图难,但绘出的图样具有良好的度量性及表达的完整性。

# 5.2 正等轴测图的画法
## [Construction of Isometric Drawing]

### 5.2.1 正等轴测图的特点 [Rules of Isometric Projections]

如图 5.3 所示,正等轴测图的特点是投射线垂直于投影面,三个轴向伸缩系数都相等。

轴向伸缩系数:$p_1 = q_1 = r_1 = 0.82$

三个轴间角均为:120°

考虑到作图简单,常用轴向简化系数即 $p = q = r = 1$ 作图,这样就可以把物体的轴向尺寸直接度量到轴测轴上,由于画出的图形沿各轴向的长度都分别放大了约 1.22(1/0.82)倍,因此,它画出的图形大于实际的图形,但不影响看图的效果。

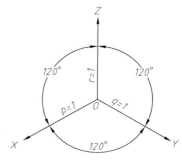

图 5.3 正等轴测图轴间角和
简化轴向伸缩系数

### 5.2.2 平面立体的正等轴测图的画法 [Isometric Projections of Plane Solids]

画平面立体轴测图的基本方法,是沿坐标轴测量,然后按坐标画出各顶点的轴测图,该方法简称坐标法。对不完整的形体,可先按完整形体画出,然后用切割的方法画出其不完整部分,此法称为切割法。对另一些平面立体则采用形体分析法,先将其分成若干基本形体、然后再逐个将形体混合在一起,此法称为混合法。

1. 坐标法

根据立体表面上各顶点的坐标分别画出它们的轴测投影,然后依次连接立体表面的轮廓线。该方法是绘制轴测图的基本方法,它不但适用于平面立体,也适用于曲面立体;不但适用于正等测,还适用于其他轴测图的绘制。

【例 5.1】 用坐标法绘制正六棱柱的正等轴测图。

分析:如图 5.4a 所示,由正投影图可知,正六棱柱的顶面、底面均为水平的正六边形。在轴测图中,顶面可见,底面不可见,宜从顶面画起,且使坐标原点与顶面正六边形中心重合。

具体作图步骤如图 5.4 所示。

(1)画轴测轴 $O\text{-}XYZ$。

(2)在 $X$ 轴上取 $OA = o_0a$,$OD = o_0d$;在 $Y$ 轴上取 $OM = o_0m$,$ON = o_0n$。

(3)过 $M$、$N$ 分别作直线 $BC /\!/ OX$,$EF /\!/ OX$,取 $MB = MC = NE = NF = mb$,然后连成顶面,如图 5.4b 所示。

(4)过 $F$、$A$、$B$、$C$ 作正六棱柱的棱线,它们都平行于 $Z$ 轴且长度等于 $H$,连接底面可见边的轮廓线,如图 5.4c 所示。

（5）擦去多余图线并描深，得到完整的正六棱柱的正等轴测图，如图 5.4d 所示。

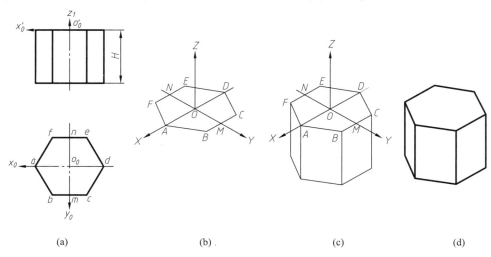

（a）　　　　　　　　　（b）　　　　　　　　　（c）　　　　　　　　　（d）

图 5.4　正六棱柱的正等轴测图画法

## 2. 切割法

切割法适用于以长宽方式构成的平面立体，它以坐标法为基础。先用坐标法画出未被切割的平面立体的轴测图，然后用截切的方法逐一画出各个切割部分。

【例 5.2】　用切割法绘制四棱柱切割体的正等轴测图。

分析：如图 5.5a 所示，该物体可以看成由一个四棱柱切割而成。左上方被一个正垂面切割，右前方被一个侧垂面切割而成。画图时可先画出完整的四棱柱，然后逐步进行切割。

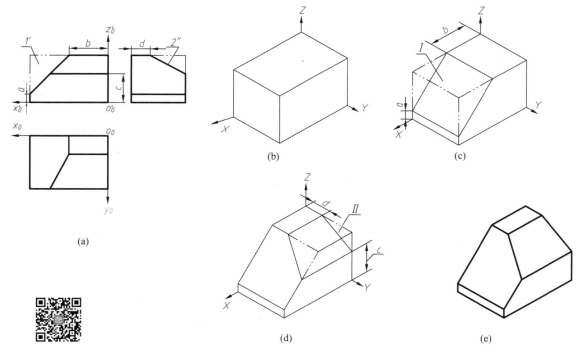

（a）　　　　　　　　　（b）　　　　　　　　　（c）

（d）　　　　　　　　　（e）

图 5.5　四棱柱切割体正等轴测图的画法

具体作图步骤如图 5.5 所示。

（1）画轴测轴系 O-XYZ；然后画出完整的四棱柱的正等轴测图，如图 5.5b 所示。

（2）量尺寸 $a$、$b$，切去左上方的第 I 块，如图 5.5c 所示。

（3）量尺寸 $c$，平行于 XOY 面向后切；量尺寸 $d$，平行于 XOZ 面向下切，切去第 II 块，如图 5.5d 所示。

（4）擦去多余图线并描深，得到四棱柱切割体的正等轴测图，如图 5.5e 所示。

### 5.2.3　曲面立体正等轴测图的画法 [ Isometric Projections of Curved Solids ]

1.圆的正等轴测图的画法

在画圆柱、圆锥等回转体的轴测图时，关键是解决圆的轴测投影的画法。图 5.6 表示一个正立方体在正面、顶面和左侧面上分别画有内切圆的正等轴测图。由图可知，每个正方形都变成了菱形，而内切圆变为椭圆并与菱形相切，切点仍在各边的中点。由此可见，平行于坐标面的圆的正等测都是椭圆，椭圆的短轴方向与相应菱形的短对角线重合，就是垂直于圆所在平面的坐标轴的轴测轴方向，长轴则与短轴相互垂直。如水平圆的投影椭圆的短轴与 Z 轴方向一致，而长轴则垂直于短轴。若轴向伸缩系数采用简化系数，所得椭圆长轴约等于 1.22$d$，短轴约等于 0.7$d$。

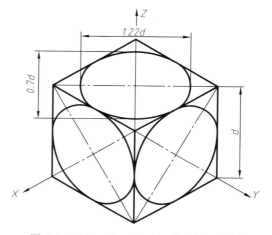

图 5.6　平行于坐标面的圆的正等轴测图

下面以直径为 $d$ 的水平圆为例，说明投影椭圆的近似画法。

（1）过圆心 $O_0$ 作坐标轴，并作圆的外切正方形，切点为 $A_0$、$B_0$、$C_0$、$D_0$，如图 5.7a 所示。

（2）作轴测轴及切点的轴测投影，过切点 A、B、C、D 分别作 X、Y 轴的平行线，相交成菱形（即外切正方形的正等轴测图）；菱形的对角线分别为椭圆长、短轴的方向，如图 5.7b 所示。

（3）过切点 A、B、C、D 分别作各边的垂线，交得圆心 1、2、3、4，如图 5.7c 所示。

（4）分别以 1、2 为圆心，以 1B（或 2A）为半径画大圆弧 BC、AD；分别以 3、4 为圆心，以 3A（或 4B）为半径画小圆弧 AC、BD，如此连成近似椭圆，如图 5.7d 所示。

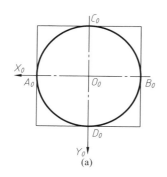

(a)

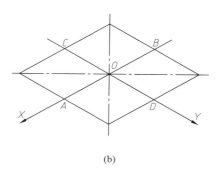

(b)

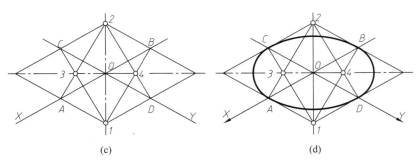

(c)　　　　　　　　　　　　　　(d)

图 5.7　椭圆的近似画法

正平圆和侧平圆的轴测图,根据各坐标面的轴测轴作出菱形,其余作法与水平椭圆的正等轴测图的画法类似,如图 5.8a、b 所示。

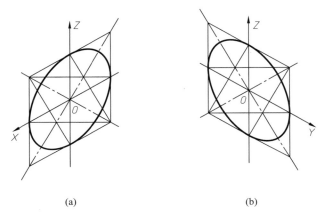

(a)　　　　　　　　　　　　　　(b)

图 5.8　正平圆与侧平圆正等轴测图的画法

2. 圆柱体的正等轴测图的画法

如图 5.9a 所示,圆柱的轴线垂直于水平面,顶面和底面都是水平面,在将要画出的圆柱的正等轴测图中,其顶面为可见,故取顶圆中心为坐标原点,使 $Z$ 轴与圆柱的轴线重合,其作图步骤如下:

(1) 作轴测轴,用近似画法画出圆柱顶面的近似椭圆,再把连接圆弧的圆心沿 $Z$ 轴方向向下移 $H$,以顶面相同的半径画弧,作底面近似椭圆的可见部分,如图 5.9b 所示。

(2) 过两长轴的端点作两近似椭圆的公切线,即为圆柱面轴测投影的转向轮廓线,如图 5.9c 所示。

(3) 擦去不应有的线,然后描深,得到完整的圆柱体的正等轴测图,如图 5.9d 所示。

3. 圆角的正等轴测图的画法

圆角通常是圆的四分之一,其正等轴测图画法与圆的正等轴测图画法相同,即作出对应的四分之一菱形,画出近似圆弧。具体画法是:在作圆角的边线上量取圆角半径 $R$,自量得点作边线的垂线,然后以两垂线交点为圆心、垂线长为半径画弧,所得弧即为轴测图上的圆角;对于底面圆角,只要将切点、圆心都沿 $Z$ 轴方向下移板厚距离 $H$,以顶面相同的半径画弧,即完成圆角的作图,其作图步骤如图 5.10 所示。注意,右面圆弧要画上两圆弧的公切线。

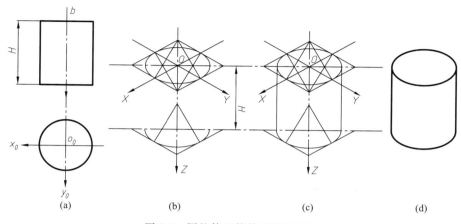

图 5.9 圆柱体正等轴测图的画法

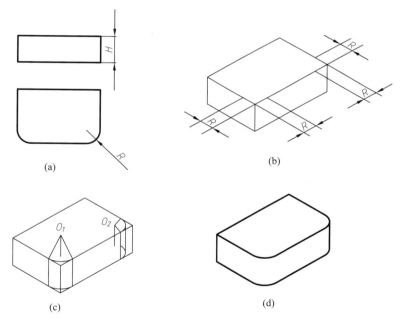

图 5.10 圆角正等轴测图的画法

## 5.3 斜二轴测图的画法

[Construction of Cabinet Axonometric Projections]

斜二轴测图中投射方向 $S$ 与轴测投影面斜交。当物体在坐标系的某个坐标面平行于投影面时,相应两条坐标轴投影后的轴间角为 90°,轴向伸缩系数是 1,故反映该面的真形。由于斜二轴测图能反映某个轴测投影面平行的坐标轴的真形。所以一般把物体在某个方向上形状较为复杂,特别是有较多的圆或曲线的面平行于某个坐标面再作该面的斜二轴测图,从而使作图更简单且反映真实形状。

### 1. 斜二轴测图的轴间角和轴向伸缩系数

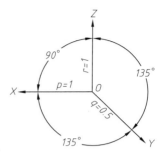

图 5.11　斜二轴测图的轴间角
和轴向伸缩系数

在正面斜二轴测图中,因 $XOZ$ 坐标面平行于轴测投影面 $P$,故不论投射方向 $S$ 的位置如何,$X$ 轴和 $Z$ 轴在平面 $P$ 上的投影,其轴向伸缩系数总是等于 1,轴间角 $\angle XOZ$ 等于 90°。实际作图时,常取 $Y$ 轴的轴向伸缩系数为 $q = 0.5$,取轴间角 $\angle XOY = \angle YOZ = 135°$,如图 5.11 所示。

### 2. 斜二轴测图的画法举例

斜二测与正等测的作图方法基本相同,凡具有单向圆的零件,选用斜二测作图较简便。其画法要点与正等测类似,仅仅是轴间角和轴向伸缩系数以及椭圆的作法不同而已。

【例 5.3】　作出图 5.12a 所示填料压盖的斜二轴测图。

分析:组合体由圆柱和底板叠加而成,并且组合体沿圆柱轴线上下、前后对称,取底板后面的中心为原点确定坐标轴。

具体作图步骤如下。

（1）作轴测轴,并在 $Y$ 轴上按 $q = 0.5$ 确定底板前面的中心 $E$ 和圆柱最前面的圆心 $F$,以及底板两侧的圆柱面的圆心 $A$、$B$、$C$、$D$,如图 5.12b 所示。

（2）分别以 $O$、$E$ 为圆心作出底板中间的圆,分别以 $A$、$B$、$C$、$D$ 为圆心作出两侧圆柱面和圆孔,然后作它们的切线,完成底板的斜二轴测图,如图 5.12c 所示。

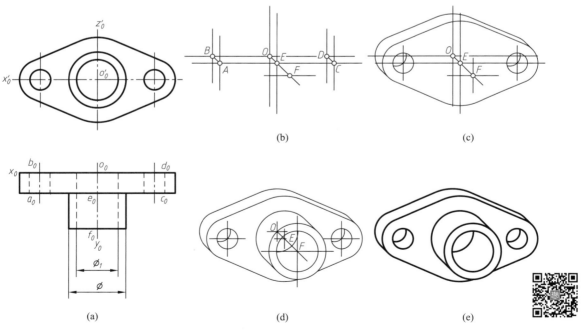

图 5.12　填料压盖斜二轴测图的画法

（3）分别以 $E$、$F$ 为圆心，$\phi$ 为直径作圆，并作两圆的公切线，完成组合体前方圆柱的斜二轴测图；分别以 $O$、$F$ 为圆心、$\phi_1$ 为直径作圆，作出中间圆孔的斜二轴测图，如图 5.12d 所示。

（4）擦去作图线，加深，作图结果如图 5.12e 所示。

## 思考题

1. 轴测图是如何形成的？它主要分为哪两大类？

2. 轴测图与正投影图有何区别？

3. 轴测图的基本元素是什么？

4. 平面立体正等轴测图的基本画法有几种？曲面立体正等轴测图的基本画法是什么？

5. 斜二轴测图主要应用的范围是什么？它的基本画法是什么？

# 第6章　机件的表达方法

# Chapter 6　Representation of Mechanical Engineering Drawings

**内容提要**：本章内容是在学习组合体投影图的基础上，依据《技术制图》国家标准 GB/T 17451—1998，17452—1998，17453—2005，《机械制图》标准 GB/T 4458.1—2002、4458.6—2002 等的规定，介绍视图、剖视、断面等工程形体的常用表达方法及其应用，从而使工程形体的表达更为方便、清晰、简洁、实用，并为工程图样的绘制及阅读提供基础。

**Abstract**：Following composite solids projections, this chapter introduces representation and application of engineering drawings, such as views, sectional views and cross-sectional views specified in the National Standards for *Technical Drawing* GB/T 17451—1998, 17452—1998, 17453—2005 and the National Standards for *Mechanical Drawing* GB/T 4458.1—2002 and GB/T 4458.6—2002, making representation of engineering drawings easier, clearer, more accurate and practical.

## 6.1　视图
### [Views]

视图主要用于表达机件的外形，一般只用粗实线画出机件的可见部分，必要时才用细虚线表达其不可见部分。视图分为基本视图、向视图、局部视图和斜视图。

### 6.1.1　基本视图[Principal Views]

将机件放在正六面体内，则该正六面体的六个表面即为基本投影面，将机件分别向各基本投影面投射，所得的视图称为基本视图，其展开方法如图 6.1 所示。

1. 基本视图名称

主视图[front view] ——从前向后投射所得的视图；

俯视图[top view] ——从上向下投射所得的视图；

左视图[left side view] ——从左向右投射所得的视图；

右视图[right side view] ——从右向左投射所得的视图；

后视图[rear view] ——从后向前投射所得的视图；

仰视图[bottom view] ——从下向上投射所得的视图。

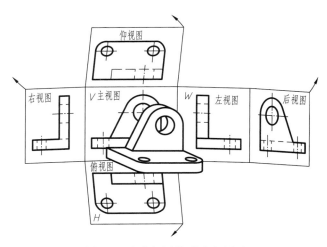

图 6.1 基本视图的形成和展开

2. 基本视图的配置

在同一张图纸内,六个基本视图按图 6.2 所示配置时,一律不标注视图名称。六个基本视图之间仍满足"长对正、高平齐、宽相等"的投影规律。

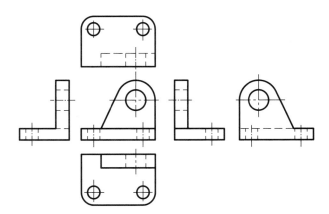

图 6.2 基本视图的基本配置

实际使用时,并非要将六个基本视图都画出来,而是根据机件形状的复杂程度和结构特点,选择若干个基本视图,一般优先选用主、俯、左三个视图。

### 6.1.2 向视图[**Reference Arrow Views**]

向视图是可以自由配置的基本视图。

1. 向视图的标注

在向视图的上方用大写拉丁字母标出该向视图的名称(如"*A*""*B*"等),且在相应的视图附近用箭头指明投射方向,并注上同样的字母,如图 6.3 所示。

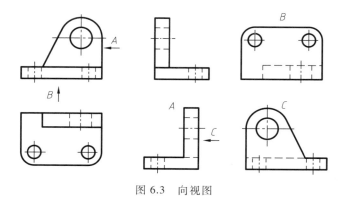

图 6.3   向视图

2. 投射方向箭头的位置

表示投射方向的箭头应尽可能配置在主视图上,以便于读图。

### 6.1.3   局部视图[Local Views]

将机件的某一部分向基本投影面投射所得的视图称为局部视图。

当机件的主要形状已由一组基本视图表达清楚,仅有部分结构尚需表达,而又没有必要再画出完整的基本视图时,可采用局部视图。图 6.4 所示的机件,用主、俯两个基本视图已清楚地表达了主体形状,但为了表达左、右两个凸缘形状,再增加左视图和右视图,就显得烦琐和重复,此时可采用两个局部视图,只画出所需表达的左、右凸缘形状,则表达方案既简练又突出了重点。

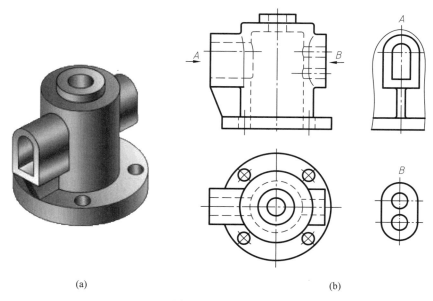

(a)                                       (b)

图 6.4   局部视图

1. 局部视图的配置和标注

局部视图可按基本视图配置(如图 6.4b 中的局部视图 $A$),也可按向视图配置在其他适当位置并标注(如图 6.4b 中的局部视图 $B$)。

2. 局部视图的画法

局部视图的断裂边界用波浪线或双折线表示(如图 6.4b 中的局部视图 $A$)。但当所表示的局部结构完整,且其投影的外轮廓线又成封闭时,波浪线可省略不画(如图 6.4b 中的局部视图 $B$)。波浪线不应超出机件实体的投影范围,如图 6.5 所示。

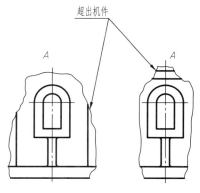

图 6.5 局部视图错误画法

### 6.1.4 斜视图[Oblique Views]

将物体向不平行于基本投影面的平面投射所得的视图,称为斜视图。

机件上有倾斜于基本投影面的结构时,为了表达倾斜部分的实形,可设置一个与倾斜结构平行且垂直于一个基本投影面的辅助投影面,然后将该倾斜结构向辅助投影面投射并展平,所得的视图称为斜视图,如图 6.6 所示。

斜视图的配置、标注及画法如下:

1)斜视图一般按向视图的配置形式配置,在斜视图的上方必须用字母标出视图的名称,在相应的视图附近用箭头指明投射方向,并注上同样的字母,如图 6.6b 所示。

2)在不致引起误解的情况下,从作图方便考虑,允许将图形旋转,这时斜视图应加注旋转符号,如图 6.6c 所示,旋转符号为半圆形,半径等于字体高度,线宽为字体高度的十分之一至十四分之一。必须注意,表示视图名称的大写拉丁字母应靠近旋转符号的箭头端,允许将旋转角度标注在字母之后。

3)斜视图只表达倾斜表面的真实形状,其他部分用波浪线或双折线断开,如图 6.6 所示。

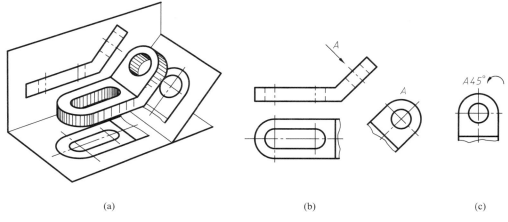

(a)　　　　　　　　　(b)　　　　　　　　　(c)

图 6.6 斜视图

## 6.2　剖视图

[ Sectional Views ]

视图主要用于表达机件的外部形状,而内部结构只能用细虚线来表示。当机件的内部结构比较复杂时,在视图中就会出现很多细虚线,这些细虚线会影响机件表达的清晰程度,给读图和标注尺寸带来不便。因此,国家标准(GB/T 17452—1998、GB/T 4458.6—2002)中规定了用剖视图来表示机件的内部结构。

### 6.2.1　剖视图的基本概念[ Concepts of Sectional Views ]

1. 剖视图的形成

假想用剖切面剖开机件,将处在观察者和剖切面之间的部分移开,而将剩余部分向投影面投射所得的图形,称为剖视图,简称剖视。图 6.7c 中的主视图即为支架的剖视图。

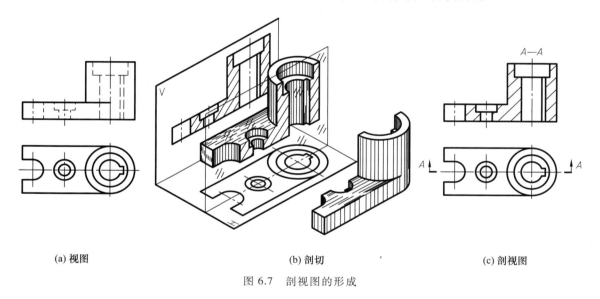

(a) 视图　　　　　　　　　　　(b) 剖切　　　　　　　　　　(c) 剖视图

图 6.7　剖视图的形成

2. 剖视图的画法

(1) 确定剖切面的位置

剖切平面一般应通过机件的对称面且平行于相应的投影面,即通过机件的对称中心线或通过机件内部的孔、槽的轴线,如图 6.7 所示。

(2) 画出机件轮廓线

机件经过剖切后,内部不可见轮廓成为可见,将原来表示内部结构的细虚线改画成粗实线,同时剖切面后机件的可见轮廓也要用粗实线画出。

(3) 画剖面符号

为了明确剖面区域的范围,通常应在剖面区域中画剖面符号。金属材料的剖面符号通常称为剖面线,剖面线应画成间隔相等、方向相同且角度适当的互相平行的细实线,一般应画成与剖面区域的主要轮廓线或对称线成 45°的平行线。必要时,剖面线也可画成与主要轮廓线成适当的角度,如图 6.8 所示。

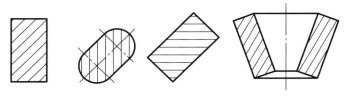

图 6.8　剖面符号

剖面符号与机件的材料有关,表 6.1 为国家标准规定的部分常用材料的剖面符号。

表 6.1　部分常用材料的剖面符号

| 材 料 名 称 | 剖 面 符 号 | 材 料 名 称 | 剖 面 符 号 |
|---|---|---|---|
| 金属材料(已有规定剖面符号者除外) | | 液体 | |
| 线圈绕组元件 | | 砖 | |
| 转子、电枢、变压器和电抗器等的叠钢片 | | 玻璃及供观察用的其他透明材料 | |
| 非金属材料(已有规定剖面符号者除外) | | 型砂、填沙、粉末冶金砂轮、陶瓷刀片、硬质合金刀片等 | |

（4）剖视图的标注

剖视图一般需标注以下内容(图 6.7)。

1）剖视图的名称

在剖视图上方标注剖视图的名称"×—×"(×为大写拉丁字母)。

2）剖切符号

用粗短画表示剖切面起、讫及转折位置,不与图形轮廓线相交,在起、讫粗短画外端用箭头指明投射方向。在粗短线处注字母"×",在剖视图正上方标注"×—×"。

当剖视图按投影关系配置,中间又没有其他图形隔开时,可省略箭头;当单一剖切平面通过机件的对称平面或基本对称平面,且剖视图按投影关系配置,中间又没有其他图形隔开时,可全部省略标注。

3. 画剖视图的注意事项

（1）剖开机件是假想的,因此,当机件的一个视图画成剖视图后,其他视图的完整性不受影响,如图 6.7c 所示的俯视图。

（2）位于剖切面之后的可见部分应全部画出,不能漏线、错线。图 6.9 中箭头所指的图线是画剖视图时容易漏画的图线,画图时应特别注意。

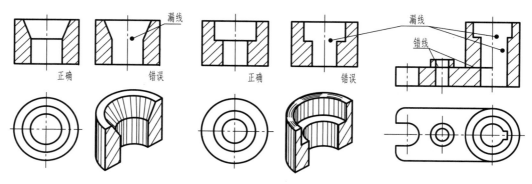

图 6.9　剖视图中漏线、错线

（3）剖视图中,凡是已表达清楚不可见的结构,其细虚线可以省略不画。但没有表达清楚的结构,允许画出少量的细虚线,如图 6.10 所示。

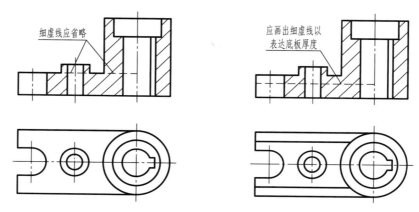

图 6.10　剖视图中细虚线问题

## 6.2.2　剖视图的种类[Types of Sectional Views]

按剖切范围的大小将剖视图分为全剖视图、半剖视图和局部剖视图。

1. 全剖视图

用剖切面完全剖开机件所得的剖视图称为全剖视图。全剖视图用于外形简单、内部结构较复杂且不对称的机件,如图 6.7 所示。

2. 半剖视图

当机件具有对称平面时,在垂直于对称平面的投影面上投射所得的图形,以对称中心线为界,一半画成剖视图,另一半画成视图,这种剖视图称为半剖视图,如图 6.11 所示。

半剖视图适用于内、外结构都需要表达的对称机件。当机件的形状接近于对称,且不对称部分已另有图形表达清楚时,也可以画成半剖视图,如图 6.12 所示。

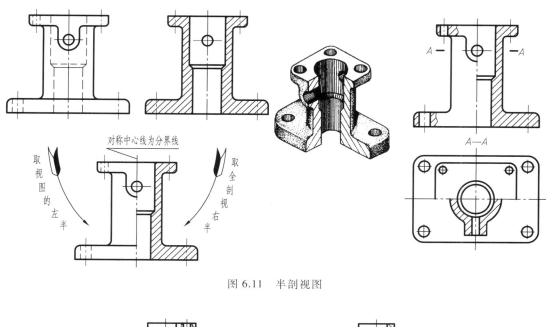

图 6.11　半剖视图

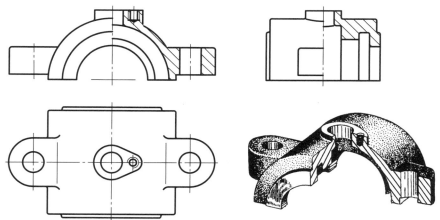

图 6.12　用半剖视图表达近似对称机件

画半剖视图应注意：

（1）视图和剖视的分界线应是细点画线,不能以粗实线分界。

（2）半剖视图中由于图形对称,机件的内部结构已在半个剖视图中表示清楚,所以在表达外部形状的半个视图中不画表示该结构的细虚线。

（3）当对称机件的轮廓线与中心线重合时,不宜采用半剖视图表示。

3. 局部剖视图

用剖切面局部地剖开机件,以波浪线或双折线为分界线,一部分画成视图以表达外形,其余部分画成剖视图以表达内部结构,这样所得的图形称为局部剖视图,如图 6.13 所示。它用于内外结构都需要表达且不对称的机件。

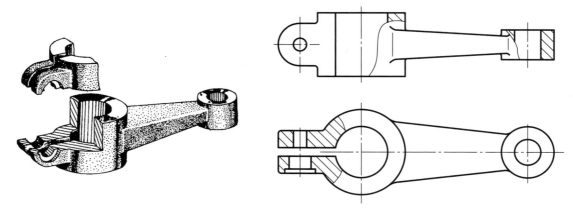

图 6.13　局部剖视图

　　局部剖视图主要用于表达机件上的局部内形,对于对称机件不宜作半剖视图时,也采用局部剖视图来表达,图 6.14 所示的机件虽然对称,但位于对称面的外形或内形上有轮廓线时,不宜画成半剖视图,只能用局部剖视图来表达。

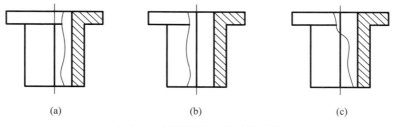

(a)　　　　　　　　　　(b)　　　　　　　　　　(c)

图 6.14　局部剖表达的对称机件

　　在局部剖视图中,视图与剖视图的分界线为波浪线或双折线,波浪线可以认为是断裂面的投影。关于波浪线的画法,应注意以下几点(图 6.15):

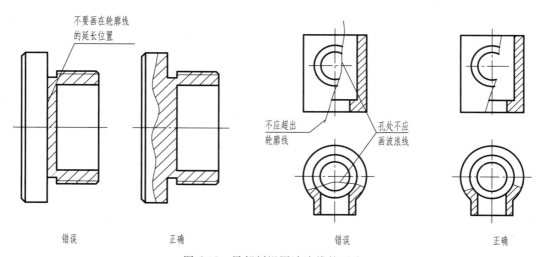

错误　　　　　　　　正确　　　　　　　　错误　　　　　　　　正确

图 6.15　局部剖视图波浪线的画法

（1）局部剖视图与视图之间用波浪线或双折线分界，但同一图样上一般采用一种线型。

（2）波浪线或双折线必须单独画出，不能与图样上其他图线重合。

（3）波浪线应画在机件实体部分，在通孔或通槽中应断开，不能穿空而过，也不能超出视图轮廓之外。

局部剖视图一般可省略标注，但当剖切位置不明显或局部剖视图未按投影关系配置时，则必须加以标注。

局部剖视图不受机件结构是否对称的限制，剖切范围的大小，可根据表达机件的内外形状需要选取，所以局部剖视图是一种比较灵活的表达方法，运用得当可使图形简明清晰；但在一个视图中不宜过多采用局部剖，否则会使图形支离破碎，影响图形的清晰。

### 6.2.3　剖切面的种类[Types of Cutting Planes]

由于剖切面的数量和位置不同，可以有多种剖切方法：用单一剖切面、几个相交的剖切面（交线垂直于某一基本投影面）和几个平行的剖切平面等。

1. 单一剖切面

（1）平行于某一基本投影面的剖切平面

如前面所讲的全剖视图、半剖视图和局部剖视图都采用这种剖切平面。

（2）不平行于任何基本投影面的剖切平面

若机件上有倾斜的内部结构需表达时，可选择一个与该倾斜部分平行的辅助投影面，用一个平行于该投影面的剖切面剖开机件，在辅助投影面上获得剖视图。这种剖切方法称为斜剖，如图 6.16 所示。

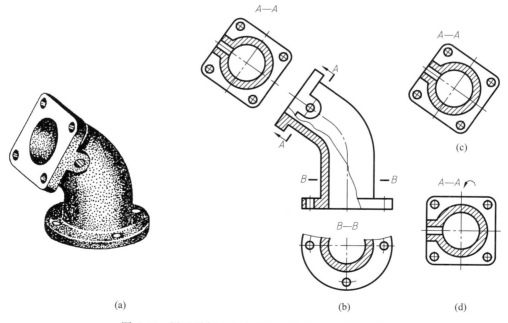

图 6.16　用不平行于基本投影面的单一剖切面剖切

用斜剖获得的剖视图一般按投影关系配置在与剖切符号相对应的位置,也可将剖视图移至其他适当位置,如图 6.16c 所示。在不致引起误解时允许将图形旋正,此时必须加注旋转符号指明旋转方向并标注字母,如图 6.16d 所示。注意:斜剖标注时,字母必须水平注写。

2. 几个平行的剖切平面

当机件的内部结构位于几个相互平行的平面上时,可采用几个平行的平面同时剖开机件,这种剖切方法称为阶梯剖,如图 6.17 所示的机件,在主视图中用阶梯剖的剖切方法获得 A—A 全剖视图。

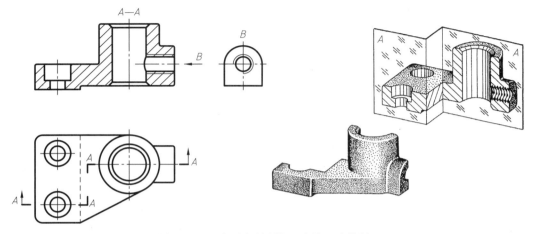

图 6.17　几个平行的剖切面剖切(阶梯剖)

阶梯剖画剖视图时必须进行标注,用粗短画表示剖切面的起、迄和转折位置,并标上相同的大写字母,在起、迄外侧用箭头表示投射方向,在相应的剖视图上用同样的字母注出"×—×"表示剖视图名称,当转折处地方有限又不致引起误解时,允许省略字母,如图 6.18 所示。

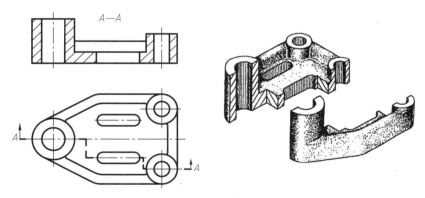

图 6.18　阶梯剖

当剖视图按投影关系配置、中间又无其他视图隔开时,可省略表示投射方向的箭头。

采用阶梯剖画剖视图时应注意:

(1)虽然各个剖切面不在一个平面上,但剖切后所得到的剖视图应看成是一个完整的图形,在剖视图中不能画出剖切平面转折处的投影,如图 6.19a 中的主视图。

(2)剖切符号的转折处不应与图中的轮廓线重合,如图 6.19a 中的俯视图。

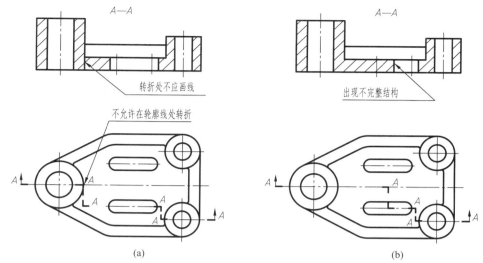

图 6.19　阶梯剖常见错误

（3）要正确选择剖切平面的位置,在剖视图中不应出现不完整的要素,如图 6.19b 主视图。

（4）当机件有两个要素在图形上具有公共对称中心线或轴线时,应各画一半不完整的要素,如图 6.20 所示。

3. 几个相交的剖切面

用两个相交的剖切面(交线垂直于某一基本投影面)剖开机件的剖切方法称为旋转剖,如图 6.21 中俯视图"A—A"全剖视图。

旋转剖主要用于表达孔、槽等内部结构不在同一剖切平面内,但又具有公共回转轴线的机件。

采用旋转剖画剖视图时应注意:

（1）当机件具有明显的回转轴时,两个剖切面的交线应与机件上的回转轴线相重合,如图 6.21 所示。

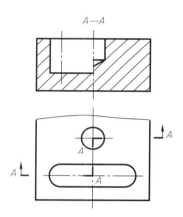

图 6.20　具有公共对称面的阶梯剖视图

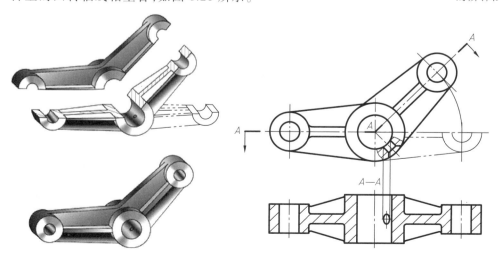

图 6.21　相交的剖切面剖切机件(旋转剖)

（2）被倾斜的剖切平面剖开的结构,应绕交线旋转到与选定的投影面平行后再进行投射。但处在剖切平面后的其他结构,仍按原来位置投射,如图 6.21 所示机件下部的小圆孔,其在"A—A"剖视图中仍按原来位置投射画出。

（3）当相交两剖切平面剖到机件上的结构产生不完整要素时,则这部分按不剖绘制,如图 6.22 所示。

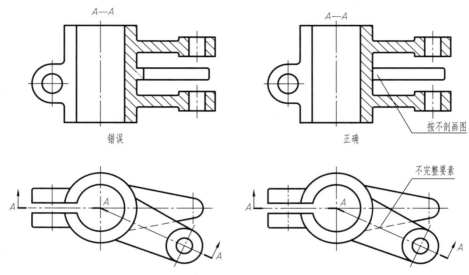

图 6.22　剖切后产生不完整要素时的画法

（4）采用旋转剖画出的剖视图必须标注,标注方法与阶梯剖相同。

## 6.3　断面图

[Cross-sections]

### 6.3.1　断面图的概念[Concepts of Cross-sections]

假想用剖切平面将机件的某处切断,仅画出剖切面与机件接触部分的图形称为断面图,简称断面。

如图 6.23 所示,为了得到键槽的断面形状,假想用一个垂直于轴线的剖切平面在键槽处将轴切断,只画出它的断面形状,并画上剖面符号。

断面图与剖视图的区别是:断面图只画出机件的断面形状,而剖视图除了断面形状以外,还要画出机件剖切面之后的投影。

### 6.3.2　断面图的种类[Types of Cross-sections]

根据断面图配置的位置,断面可分为移出断面和重合断面。

1. 移出断面图

画在视图之外的断面图称为移出断面图(简称移出断面),如图 6.24 所示。

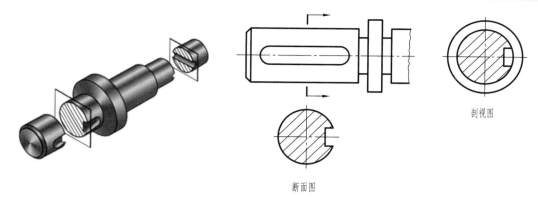

图 6.23　断面图及与剖视图的区别

（1）移出断面图的轮廓线用粗实线绘制，在断面区域内一般要画剖面符号。移出断面图应尽量配置在剖切符号或剖切平面迹线的延长线上，如图 6.24a 所示。

（2）必要时可将移出断面配置在其他适当位置，如图 6.24a 中的"$A—A$"。

（3）当剖切平面通过回转面形成的孔或凹坑的轴线时，这些结构按剖视绘制，如图 6.24a "$A—A$""$B—B$"所示。

（4）剖切平面通过非圆孔而导致出现完全分离的两个断面时，则这些结构应按剖视绘制，在不致引起误解时，允许将图形旋转，如图 6.24b 所示。

（5）断面图形对称时，也可画在视图的中断处，如图 6.25a 所示。

（6）断面图是表示机件结构的正断面形状，因此剖切面要垂直于该结构的主要轮廓线或轴线，如图 6.25b 所示；由两个或多个相交剖切平面得出的移出断面，中间应断开，图 6.25b 所示。

2. 移出断面图的标注

（1）移出断面一般应用粗短画表示剖切位置，用箭头表示投射方向并注上字母，在断面图的上方应用同样字母标出相应的名称"×—×"，如图 6.24b 所示。

（2）配置在剖切符号或剖切平面迹线的延长线上的移出断面图，如果断面图不对称可省略字母，但应标注箭头；如果图形对称可省略标注，如图 6.24a 所示。

（3）移出断面按投影关系配置，可省略箭头，如图 6.24a"$B—B$"所示。

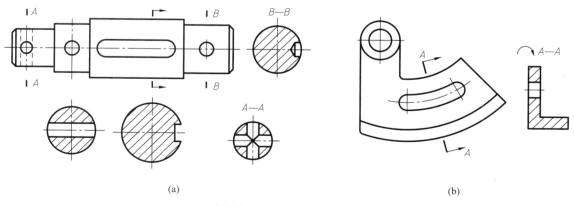

(a)           (b)

图 6.24　移出断面图画法（一）

（4）配置在视图中断处的移出断面，可省略标注，如图 6.25a 所示。

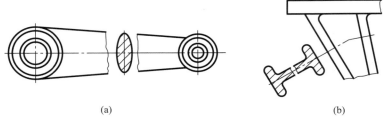

(a) 　　　　　　　　　　　　　　　　　　　(b)

图 6.25　移出断面图画法（二）

移出断面可参见表 6.2 进行标注。

表 **6.2**　移出断面的标注

| 位置 | 断面图形 | | | |
|---|---|---|---|---|
| | 对称 | | 不对称 | |
| 在剖切符号延长线上 | ［对称轴线上断面图，省略标注］ 省略标注 | | ［不对称剖切符号，断面图］ 省略名称 | |
| 不在剖切符号延长线上 | ［A—A 断面图，不对称配置］ 省略箭头 | | 按投影关系配置 | ［A 剖切符号配置断面图］ ［A—A 断面图］ 省略箭头 |
| | | | 非投影关系配置 | ［A 剖切符号箭头断面图］ ［A—A 断面图］ 标注剖切符号箭头、断面图名称 |

3. 重合断面

在不影响图形清晰的条件下,断面也可按投影关系画在视图内,画在视图内的断面图称为重合断面图(简称重合断面),如图 6.26 所示。

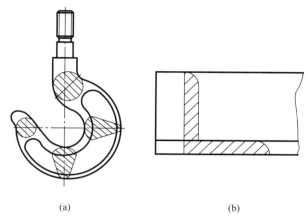

(a)　　　　　　　　　　　　　　(b)

图 6.26　重合断面图

(1) 重合断面的画法

其轮廓线用细实线绘制,当视图中的轮廓线与重合断面轮廓线重叠时,视图中的轮廓线仍然应连续画出不可间断。

(2) 重合断面的标注

对称的重合断面可省略标注剖切位置和断面图的名称,如图 6.26a 所示;不对称重合断面也可省略标注,如图 6.26b 所示。

## 6.4　局部放大图及常用简化画法
### [ Enlarged Views of Details and General Simplified Representation ]

### 6.4.1　局部放大图 [ Enlarged Views of Details ]

机件的部分结构用大于原图形所采用的比例画出的图形称为局部放大图,如图 6.27 所示。局部放大图可画成视图、剖视图、断面图,它与被放大部分的表达方式无关。当机件上的某些细小结构在原图形中表达不清或不便于标注尺寸时,可采用局部放大图。

局部放大图应尽量配置在被放大部分的附近,用细实线圈出被放大的部位;当同一机件上有几个被放大的部位时,必须用罗马数字依次标明被放大的部位,并在局部放大图的上方标注相应的罗马数字和采用的比例;当机件上被放大的部分仅有一处时,在局部放大图的上方只需注明所采用的比例,同一机件上不同部位的局部放大图,当图形相同或对称时,只需要画出一个。

### 6.4.2　常用简化画法 [ General Simplified Representation ]

为了简化作图和提高绘图效率,对机件的某些结构在图形表达方法上进行简化,使图形既清

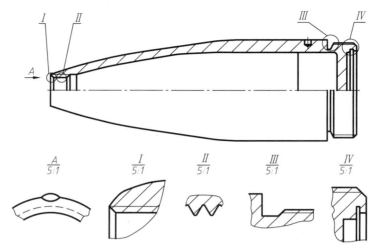

图 6.27　局部放大图

晰又简单易画,常用的简化画法如下:

1. 肋、轮辐及薄壁的画法

对于机件上的肋、轮辐及薄壁等,如按纵向剖切,这些结构都不画剖面符号,而用粗实线将它们与邻接部分分开,如图 6.28 所示。

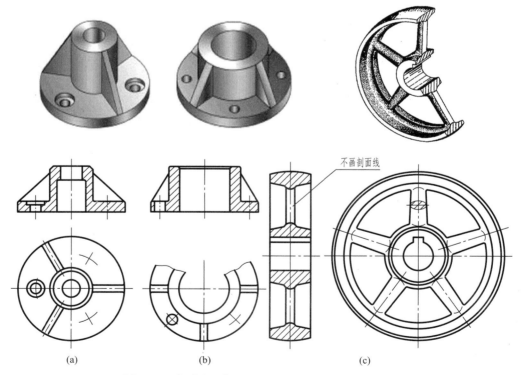

图 6.28　肋、轮辐、薄壁及均匀分布的肋板和孔的画法

2. 均匀分布的肋板和孔的画法

当机件回转体上均匀分布的孔、肋和轮辐等结构不处于剖切平面上时,可将这些结构旋转到剖切平面上画出,如图 6.28 所示;圆柱形法兰盘和类似机件上均匀分布的孔可按图 6.28 绘制。

3. 相同结构要素的画法

(1)当机件上具有相同的结构要素(如孔、槽)并按一定规律分布时,只需要画出几个完整的结构,其余的可用细实线连接或画出它们的中心位置,并在图中注明其总数,如图 6.29a、b、c 所示。

(2)圆柱形法兰盘和类似机件上均匀分布的孔,可按图 6.29d 所示的方法绘制。

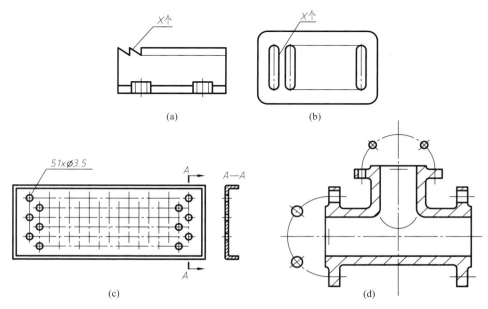

图 6.29　相同结构要素的画法

4. 断开画法

较长的机件(轴、杆、型材等)沿长度方向的形状相同或按一定规律变化时,可断开后缩短绘制,断开后的结构应按实际长度标注尺寸;断裂边界可用波浪线或细双点画线绘制,如图 6.30 所示。

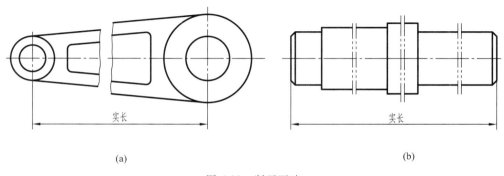

图 6.30　断开画法

5. 较小结构画法

（1）机件上较小结构如在一个图形中已表示清楚，其他图形可简化或省略不画，如图 6.31a 中主视图截交线的省略和图 6.31b 中俯视图相贯线的简化画法。

（2）斜度和锥度较小时，其他投影也可按小端画出，如图 6.31c 所示。

（3）在不致引起误解时，机件图中的小圆角或 45°小倒角均可省略不画，但必须注明尺寸或在技术要求中加以说明，如图 6.31d 所示。

（4）当圆或圆弧面与投影面的倾斜角度小于或等于 30°时，其投影用圆或圆弧代替椭圆，如图 6.31e 所示。

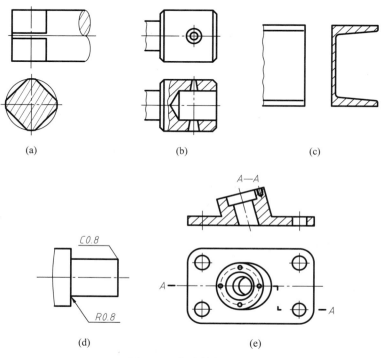

(a)　　　　　　　　(b)　　　　　　　　(c)

(d)　　　　　　　　(e)

图 6.31　较小结构画法

6. 其他简化画法

（1）机件上有网状物、编织物或滚花部分，可在轮廓线附近用粗实线示意画出，并在零件图或技术要求中注明这些结构的具体要求，如图 6.32a 所示。

（2）在不致引起误解的情况下，机件图中的移出断面允许省略剖面符号，但剖切位置和断面图的标注必须遵照原来的规定，如图 6.32b 所示。

（3）当回转体上图形不能充分表达平面时，可用平面符号表示该平面，如图 6.32c 所示。

（4）在不致引起误解的情况下，对称机件的视图可以只画一半或四分之一，并在中心线的两端画出两条与其垂直的平行细实线，如图 6.32d 所示。

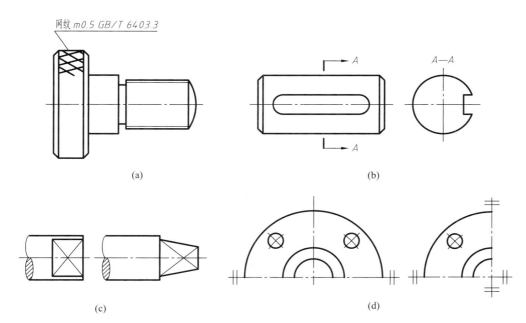

图 6.32　其他简化画法

# 6.5　表达方法的综合应用

[ Application of Methods of Representations ]

　　在绘制机械图样时,需根据机件的结构综合运用各种视图、剖视图和断面图。一个机件往往可以选用几种不同的表达方案,通常经过比较分析,选择最佳方案表示,即用一组图形既能完整、清晰、简明地表示出机件各部分内外结构形状,又看图方便、绘图简单的方案选为最佳方案。所以在选用视图时,要使每个图形都具有明确的表达目的,又要注意它们之间的相互联系,避免过多的重复表达,还应结合尺寸标注等综合考虑,以方便读图,力求简化作图。

　　如图 6.33 所示,选用适当的一组图形表达该支架。

　　图 6.33 所示被表达的机件为支架。该支架由三部分组成,上面是一个空心圆柱体,下面是一个倾斜的底板,中间是一个十字形肋板把上下两部分连接成为一个整体。如图 6.33 所示,表达该机件共用了四个视图,其中一个基本视图、两个局部视图和一个移出断面图。

　　表达方案分析:

　　(1) 为了表达机件的外部结构形状、上部圆柱的通孔以及下部斜板上的四个小通孔,主视图采用了两处局部剖。它既表达了肋、圆柱和斜板的外部结构形状,又表达了内部结构孔的形状。

　　(2) 为了清楚表达上部圆柱与十字形肋板的相对位置关系,采用了局部视图。

　　(3) 为了表达十字形肋板的断面形状,采用了一个移出断面。

　　(4) 为了表达底板的实形及其与十字形肋板的相对位置,采用了"A ⌒"局部斜视图。

　　表达方法选用原则:

　　前面介绍了表达机件的各种方法,如视图、剖视图、断面图及各种规定画法和简化画法等。

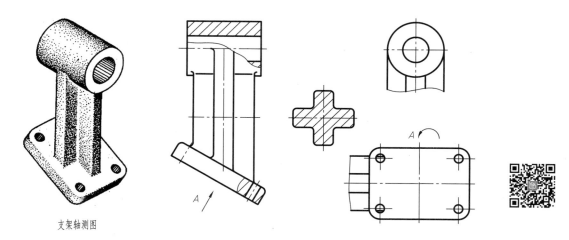

支架轴测图

图 6.33　支架的表达

在绘制图样时,确定机件表达方案的原则是:在完整、清晰地表达机件各部分内外结构形状及相对位置的前提下,力求看图方便,绘图简单。因此,在绘制图样时,应针对机件的形状、结构特点,合理、灵活地选择表达方法,并进行综合分析、比较,确定最佳的表达方案。

1. 视图数量应适当

在看图方便的前提下,完整、清晰地表达机件,视图的数量要减少,但也不是越少越好,如果由于视图数量的减少而增加了看图的难度,则应适当补充视图。

2. 合理地综合运用各种表达方法

视图的数量与选用的表达方案有关,因此,在确定表达方案时,既要注意使每个视图、剖视图和断面图等具有明确的表达内容,又要注意它们之间的相互联系及分工,以达到表达完整、清晰的目的。在选择表达方案时,应首先考虑主体结构和整体的表达,然后针对次要结构及细小部位进行修改和补充。

3. 比较表达方案,择优选用

同一机件,往往可以采用多种表达方案。不同的视图数量、表达方法和尺寸标注方法可以构成多种不同的表达方案。同一机件的几种表达方案相比较,可能各有优缺点,但要认真分析,择优选用。

# 6.6　第三角投影简介

[Introduction of Third Angle Projection]

根据国家标准(GB/T 17451—1998)规定,我国工程图样按正投影绘制,并优先采用第一角画法,而美国、英国、日本、加拿大等国则采用第三角画法。为了便于国际间的技术交流,下面对第三角投影原理及画法做简要介绍。

三个互相垂直的投影面 $V$、$H$ 和 $W$ 将空间分为八个区域,每一区域称为一个分角,若将物体放在 $H$ 面之上、$V$ 面之前、$W$ 面之左进行投射,则称第一角画法;如将机件放置在 $H$ 面之下、$V$ 面之后、$W$ 面之左进行投射,则称第三角画法。在第三角画法中,投影面位于观察者和物体之间,就如同隔着玻璃观察物体并在玻璃上绘图一样,即形成人—面—物的相互关系,习惯上物体在第三角画法中得到的三视图是前视图、顶视图和右视图,如图 6.34 所示。

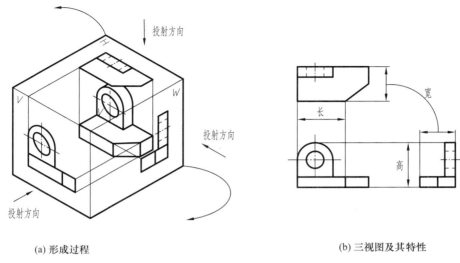

(a) 形成过程
(b) 三视图及其特性

图 6.34  第三角画法中的三视图

第三角画法中的三视图仍然符合"长对正,高平齐,宽相等"的投影规律。

第三角画法也可以从物体的前、后、左、右、上、下六个方向,向六个基本投影面投射得到六个基本视图,它们分别是前视图、顶视图、右视图、底视图、左视图和后视图。六个基本视图展开后,各基本视图的配置如图 6.35 所示。

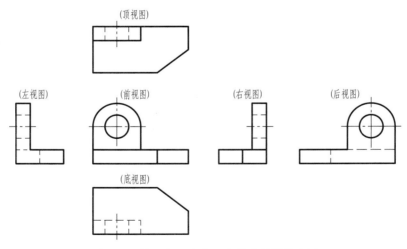

图 6.35  第三角画法中六个基本视图的配置

国家标准(GB/T 14692—2008)中规定,采用第三角画法时,必须在图样中画出第三角投影的识别符号,而在采用第一角画法时,如有必要也可画出第一角投影的识别符号。两种投影的识别符号如图 6.36 所示。

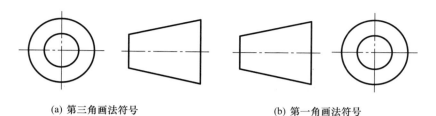

(a) 第三角画法符号                        (b) 第一角画法符号

图 6.36    第三角画法和第一角画法识别符号

## 思考题

1. 视图主要表达什么,有哪几种,各用于哪些场合?

2. 剖视图主要表达什么,剖切面种类有哪些,剖视图如何标注,各种剖视图用于什么场合?

3. 断面图主要表达什么,它与剖视图有何区别?

4. 剖视图与断面图的标注包含哪几个方面,什么情况下可以省略部分或全部标注?

5. 机件上的肋、轮辐及薄壁等结构纵向剖切时,应如何处理?

6. 零件回转体上均匀分布的肋、轮辐及孔等结构被剖切时,应如何处理?

7. 表达一个机件应考虑哪些问题,有哪些表达方法?

# 第7章 标准件与常用件

# Chapter 7  Standard Parts and Common Parts

**内容提要**：在机器或部件中有很多常用的零件,如螺纹紧固件(螺栓、双头螺柱、螺钉、螺母、垫圈)、连接件(键、销)滚动轴承等,这些零件的结构、尺寸和成品质量、画法、标记,国家标准都做了统一的规定,称为标准件;另一些零件,如齿轮、蜗轮、蜗杆等,它们的重要结构符合国家标准的规定,称为常用件。本章介绍常用的标准件、常用件的规定画法和规定标记。

**Abstract**：Standard parts and common parts are made to specifications of National Standards and are highly recommended to use in engineering. Fasteners, like bolts, studs, screws, nuts, washers, keys and pins are the most common standard parts. Gears, like worm gears and bevel gears are listed as common parts. This chapter introduces the specified representation and conventional labeling of standard parts and common parts.

## 7.1 螺纹及螺纹紧固件
### [Threads and Threaded Fasteners]

### 7.1.1 螺纹的形成和要素[Forming and Elements of Threads]

1. 螺纹的形成

螺纹可看作是由一个平面图形(三角形、矩形、梯形等)绕一圆柱(或圆锥)做螺旋运动而形成的具有相同剖面的连续凸起和凹槽。在圆柱(或圆锥)外表面上所形成的螺纹称外螺纹,如螺栓、螺钉上的螺纹;在圆柱(或圆锥)内表面上所形成的螺纹称内螺纹,如螺母、螺孔上的螺纹。

车削加工是常见的螺纹加工方法,在车床上加工外螺纹和内螺纹的情况如图 7.1 所示。将工件安装在与车床主轴相连的卡盘上,工件绕轴线作等速旋转运动,刀具沿工件轴线作等速直线运动,其合成的螺旋运动使切入工件的刀尖在工件外表面或内表面加工出螺纹。对于直径较小的螺孔,一般先用钻头钻孔,如图 7.2a 所示,再用丝锥攻螺纹,加工出内螺纹如图 7.2b 所示。

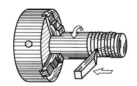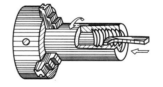

图 7.1　车削加工内、外螺纹的情况

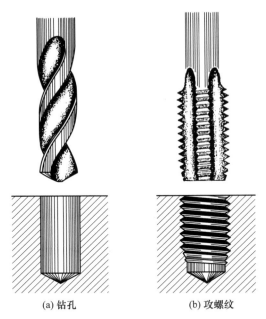

(a) 钻孔             (b) 攻螺纹

图 7.2　在直径较小的不通孔内加工螺纹的情况

**2. 螺纹的结构要素**

**（1）螺纹牙型**

在通过螺纹轴线的剖面上，螺纹的轮廓形状称为螺纹牙型。螺纹的牙型不同，其用途也不同，如图 7.3 所示。

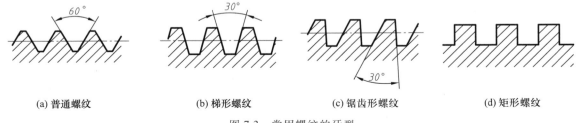

(a) 普通螺纹      (b) 梯形螺纹      (c) 锯齿形螺纹      (d) 矩形螺纹

图 7.3　常用螺纹的牙型

**（2）直径**

**1）大径与小径**

螺纹的直径包括大径（$d$，$D$）、小径（$d_1$，$D_1$）、中径（$d_2$，$D_2$）（外螺纹的直径用小写字母表示，内螺纹直径用大写字母表示）。

与外螺纹牙顶或内螺纹牙底相重合的假想圆柱面的直径，称为大径。与外螺纹牙底或内螺纹牙顶相重合的假想圆柱面的直径，称为小径。

代表螺纹尺寸的直径称为公称直径，一般指螺纹大径的基本尺寸。

**2）中径**

在大径与小径圆柱之间有一个假想圆柱，在其母线上螺纹牙型的沟槽和凸起宽度相等，该圆柱称为中径圆柱，其直径称为中径。中径圆柱上任意一条素线称为中径线。中径是控制螺纹精度的主要参数之一。螺纹各项直径的意义如图 7.4 所示。

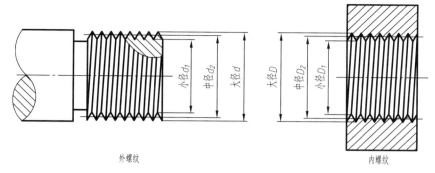

外螺纹　　　　　　　　　　　　　　　内螺纹

图 7.4　螺纹各项直径的意义

（3）线数

沿一条螺旋线生成的螺纹称为单线螺纹；沿多条在圆柱轴向等距分布的螺旋线生成的螺纹称为多线螺纹，如图 7.5 所示。

（4）导程和螺距

同一条螺旋线上相邻两牙在中径线上对应两点间的轴向距离称为导程 $P_h$。相邻两牙在中径线上对应两点间的轴向距离称为螺距，用 $P$ 表示。对于单线螺纹，导程＝螺距；对于线数为 $n$ 的多线螺纹，导程＝$n \times P$，如图 7.5 所示。

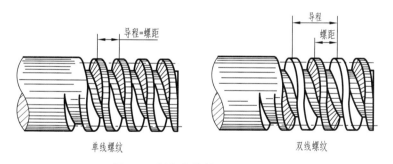

单线螺纹　　　　　　　　　　　　　双线螺纹

图 7.5　螺纹的线数、导程和螺距

（5）旋向

如图 7.6 所示，顺时针方向旋转时沿轴向旋入的螺纹称为右旋螺纹；逆时针方向旋转时沿轴向旋入的螺纹称为左旋螺纹。可用右手或左手螺旋规则判断螺纹的旋向。工程上右旋螺纹应用较多。

内、外螺纹总是成对使用的，只有上述五项基本要素完全相同的内螺纹和外螺纹才能互相旋合，正常使用。

3. 常用螺纹的分类

国家标准对螺纹前述五项要素中的牙型、公称直

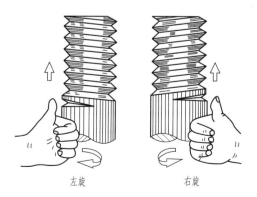

左旋　　　　　右旋

图 7.6　螺纹的旋向

径(大径)和螺距作了统一规定,按这三个要素是否符合标准分成下列三类螺纹:

(1) 标准螺纹:三项要素都符合国家标准的螺纹。

(2) 特殊螺纹:牙型符合国家标准,而公称直径、螺距不符合国家标准的螺纹。

(3) 非标准螺纹:牙型不符合国家标准的螺纹,如矩形螺纹。

螺纹按用途又分为连接螺纹和传动螺纹两大类。连接螺纹起连接作用,用于将两个或多个零件连接起来,常用的连接螺纹有普通螺纹和各类管螺纹;传动螺纹用于传递动力和运动,常用的传动螺纹有梯形螺纹、锯齿形螺纹和矩形螺纹。

4. 螺纹的规定画法

画螺纹的真实投影比较麻烦,而螺纹是标准结构要素,为了简化作图,国家标准(GB/T 4459.1—1995)规定了在工程图样中螺纹的画法。

(1) 外螺纹的画法(图 7.7)

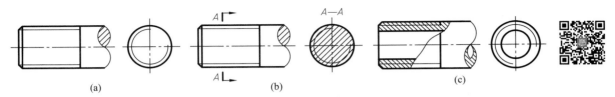

图 7.7　外螺纹的画法

1) 外螺纹的螺纹大径(即牙顶)用粗实线表示;螺纹小径(即牙底)用细实线表示,在螺杆的倒角或倒圆部分细实线也应画出。完整螺纹的终止界限(简称螺纹终止线)用粗实线表示。作图时可近似地取螺纹小径 $d_1 \approx 0.85d$。在投影为圆的视图上,螺纹大径用粗实线圆表示,螺纹小径用约 3/4 圈细实线圆弧表示,倒角圆省略不画。

2) 当需要将螺杆截断,绘制螺纹断面图时,表示方法如图 7.7b 所示,剖面线画到粗实线为止。

3) 当外螺纹加工在管子的外壁,需要剖切时,表示方法如图 7.7c 所示。剖开部分,螺纹终止线只画出表示牙型高度的一小段,剖面线画到粗实线为止。

(2) 内螺纹的画法(图 7.8)

1) 在剖视图中,螺纹小径(即牙顶)用粗实线表示;螺纹大径(即牙底)用细实线表示,画入端部倒角处;在投影为圆的视图上,螺纹小径用粗实线圆表示,螺纹大径用约 3/4 圈细实线圆弧表示,剖面线画至表示螺纹小径的粗实线处为止,倒角圆省略不画。

2) 绘制不穿通的螺孔时,一般应将钻孔深度与螺纹深度分别画出,注意孔底按钻头锥角画成 120°,不需另行标注,表示方法如图 7.9 所示。

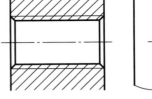

图 7.8　内螺纹的画法

3) 不可见螺纹的所有图线用细虚线绘制,如图 7.10 所示。

(3) 内、外螺纹旋合的画法(图 7.11)

在剖视图中,旋合部分按外螺纹的画法绘制,其余部分仍按各自的画法表示。

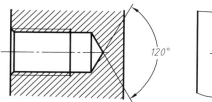

图 7.9 不穿通的螺孔的表示方法

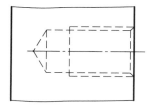

图 7.10 不可见螺纹的表示方法

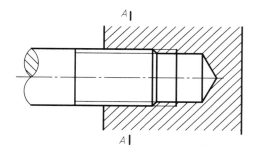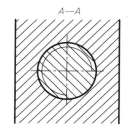

图 7.11 内、外螺纹旋合的表示方法

画图时需要注意,按规定,当实心螺杆通过轴线剖切时按不剖绘制,不画剖面线;表示外螺纹大径的粗实线、小径的细实线必须分别与表示内螺纹大径的细实线、小径的粗实线对齐。

(4)螺纹收尾的画法

加工螺纹完成时,由于退刀形成螺纹沟槽渐浅的部分,称为螺尾;螺尾部分一般不必画出。当需要表示螺尾时,用与轴线成 30°的细实线表示螺尾处的牙底线,如图 7.12 所示。

(5)非标准传动螺纹的画法

绘制非标准传动螺纹时,可用局部剖视或局部放大图表示出几个牙型,如图 7.13 所示。

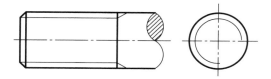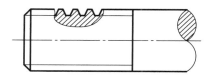

图 7.12 螺尾的表示方法　　　　　　　图 7.13 传动螺纹牙形的表示方法

5. 标准螺纹的规定标记

因为各种螺纹的画法都相同,为了区别不同种类的螺纹,国家标准规定标准螺纹用规定代号标注在公称直径上。

(1)普通螺纹的规定标记(GB/T 197—2018)

$$\boxed{\text{螺纹特征代号}}-\boxed{\text{尺寸代号}}-\boxed{\text{公差带代号}}-\boxed{\text{螺纹旋合长度}}-\boxed{\text{旋向}}$$

各项内容说明如下:

1)普通螺纹的特征代号为"M",分为粗牙和细牙两种,它们的区别在于相同大径下,细牙螺纹的螺距比粗牙的要小。

2)单线螺纹的尺寸代号为"公称直径×螺距",粗牙普通螺纹不标螺距,细牙普通螺纹则需标出螺距。例如"M8×1",表示公称直径为 8 mm、螺距为 1 mm 的单线细牙螺纹。

3)多线螺纹的尺寸代号为"公称直径×$P_h$ 导程 $P$ 螺距",如果要进一步说明螺纹的线数,可在后面增加括号说明(使用英语进行说明,例如双线为 two starts;三线为 three starts;四线为 four starts)。例如"M16×$P_h$3$P$1.5 或 M16×$P_h$3$P$1.5(two starts)"表示公称直径为 16 mm、螺距为 1.5 mm、导程为 3 mm 的双线螺纹。

4)普通螺纹公差带代号包括中径与顶径公差带代号。外螺纹用小写字母表示,内螺纹用大写字母表示。当中径、顶径公差带代号相同时,只标注一个代号。例如"M10×1-5g6g;M10-6H"。

5)螺纹旋合长度分为长、中、短旋合长度三组,分别用字母 $L$、$N$、$S$ 表示,中等旋合长度"$N$"一般不标注;特殊需要时,可直接注出旋合长度的数值。

6)右旋螺纹不标旋向,左旋则标"LH";

7)普通螺纹、梯形螺纹、锯齿形螺纹都是米制螺纹,即公称直径以 mm(毫米)为单位,在图样上的标注与一般线性尺寸的标注形式相同,直接标注在大径的尺寸线上或其延长线上。标注示例见表 7.1。

表 7.1 普通螺纹、梯形螺纹、锯齿形螺纹标注示例

| 标记示例 | 标注示例 | 标记说明 |
|---|---|---|
| M10×1.25- 5g6g -S | *M10×1.25-5g6g-S* | 细牙普通螺纹,公称直径为 10 mm,螺距为 1.25 mm,单线,中径、顶径公差带代号分别为 5 g、6 g,短旋合长度,右旋 |
| M10- 6H | *M10-6H* | 粗牙普通螺纹,公称直径为 10 mm,单线,中径、顶径公差带代号相同,为 6H,中等旋合长度,右旋 |

续表

| 标记示例 | 标注示例 | 标记说明 |
|---|---|---|
| M10-7h-LH | *M10-7h-LH* | 粗牙普通螺纹,公称直径为10 mm,单线,中径、顶径公差带代号相同,为 7 h,中等旋合长,左旋 |
| M10-7G6G- 40 | *M10 -7G6G-40* | 粗牙普通螺纹,公称直径为10 mm,单线,中顶、顶径公差带代号分别为7G、6G,旋合长度为40 mm,右旋 |
| Tr40×14( *P* )LH | *Tr40×14(P7)LH* | 梯形螺纹,公称直径为 40 mm,导程为 14 mm,螺距为 7 mm,双线,中等旋合长度,左旋 |
| B40×7 | *B40×7* | 锯齿形螺纹,公称直径为40 mm,螺距为 7 mm,单线,中等旋合长度,右旋 |

（2）梯形螺纹和锯齿形螺纹

梯形螺纹和锯齿形螺纹的规定标记基本与普通螺纹相同,但是它们的标记中的公差带代号只标注中径公差带代号;旋合长度只有两种($N$、$L$),标注示例见表 7.1。

（3）管螺纹的规定标注

管螺纹分为 55°非密封管螺纹和 55°密封管螺纹。其规定标记为:

| 螺纹特征代号 | 尺寸代号 | 公差等级代号 -旋向 |

各项内容说明如下:

1）55°非密封圆柱内管螺纹,特征代号为"G"。

2）尺寸代号用分数或整数的阿拉伯数字表示,它指的不是螺纹的大径,而是近似的管子直径,以英寸为单位。管螺纹的大径可以根据它的尺寸代号从标准中查得。

3）对于外管螺纹,分 A、B 两级进行标注,对于内螺纹则不标记公差等级代号。

4）右旋螺纹不标旋向,左旋则标"LH"。

5）管螺纹的标注采用斜向引线标注法,斜向引线一端指向螺纹大径。标注示例见表 7.2。

**表 7.2　管螺纹标注示例**

| 标记示例 | 标注示例 | 标记说明 |
|---|---|---|
| G3/4 | 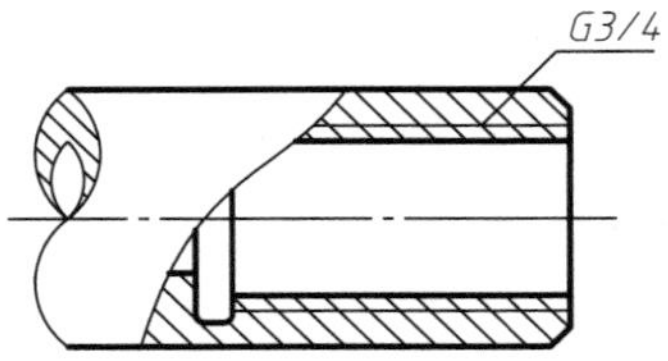 | 55°非密封圆柱内管螺纹,尺寸代号为 3/4,右旋 |
| G3/4A | 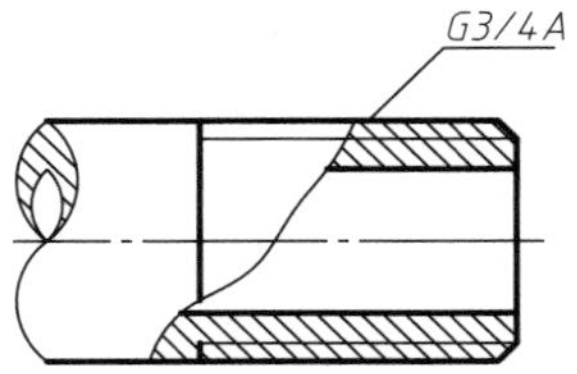 | 55°非密封圆柱外管螺纹,尺寸代号为 3/4,公差等级为 A 级,右旋 |
| Rp3/4 | 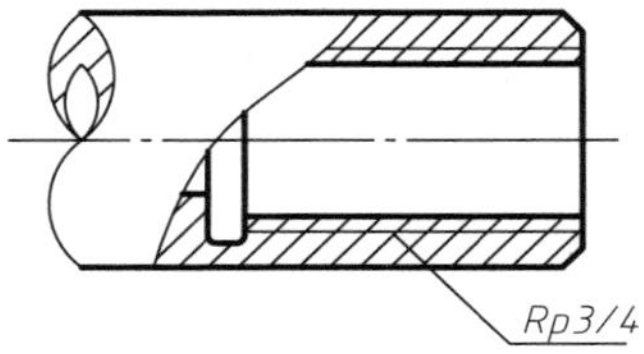 | 55°密封圆柱内管螺纹,3/4 为尺寸代号 |
| Rc3/4 | 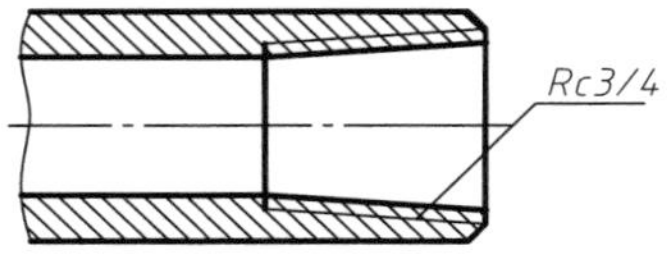 | 55°密封圆锥内管螺纹,3/4 为尺寸代号 |
| R3/4 | 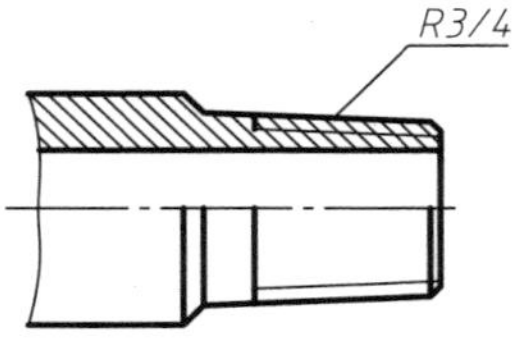 | 55°密封圆锥外管螺纹,3/4 为尺寸代号 |

（4）其他规定

1）特殊螺纹应该在螺纹特征代号前加注"特"字。

2）非标准螺纹应该画出牙型,并标出所需尺寸。

**7.1.2　常用螺纹紧固件的规定标记及其连接画法[Designations of Threaded Fasteners and Representation of Joints]**

1.常用螺纹紧固件的规定标记

常用的螺纹紧固件有螺栓、双头螺柱、螺钉、螺母和垫圈等,它们的类型和结构形式很多,需要时,都可根据标记从有关标准中查得相应的尺寸,一般不需画出它们的零件图。表 7.3 列出了一些常用螺纹紧固件及其标记示例。

**表 7.3　常用螺纹紧固件及其标记示例**

| 名称及视图 | 规定标记示例 | 标记说明 |
|---|---|---|
| 开槽盘头螺钉 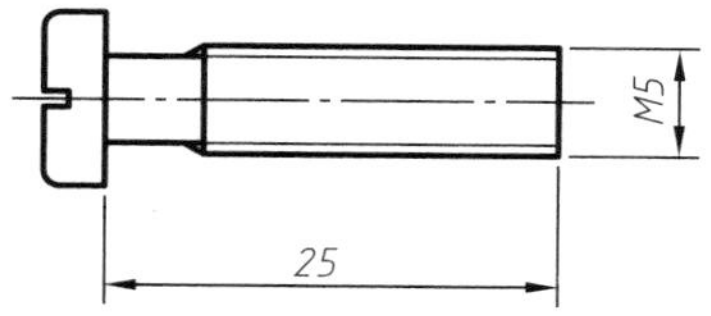 | 螺钉 GB/T 67　M5×25 | 开槽盘头螺钉,公称直径为 5 mm,公称长度为 25 mm |
| 开槽沉头螺钉 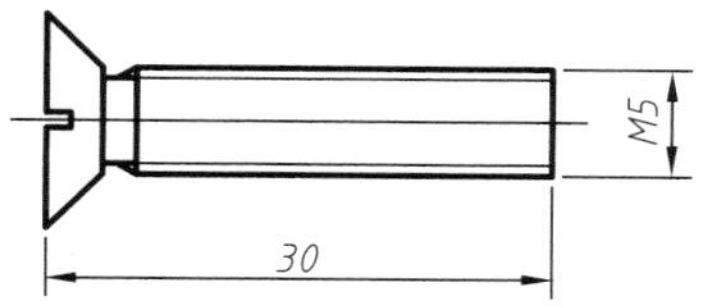 | 螺钉 GB/T 68　M5×30 | 开槽沉头螺钉,公称直径为 5 mm,公称长度为 30 mm |
| 六角头螺栓 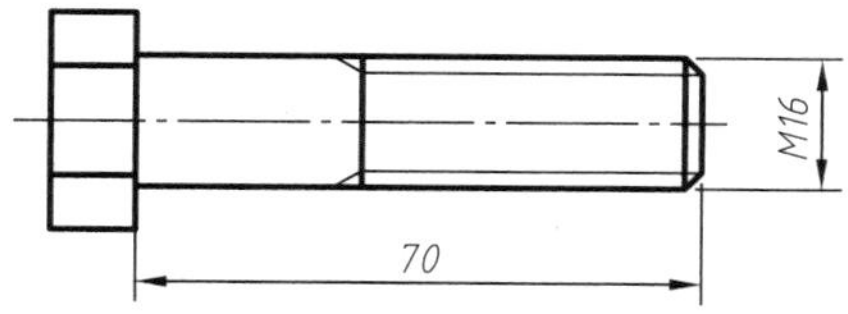 | 螺栓 GB/T 5782　M16×70 | A 级六角头螺栓,公称直径为 16 mm,公称长度为 70 mm |
| 双头螺柱 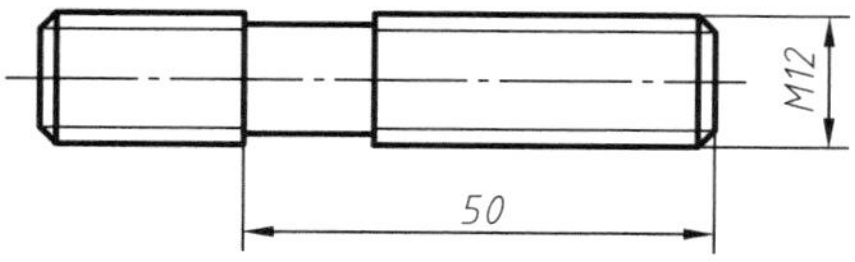 | 螺柱 GB/T 898　M12×50 | 双头螺柱,两端均为粗牙普通螺纹,公称直径为 12 mm,公称长度为 50 mm |
| 六角螺母 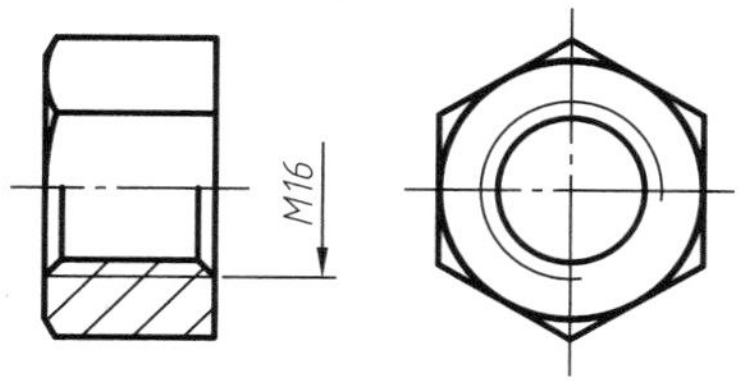 | 螺母 GB/T 6170　M16 | A 级 1 型六角螺母,螺纹规格 $D = 16$ mm |

续表

| 名称及视图 | 规定标记示例 | 标记说明 |
|---|---|---|
| 垫圈 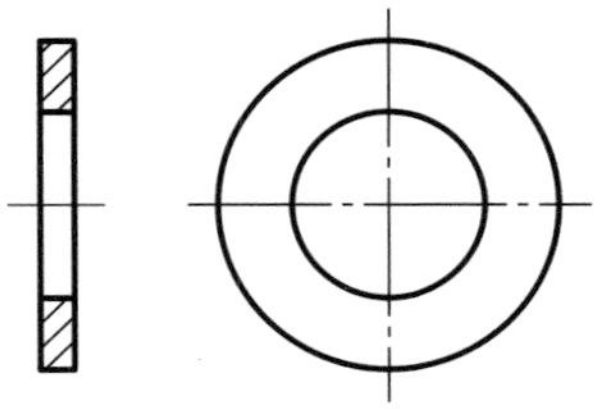 | 垫圈　GB/T 97.1　16–140 HV | 平垫圈,公称尺寸为 16 mm,性能等级为 140 HV |
| 垫圈 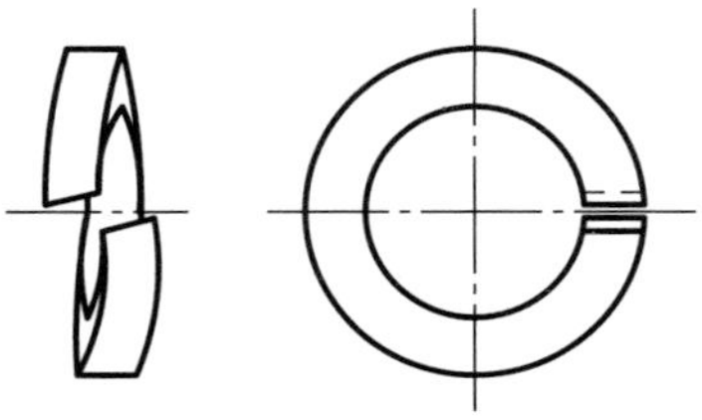 | 垫圈 GB/T 93　16 | 弹簧垫圈,公称尺寸为 16 mm |

## 2. 常用螺纹紧固件的画法

（1）查表画法

根据螺纹紧固件的标记,在相应的标准中查得各有关尺寸作图。例如需绘制螺栓 GB/T 5782 M12×80,则可从附录六角头螺栓表格中查出各个部分的尺寸:

直径 $d = 12$ mm,螺纹长度 $b = 30$ mm,公称长度 $l = 80$ mm,螺距 $P = 1.75$ mm,六角头对边距离 $s = 18$ mm,六角头对角距离 $e_{min} = 20.03$ mm,螺栓头厚度 $k = 7.5$ mm。根据这些尺寸,即可作图。

（2）比例画法

为了方便作图,在画连接图时经常采用的一种方法为比例画法,它是指这些紧固件各部分尺寸,都按与螺纹大径 $d$ 的近似比例关系画出。图 7.14 为六角螺母、六角头螺栓、双头螺柱和普通平垫圈的比例画法。螺栓头部因倒角产生的双曲线形状的交线,作图时,可用圆弧近似代替双曲线,如图 7.14a 所示。

## 3. 常用螺纹紧固件的连接画法

螺纹连接是一种工程上应用最广泛的可拆卸连接,基本形式有螺栓连接、双头螺柱连接和螺钉连接。

（1）绘制连接图的规定画法

1）在剖视图上,相邻的两个零件的剖面线方向相反或方向相同但间隔应不等;同一个零件在不同视图上的剖面线方向和间隔必须一致。

2）两零件的接触面只画一条线,不接触面画两条线。

3）当剖切平面通过螺杆轴线时,螺栓、螺柱、螺钉、螺母、垫圈等紧固件均按不剖绘制,即不画剖面线。

4）各个紧固件均可以采用简化画法。

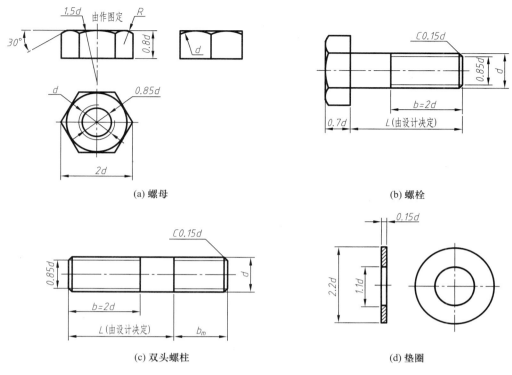

(a) 螺母

(b) 螺栓

(c) 双头螺柱

(d) 垫圈

图 7.14 常用螺纹紧固件的比例画法

（2）螺栓连接图的画法

螺栓用于连接两个不太厚的零件,两个被连接件上钻有通孔,孔径约为螺栓螺纹大径的 1.1 倍,装配时,先将这两个零件的孔心对齐,然后螺栓自下而上穿入,接着在螺栓上端套上垫圈、螺母,最后拧紧螺母。下面举例说明螺栓连接图的画法。

【例 7.1】 已知用螺栓 GB/T 5783 M16×l,螺母 GB/T 6170 M16,垫圈 GB/T 97.1 16 连接两个厚度分别为 $t_1 = 12$ mm,$t_2 = 17$ mm 的板,试画出螺栓连接图。

**解:**① 计算螺栓的公称长度 $l$。

查螺母、垫圈的标准,可以得出螺母的厚度 $m_{max} = 14.8$ mm,垫圈的厚度为 $h = 3$ mm,而 $l \geqslant t_1 + t_2 + m_{max} + h + a = [12 + 17 + 14.8 + 3 + (0.2 \sim 0.3) \times 16]$ mm $= 47.03 \sim 49.6$ mm ;其中 $a$ 为螺栓伸出端长度,一般取 $0.2d \sim 0.3d$。

② 根据计算出的公称长度值,查找螺栓标准,从相应的螺栓公称长度系列中选取与它相近的标准长度 $l = 50$ mm。这样就确定了螺栓的规格为 M16×50。

③ 其余部分的作图,可以采用查表画法,即根据各标记符号查表获得相应尺寸,也可采用比例画法,参见图 7.15。

螺栓连接在画图时应注意下列两点(图 7.15):

① 被连接件上的通孔与螺杆之间不接触,即使间隙很小也应分别画出各自的轮廓线。

② 螺栓上的螺纹终止线应低于被连接件顶面轮廓线,便于螺母拧紧时有足够的长度。

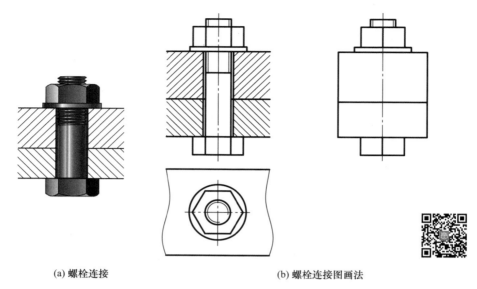

(a) 螺栓连接　　　　　　　　　　　(b) 螺栓连接图画法

图 7.15　螺栓连接图

（3）双头螺柱连接图的画法

如图 7.16 所示，双头螺柱连接适用于一个被连接件较厚，不适于钻成通孔或不能钻成通孔的情况，较厚的零件上加工有螺纹孔，双头螺柱两端都有螺纹，将螺纹较短的一端（旋入端）旋入螺纹孔，螺纹较长的一端（紧固端）穿过另一个较薄零件上加工的通孔，孔径约为螺纹大径的 1.1 倍，然后套上垫圈，拧紧螺母。

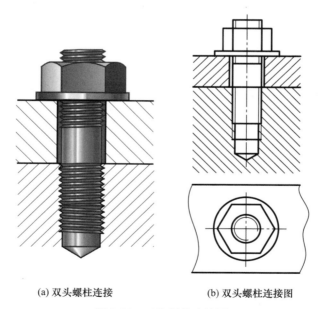

(a) 双头螺柱连接　　　　　　　　　　(b) 双头螺柱连接图

图 7.16　双头螺柱连接图

绘制双头螺柱连接图时应注意下列几点：

① 双头螺柱的旋入端长度 $b_m$ 与被旋入的材料有关，根据国家标准规定，$b_m$ 有四种长度规格：

被旋入零件为钢和青铜时，$b_m = d$（GB/T 897—1988）；

被旋入零件为铸铁时，$b_m = 1.25d$（GB/T 898—1988）或 $b_m = 1.5d$（GB/T 899—1988）；

被旋入零件为铝合金时，$b_m = 2d$（GB/T 900—1988）或 $b_m = 1.5d$（GB/T 899—1988）。

② 双头螺柱旋入端应画成全部旋入螺孔，即螺纹终止线应与零件的边界轮廓线平齐。

③ 伸出端螺纹终止线应低于较薄零件顶面轮廓，以便拧紧螺母时有足够的螺纹长度。

④ 螺柱伸出端的长度，称为螺柱的有效长度；有效长度 $L$ 应先按下式估算：

$$l = t + h + m + (0.2 \sim 0.3)d$$

式中　$t$——较薄被连接件的厚度；

　　　$h$——垫圈厚度；

　　　$m$——螺母厚度允许值的最大值；

$(0.2 \sim 0.3)d$——螺柱末端伸出螺母的长度。

根据计算的结果，从相应双头螺柱标准中查找螺柱标准长度 $l$ 系列值，选取一个最接近的标准长度值。

（4）螺钉连接图的画法

螺钉连接常用于受力不大和不经常拆卸的场合。螺钉连接不用螺母和垫圈，两个被连接件中较厚的零件加工出螺孔，较薄的零件加工出通孔，将螺钉直接穿过通孔拧入螺纹孔中，靠螺钉头部压紧被连接件，如图 7.17 所示。

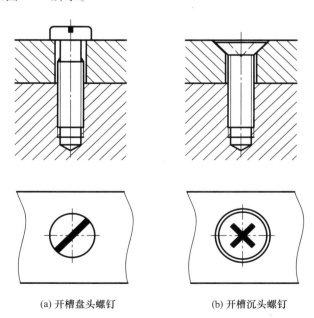

(a) 开槽盘头螺钉　　　　　(b) 开槽沉头螺钉

图 7.17　螺钉连接图

画螺钉连接图时应注意下列几点：

① 螺钉的公称长度 $l$ 应先按下式计算，然后从标准长度系列中选取相近的标准值 $l$：

$$l = t + b_m$$

式中　$t$——较薄零件的厚度；

　　　$b_m$——螺钉旋入较厚零件螺纹孔的长度，根据零件的材料而定。

② 螺钉的螺纹终止线应高于零件螺孔的端面轮廓线，表示螺钉有拧紧的余地。

③ 螺钉头部的一字槽或十字槽的投影涂黑表示。在俯视图上，画成与水平线倾斜45°。

## 7.2　键和销

### 〔Keys and Pins〕

**1. 键**

**（1）键的种类和标记**

键是标准件，通常用于轴及轴上的转动零件（如齿轮、带轮等）的连接，起传递扭矩的作用。常用的键有普通平键、半圆键和钩头楔键，如图 7.18 所示。普通平键又有 A 型（圆头）、B 型（平头）和 C 型（单圆头）三种，表 7.4 列出了这几种键的标记方法。

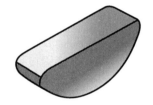
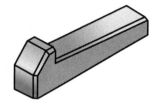

图 7.18　常用键

表 7.4　常用键的标记方法

| 名　　称 | 图　　例 | 规 定 标 记 |
|---|---|---|
| 普通平键 | | GB/T 1096 键 $b \times h \times L$，表示圆头普通平键（A 型）：宽度为 $b$，高度为 $h$，长度为 $L$ |
| 半圆键 | | GB/T 1099.1 键 $b \times h \times d_1$，表示半圆键：宽度为 $b$，高度为 $h$，直径为 $d_1$ |

续表

| 名 称 | 图 例 | 规 定 标 记 |
|---|---|---|
| 钩头楔键 | 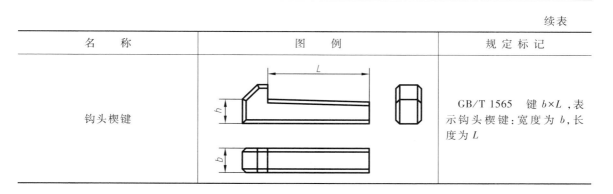 | GB/T 1565 键 $b×L$，表示钩头楔键：宽度为 $b$，长度为 $L$ |

（2）键连接的画法

键连接中，先在被连接的轴和轮毂上加工出键槽，然后将键嵌入轴上的键槽内，再对准轮毂上加工出的键槽，将它们装配在一起，这样就可以保证轴和轮一起转动，达到连接的目的。

在画键的连接图之前，需要知道各部分的尺寸。键的宽度和高度尺寸、键槽的宽度和深度尺寸可根据键的宽度 $b$ 在键的标准中查得，见附表 16；键的长度和轴上的键槽长，应根据轮毂宽度和受力大小在键的长度标准系列中选取相应的值（键长不超过轮毂宽）。图 7.19 是与普通平键连接的轴上键槽和轮毂上键槽的画法和尺寸注法。

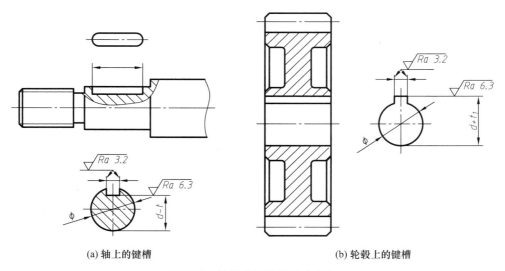

(a) 轴上的键槽        (b) 轮毂上的键槽

图 7.19 键槽的画法和尺寸注法

普通平键和半圆键的连接原理相似，两侧面为工作表面，装配时，键的两侧面和下底面与轴上、轮毂上键槽的相应表面接触，无间隙，所以绘制装配图时，只画一条线；键的上底面是非工作表面，与轮毂上键槽的顶面不接触，应有间隙，画两条线；还应注意在剖视图中，当剖切平面通过轴线剖切键时，键按不剖绘制，不画剖面线；当剖切平面垂直于轴线剖切键时，被剖切的键要画出剖面线，如图 7.20a、b 所示。

钩头楔键的上底面有 1∶100 的斜度，用于静连接。装配时将键打入键槽，靠键的上、下底面与轴和轮毂上的键槽顶面之间接触的压紧力使轴上零件固定，因此，上、下底面是钩头楔键的工

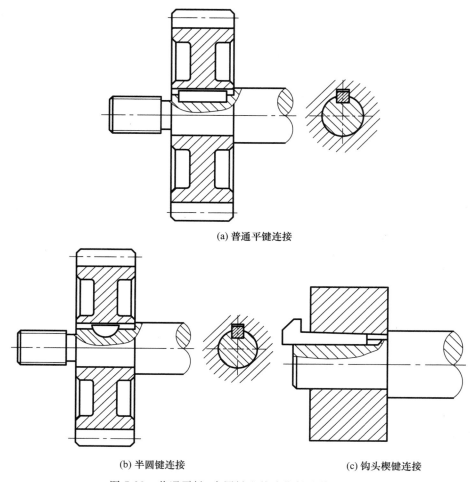

(a) 普通平键连接

(b) 半圆键连接                    (c) 钩头楔键连接

图 7.20    普通平键、半圆键和钩头楔键连接的画法

作表面。绘制装配图时,只画一条线表示无间隙;键的两侧面是配合尺寸,也画一条线,如图 7.20c所示。

2. 销

(1)常用销及其标记

销是标准件,其结构、尺寸等可以从相应的标准中查得。常用的销有圆柱销和圆锥销,通常用于零件间的连接或定位。这两种常用销的型式和标记方法见表 7.5。

表 7.5    销的型式和标记方法

| 名　　称 | 型　　式 | 标 记 示 例 |
| --- | --- | --- |
| 圆柱销 |  | 销 GB/T 119.1 8m6×30(公称直径 $d$ = 8 mm,公差为 m6,公称长度 $l$ = 30 mm,材料为钢,不淬火,不表面处理) |

| 名 称 | 型 式 | 标 记 示 例 |
|---|---|---|
| 圆锥销 | | 销 GB/T 117 10×60（A 型，公称直径 $d=$ 10 mm，长度 $l=60$ mm，材料为 35 钢，热处理硬度为 28~38 HRC，表面氧化处理） |

（2）销连接的画法

用销连接和定位的两个零件上的销孔一般是要在被连接零件装配后一起加工的，在绘制各自的零件图时应当予以注明，如图 7.21 所示。圆锥销孔的尺寸应用斜线引出标注，其中的直径尺寸指的是圆锥小端直径。

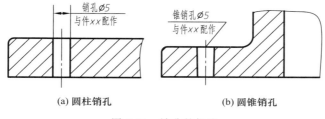

(a) 圆柱销孔    (b) 圆锥销孔

图 7.21　销孔的标注

圆柱销和圆锥销的连接画法如图 7.22 所示。在剖视图中，当剖切平面通过销的轴线时，销按不剖绘制，不画剖面线；当垂直于销的轴线时，被剖切的销应画出剖面线。

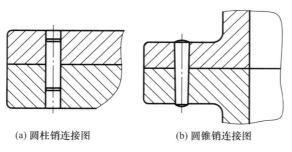

(a) 圆柱销连接图    (b) 圆锥销连接图

图 7.22　销的连接画法

## 7.3　齿轮

［Gears］

齿轮是机械传动中应用非常广泛的一种传动零件，主要用来传递动力与运动，并可改变运动速度或旋转方向。

根据传动轴之间的相对位置不同，常见的齿轮传动可分为三种形式（图 7.23）：

圆柱齿轮传动——用于两轴平行时的传动；

圆锥齿轮传动——用于两轴相交时的传动；

蜗轮蜗杆传动——用于两轴交叉时的传动。

图 7.23　齿轮传动的形式

　　按齿廓形状可分为：渐开线齿轮、摆线齿轮、圆弧齿轮；按齿轮上的轮齿方向又可分为直齿、斜齿、人字齿等，常见的齿轮轮齿是直齿与斜齿。轮齿又分标准齿和非标准齿，只有当轮齿符合国家标准中规定的齿轮才能称为标准齿轮。

　　圆柱齿轮的齿分布在圆柱面上，当圆柱齿轮的轮齿方向与圆柱的素线方向一致时，称为直齿圆柱齿轮。本节主要介绍直齿圆柱齿轮的有关知识与规定画法。

　　1. 齿轮的参数（图 7.24）。

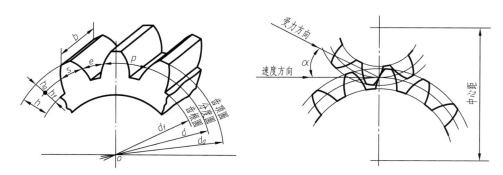

图 7.24　直齿圆柱齿轮各部分的名称及代号

　　（1）齿顶圆（直径 $d_a$）　通过轮齿顶部的圆。

　　（2）齿根圆（直径 $d_f$）　通过轮齿根部的圆。

　　（3）分度圆（直径 $d$）　分度圆是设计、制造齿轮时进行计算和分齿的基准圆，它处在齿顶圆和齿根圆之间。对于标准齿轮，在此圆上的齿厚 $s$ 与槽宽 $e$ 相等。

　　（4）节圆（直径 $d'$）　两齿轮啮合时，啮合点的轨迹圆的直径，对于标准齿轮，$d'=d$。

　　（5）齿高 $h$　齿顶圆与齿根圆之间的径向距离。齿高 $h=h_a+h_f$。

　　齿顶高 $h_a$　齿顶圆与分度圆之间的径向距离。

　　齿根高 $h_f$　齿根圆与分度圆之间的径向距离。

　　（6）齿距 $p$、齿厚 $s$、槽宽 $e$　分度圆上相邻两齿对应点之间的弧长称为齿距；一个轮齿齿廓在分度圆上的弧长称为齿厚；分度圆上相邻两个轮齿齿槽间的弧长称为槽宽。对于标准齿轮，$s=e$，$p=s+e$。

（7）齿数 $z$　轮齿的个数，它是齿轮计算的主要参数之一。

（8）模数 $m$　分度圆周长 $\pi d = pz$，所以 $d = \dfrac{p}{\pi}z$，令 $m = \dfrac{p}{\pi}$，则 $d = mz$。$m$ 称为模数，以 mm（毫米）为单位。为了便于设计和加工，国家标准规定了齿轮的标准模数，见表 7.6。凡模数符合标准规定的齿轮称为标准齿轮。

**表 7.6　标准模数（GB/T 1357—2008）**

| 第一系列 | 1,1.25,1.5,2,2.5,3,4,5,6,8,10,12,16,20,25,32,40,50 |
|---|---|
| 第二系列 | 1.125,1.375,1.75,2.25,2.75,3.5,4.5,5.5,(6.5),7,9,11,14,18,22,28,35,45 |

注：选用时应优先选用第一系列，括号内的模数尽可能不选用。GB/T 12368—1990 规定锥齿轮模数除表中数值外，还有 30。

模数是设计、加工齿轮的重要参数，由上述公式可见，模数越大，轮齿就越大，在其他条件相同的情况下，齿轮的承载能力也越大。一对互相啮合的齿轮其模数必须相等。

（9）压力角、齿形角 $\alpha$　在节点处，轮齿的受力方向（即两齿廓曲线的公法线）与该点的瞬时速度方向（两节圆的公切线）之间的锐角称为压力角。加工齿轮用的基本齿条的法向压力角称为齿形角。二者都用 $\alpha$ 表示，我国采用的标准压力角为 20°。

2. 齿轮的各个参数的计算

设计齿轮时，先确定模数和齿数，其他各部分的尺寸由计算得出，见表 7.7。

**表 7.7　标准直齿圆柱齿轮的计算公式**

| 名　称 | 代　号 | 计　算　公　式 |
|---|---|---|
| 分度圆直径 | $d$ | $d = mz$ |
| 齿顶圆直径 | $d_a$ | $d_a = m(z+2)$ |
| 齿根圆直径 | $d_f$ | $d_f = m(z-2.5)$ |
| 齿顶高 | $h_a$ | $h_a = m$ |
| 齿根高 | $h_f$ | $h_f = 1.25m$ |
| 齿高 | $h$ | $h = h_a + h_f = 2.25m$ |
| 中心距 | $a$ | $a = (d_1 + d_2)/2 = m(z_1 + z_2)/2$ |

3. 圆柱齿轮的规定画法

（1）单个齿轮的画法

齿轮除轮齿部分外，其余部分按真实投影绘制，国家标准对单个齿轮的轮齿部分的规定画法如下：

1）齿顶圆和齿顶线用粗实线绘制。

2）分度圆和分度线用细点画线绘制。

3）齿根圆和齿根线用细实线绘制或省略不画。

4）在非圆投影上取剖视时，轮齿部分按不剖绘制，而此时的齿根线用粗实线绘制。

5）需要表示斜齿和人字齿的特征时，可在非圆外形图上画三条与齿形线方向一致的细实线，表示齿向和倾角。

单个圆柱齿轮的画法如图 7.25 所示。

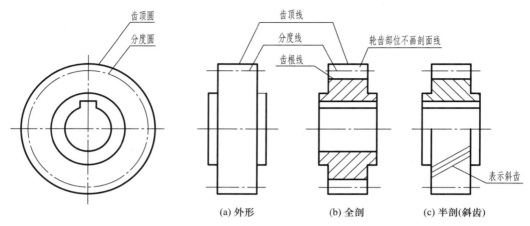

图 7.25　单个圆柱齿轮的画法

（2）圆柱齿轮啮合的规定画法

两齿轮啮合时,除啮合部分外,其他部分按单个齿轮绘制。啮合部分的画法规定如下:

1）在投影为圆的视图中,两齿轮的节圆应相切,用细点画线绘制;齿顶圆用粗实线绘制或省略不画;齿根圆用细实线绘制或省略不画,如图 7.26a、b 所示。

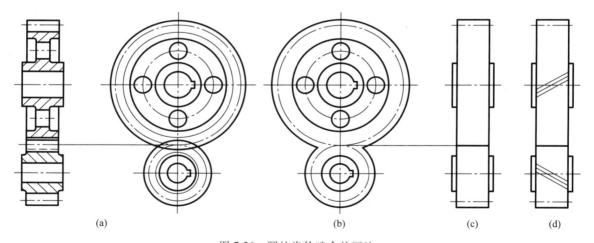

图 7.26　圆柱齿轮啮合的画法

2）在非圆投影的外形图中,齿顶线和齿根线不画出,将节线画成粗实线,如图 7.26c、d 所示。

3）在非圆投影的剖视图中,两个齿轮的节线重合,用细点画线绘制;齿根线用粗实线绘制;齿顶线的画法是一个轮齿视为可见,画成粗实线,另一个齿轮视为不可见,画成细虚线或省略不画。如图 7.27 所示,一个齿轮的齿顶线与另一个齿轮的齿根线之间应有 $0.25m$ 的间隙。

图 7.28 所示为一个直齿圆柱齿轮的零件图。画齿轮零件图时,除按规定画法画出图形外,还必须标注齿轮齿顶圆直径($d_a$)和分度圆直径($d$),另外还需注写制造齿轮所需的基本参数(如模数、齿数等)。

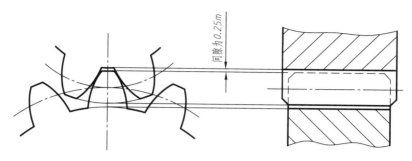

图 7.27　啮合区投影表示法

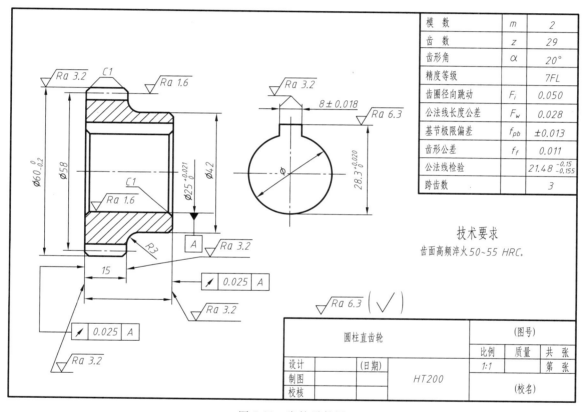

| 模　数 | $m$ | 2 |
|---|---|---|
| 齿　数 | $z$ | 29 |
| 齿形角 | $\alpha$ | 20° |
| 精度等级 | | 7FL |
| 齿圈径向跳动 | $F_i$ | 0.050 |
| 公法线长度公差 | $F_w$ | 0.028 |
| 基节极限偏差 | $f_{pb}$ | ±0.013 |
| 齿形公差 | $f_f$ | 0.011 |
| 公法线检验 | | $21.48^{-0.15}_{-0.155}$ |
| 跨齿数 | | 3 |

技术要求

齿面高频淬火50~55 HRC。

$\sqrt{Ra\ 6.3}\ (\ \sqrt{}\ )$

| 圆柱直齿轮 | | | (图号) | | | |
|---|---|---|---|---|---|---|
| | | | 比例 | 质量 | 共 | 张 |
| 设计 | | (日期) | | 1:1 | | 第　张 |
| 制图 | | | HT200 | | | |
| 校核 | | | | (校名) | | |

图 7.28　齿轮零件图

## 7.4　滚动轴承
### [Rolling Bearings]

在机器中,滚动轴承是用来支承旋转轴的组件。它具有摩擦小、结构紧凑的优点,被广泛应用在机器和部件中,滚动轴承是标准件,见附表19-21。

1. 滚动轴承的结构及其画法(GB/T 4459.7—2017)

滚动轴承的种类繁多,但其结构大体相同,一般由外圈、内圈、滚动体和保持架四部分组成,如图 7.29 所示。由于结构复杂,为此,国家标准规定了滚动轴承可用三种表示法,即:通用画法、特征画法和规定画法。各种画法的示例见表 7.8。

图 7.29　滚动轴承结构示例

表 7.8　常用滚动轴承的型式、画法和用途

| 轴承类型 | 结构型式 | 通用画法 | 规定画法 | 特征画法 | 用途 |
|---|---|---|---|---|---|
| 深沟球轴承 60000 型 （GB/T 276— 2013） | | | | | 主要承受径向力 |
| 圆锥滚子轴承 30000 型 （GB/T 297— 2015） | | | | | 可同时承受径向力和轴向力 |

续表

| 轴承类型 | 结构型式 | 通用画法 | 规定画法 | 特征画法 | 用途 |
|---|---|---|---|---|---|
| 推力球轴承<br>51000 型<br>（GB/T 301—<br>2015） | 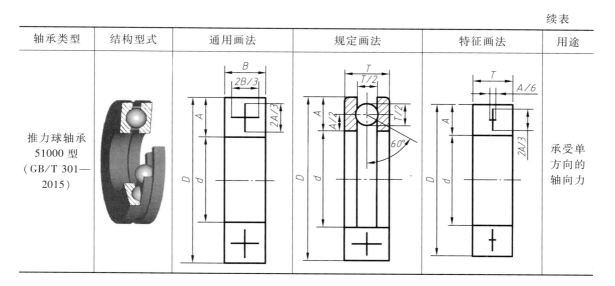 | | | | 承受单<br>方向的<br>轴向力 |

2. 滚动轴承的代号及标记

（1）滚动轴承的代号

按照 GB/T 272—2017、GB/T 271—2017 规定,滚动轴承的代号由前置代号、基本代号和后置代号构成。前置、后置代号是在轴承结构形状、尺寸和技术要求等有改变时,在其基本代号前后添加的补充代号。补充代号的规定可由该国标查知。

滚动轴承的基本代号由类型代号、尺寸系列代号和内径代号组成,通常是五位数字,省略情况可查相关国家标准。如基本代号 61205,左边的第一位数字(或字母)为类型代号;接着是尺寸系列代号,它由宽度和直径系列代号组成,具体可由 GB/T 276—2013 中查取;最后是内径代号,当内径≥20 mm 时,内径代号数字乘以 5 即为滚动轴承公称内径,当内径<20 mm 时,内径代号 00、01、02、03 分别表示轴承内径 $d$ 为 10 mm、12 mm、15 mm、17 mm。

【例 7.2】　解释滚动轴承代号 6206 中各数字的意义。

滚动轴承代号 6206 中的:

6——类型代号,表示深沟球轴承。

2——尺寸系列代号,应为"02","0"为宽度系列代号,按规定省略未写,"2"为直径系列代号。

06——内径代号,表示该滚动轴承内径为 30 mm。

（2）滚动轴承的标记

滚动轴承的标记由三部分组成,即:滚动轴承　基本代号　标准编号

标记示例:滚动轴承　51208　GB/T 301—2015

## 7.5　弹簧

［Springs］

1. 弹簧的用途和类型

弹簧是一种常用件,在机械中广泛用于减振、夹紧、储存能量和测力等方面。

弹簧的种类很多,常见的有螺旋弹簧和涡卷弹簧等,如图 7.30 所示,其中螺旋弹簧应用最多。常用的螺旋弹簧按用途又分为压缩弹簧、拉伸弹簧和扭转弹簧。本节主要介绍圆柱螺旋压缩弹簧的规定画法和标记。

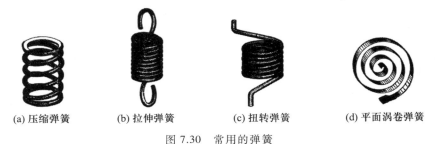

(a) 压缩弹簧        (b) 拉伸弹簧        (c) 扭转弹簧        (d) 平面涡卷弹簧

图 7.30    常用的弹簧

**2. 圆柱螺旋压缩弹簧的参数和尺寸关系**

圆柱螺旋压缩弹簧由钢丝绕成,一般将两端并紧后磨平,使其端面与轴线垂直,便于支承,并紧磨平的若干圈不产生弹性变形,称为支承圈,通常支承圈圈数有 1.5、2、2.5 三种,以 2.5 圈的为最常见。

圆柱螺旋压缩弹簧的参数如图 7.31 所示。

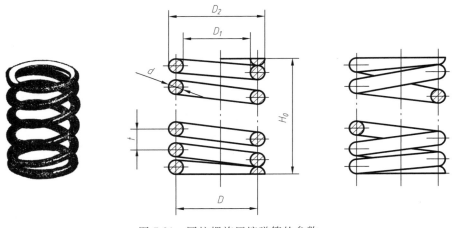

图 7.31    圆柱螺旋压缩弹簧的参数

(1) 弹簧钢丝直径 $d$    制造弹簧的钢丝直径。

(2) 弹簧外径 $D_2$    弹簧的外圈直径。

(3) 弹簧内径 $D_1$    弹簧的内圈直径,$D_1 = D_2 - 2d$。

(4) 弹簧中径 $D$    弹簧的平均直径,$D = D_2 - d$。

(5) 弹簧节距 $t$    除支承圈外,相邻两有效圈上对应点间的轴向距离。

(6) 有效圈数 $n$    除支承圈外,其余保持相等节距的圈数。

(7) 总圈数 $n_1$    $n_1 = n +$ 支承圈数。

(8) 自由高度 $H_0$    弹簧并紧磨平后在不受外力情况下的全部高度。

当支承圈为 2.5 时,$H_0 = np + 2d$;

当支承圈为 2 时，$H_0 = np + 1.5d$；

当支承圈为 1.5 时，$H_0 = np + d$。

3. 单个圆柱螺旋压缩弹簧的画法

圆柱螺旋压缩弹簧的真实投影比较复杂，为了画图简便，国家标准对其画法做了相应规定。

（1）在平行于螺旋弹簧轴线的视图中，弹簧各圈的轮廓不必按螺旋线的真实投影画出，而是用直线来代替螺旋线的投影，如图 7.32 所示。

（2）螺旋弹簧均可画成右旋，但左旋弹簧不论画成左旋或右旋，一律要加注旋向"左"字。

（3）有效圈数在四圈以上的螺旋弹簧，中间各圈可以省略，只画出其两端的 1~2 圈（不包括支承圈），中间只需用通过簧丝剖面中心的细点画线连起来。省略后，允许适当缩小图形的高度，但应注明弹簧的自由高度。

对于两端并紧、磨平的圆柱螺旋压缩弹簧，已知钢丝直径 $d$、弹簧外径 $D_2$、弹簧节距 $t$、有效圈数 $n$、支承圈数，右旋。其画图步骤如下：

（1）根据计算出的弹簧中径及自由高度 $H_0$ 画出矩形，如图 7.32a 所示。

（2）在中心线上画出弹簧支承圈的圆，如图 7.32b 所示。

（3）根据节距画有效圈部分的圆，如图 7.32c 所示。

（4）按右旋方向作相应圆的公切线及剖面线，即完成作图，如图 7.32d 所示。

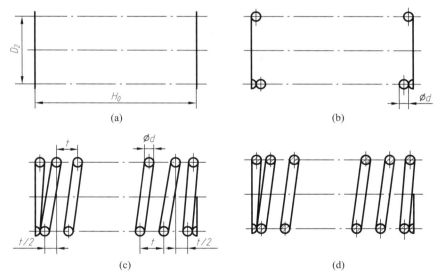

图 7.32　圆柱螺旋压缩弹簧的画图步骤

4. 圆柱螺旋压缩弹簧的标记

对于圆柱螺旋压缩弹簧标记的组成和格式，国家标准规定如下：

$$\boxed{类型代号}-d \times D \times H_0 \boxed{精度代号}\ \boxed{旋向代号}\ GB/T\ 2089$$

国家标准规定：两端并紧、磨平的冷卷压缩弹簧用"YA"表示，两端并紧、制扁的热卷压缩弹簧用"YB"表示；弹簧规格为材料直径×弹簧中径×自由高度（即 $d \times D \times H_0$）表示；制造精度分为 2 级和 3 级，2 级精度制造不表示，3 级精度制造应注明"3"；旋向代号左旋应注明为"左"，右旋不表示。

　　标记示例：YA 型弹簧,材料直径为 1.2 mm,弹簧中径为 8 mm,自由高度为 40 mm,精度等级为 2 级,左旋的两端并紧、磨平的冷卷压缩弹簧,其标记为"YA—1.2×8×40 左 GB/T 2089"。

　　5. 装配图中弹簧的画法

　　在装配图中,螺旋弹簧被剖切后,不论中间各圈是否省略,被弹簧挡住的结构一般不画,其可见部分应从弹簧的外轮廓线或从弹簧钢丝剖面的中心线画起,如图 7.33a 所示。

　　当弹簧钢丝的直径在图上等于或小于 2 mm 时,其剖面可以涂黑表示,如图 7.33b 所示,或采用图 7.33c 的示意画法。

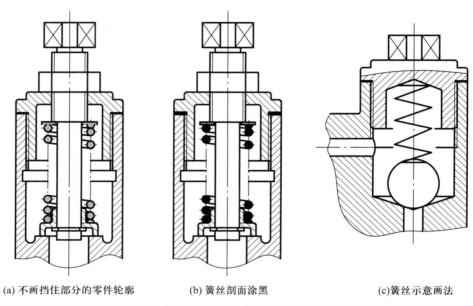

(a) 不画挡住部分的零件轮廓　　　　(b) 簧丝剖面涂黑　　　　(c)簧丝示意画法

图 7.33　装配图中弹簧的画法

## 📖 思考题

　　1. 简述螺纹的五个要素。

　　2. 简述内、外螺纹的规定画法。

　　3. 解释下列螺纹代号的含义：

　　M10×1-6H　　Tr40×7-7H　　G1A

　　4. 什么是模数? 其单位是什么?

　　5. 在齿轮的啮合图中,啮合区的轮齿应如何表达?

# 第8章 零件图

# Chapter 8　　Detail Drawings

**内容提要**：本章主要介绍零件表达方案的视图选择及典型零件的表达方法、零件图的尺寸注法、零件上常见结构的画法及零件图的技术要求、阅读零件图等内容。

**Abstract**：This chapter focuses on selection of representation schemes for general parts and representation of typical parts, dimensioning of detail drawings, representation of common features of parts, technical requirements of detail drawings and reading of detail drawings.

任何机器或部件都是由许多零件按一定的装配关系和技术要求装配而成的。零件是组成机器设备的基本单元，是机器设备中具有某种功能，不能再拆分的独立部分。图 8.1 是一个球阀的轴测装配图，该球阀共由 13 种零件组成。

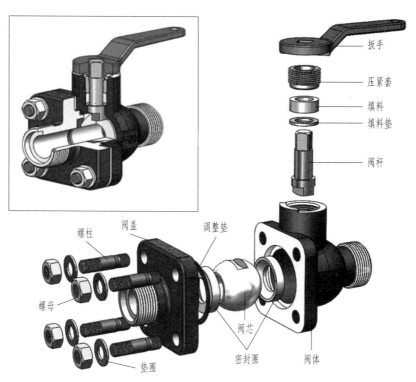

图 8.1　球阀

# 8.1 零件图的内容

[Contents of Detail Drawing]

表达单个零件的结构形状、大小及技术要求的图样称为零件图。它是零件加工和检验的主要依据,是产品生产工艺过程中的重要技术文件。除标准件外,其余零件一般均应绘制零件图。

一张完整的零件图(图 8.2),应包括以下 4 项内容:

(1)一组视图  采用必要的视图、剖视图、断面图、局部放大图及其他规定画法,正确、完整、清晰地表达零件的内外结构形状。

(2)完整的尺寸  应正确、完整、清晰、合理地标注出满足零件在制造、检验、装配时所必需的全部尺寸。

(3)技术要求  用规定的符号、代号、标记和简要的文字表达出零件在制造、检验时所应达到的各项技术指标和要求,如尺寸公差、几何公差、表面结构要求、热处理和表面处理等要求。

(4)标题栏  详细、认真填写标题栏规定项目内容,如零件名称、材料、绘图比例、图样编号以及设计、审核等人的签名和日期等。

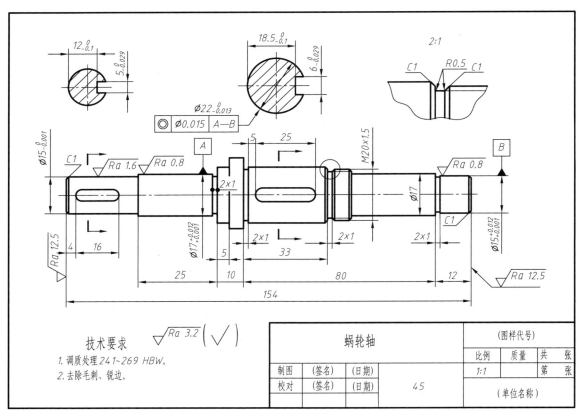

图 8.2  零件图

## 8.2 零件图的视图选择
### [Selection of Views on Detail Drawing]

零件图要求正确、完整、清晰地表达零件的全部结构形状,零件的表达方案应根据零件的具体结构特点,利用各种表达方法,经过认真分析、对比,选择的表达方法既要便于阅读和绘制,又要符合生产要求,在充分表达零件结构形状的前提下,尽量减少视图的数量,力求绘图简便。

1. 主视图的选择

主视图是零件图中最重要的一个视图,主视图选择得是否正确与合理,直接影响到其他视图的数量与配置,也影响到读图的方便与图纸的合理利用。因此,选择主视图时,一般应遵循以下原则:

(1)确定零件的安放位置——应符合加工位置原则或工作位置原则

1)加工位置原则 主视图的摆放位置应与零件在主要加工工序的装夹位置相一致,这样便于加工制造者看图操作。

2)工作位置原则 将主视图按照零件在机器或部件中工作时的位置放置,这样容易想象零件在机器或部件中的作用,也便于指导安装。

(2)确定零件的主视图投射方向——应符合形状特征原则

当零件的安放位置确定后,应选择能将组成零件的各形体之间的相对位置和主要形体的形状、结构表达得最清楚的方向作为零件的主视图投射方向,即形状特征原则。

2. 其他视图的选择

配合主视图,把主视图没有表达清楚的结构形状用其他视图进一步说明。力求在完整、清晰地表达出零件结构形状的前提下,尽可能减少视图的数量。每个视图都有表达的重点,几个视图互相补充而不重复。在选择视图时,优先选择基本视图以及在基本视图上作适当的剖视。

3. 典型零件的视图选择

(1)轴套类零件

轴套类零件组成部分大部分为同轴线的回转体,其上常见的结构有倒角、倒圆、轴肩、键槽、销孔、退刀槽、越程槽、螺纹等,如传动轴、衬套等。这类零件主要是在车床和磨床上加工,所以通常是以加工位置原则将轴线水平横放选取主视图,以此表达零件的主体结构,必要时再用局部剖视图、移出断面图、局部视图、局部放大图等来表达零件上其他局部结构。如图8.3所示的轴,采用加工位置的主视图表达长度方向的结构形状,两个移出断面图表达两个键槽的结构形状,一个局部放大图表达螺纹退刀槽的结构形状,以便标注尺寸和技术要求。

(2)轮盘类零件

轮盘类零件组成部分大部分也为同轴线的回转体,其径向尺寸较大,轴向尺寸较小,呈扁平的盘状,如齿轮、带轮、法兰盘及端盖等。这类零件上常见的结构有轴孔、轮辐、凸缘、各类孔等。毛坯多为铸件,主要的加工方法有车削、刨削和铣削。在视图选择时,一般采用两个基本视图,以车削加工为主的零件其主视图按加工位置将轴线水平放置,并多采用剖视图以表达内部结构;另一视图用左视图或右视图表达外形轮廓和其他结构,如孔的结构和分布情况。图8.4所示的阀盖,主视图选择加工位置的全剖视图,表达零件的内、外总体结构形状和大小,左视图用外形视图

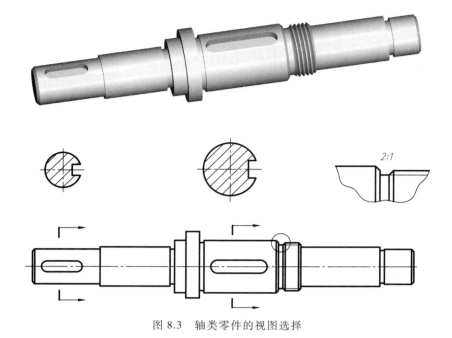

图 8.3　轴类零件的视图选择

表示了带圆角的方形凸缘及其四个角上的通孔和其他可见的轮廓形状。

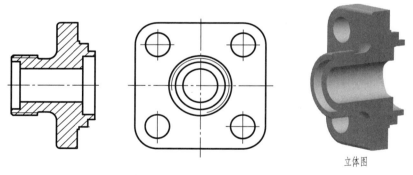

立体图

图 8.4　轮盘类零件的视图选择

（3）叉架类零件

　　叉架类零件的结构形状都比较复杂且不规则,大致可分为工作、安装固定和连接三个部分。多有肋板,几乎都是由铸、锻或焊接毛坯加工而成,加工位置多变,如支架、连杆、拨叉等。主视图一般取工作位置或自然位置安放,以两个或三个基本视图表达主要结构形状,用局部视图或斜视图、断面图表达内部结构和肋板断面的形状。图 8.5 所示的托架,主视图选择工作位置,采用局部视图表达底脚孔和上部调整螺孔的结构形状,采用局部视图表达调整螺孔端面结构形状;采用移出断面表达连接部分的断面结构形状。左视图采用视图表达部分尚未表达清楚的结构,并采用局部剖视图表达工作部分的光孔的结构形状,采用细虚线使固定部分的底板形状更加清晰,便于读图时理解。

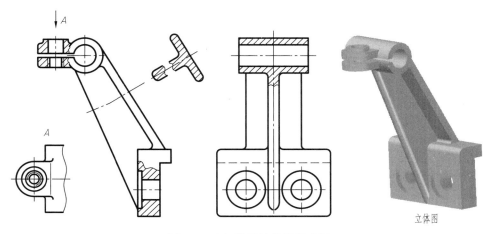

图 8.5　叉架类零件的视图选择

（4）箱体类零件

箱体类零件的结构形状最复杂，且体积较大，在机器或部件中用于容纳、支撑、保护其内部的其他零件，加工位置变化也最多，如箱体、泵体、阀体、机座等。主视图一般采用工作位置原则，表达方法以三个基本视图为主，辅以一些局部视图、断面图等表达局部结构。图 8.6 所示的阀体是球阀中的一个主要零件，主视图采用全剖视图主要表达内部结构特点，左视图采用半剖视图、俯视图采用外形视图进一步表达内、外形状特征，如左侧带圆角的方形凸缘及四个螺孔的位置、大小，顶端的 90° 扇形限位块，中间部分 $\phi55$ 的圆柱体。

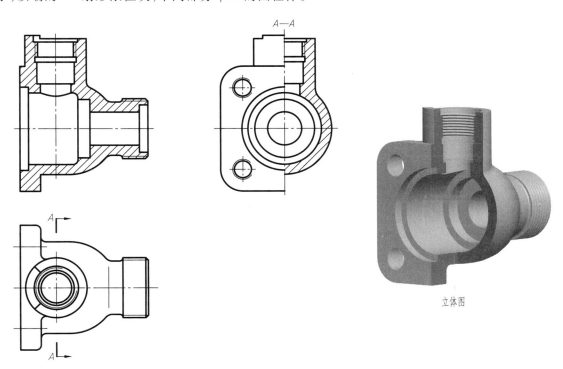

图 8.6　箱体类零件的视图选择

## 8.3　零件图的尺寸标注

### [Dimensioning Detail Drawing]

　　零件图上的尺寸是制造零件时加工和检验的依据,因此在零件图中所标注的尺寸,除应做到正确、完整、清晰外,还要做到合理。所谓合理,是指所标注的尺寸即要满足设计要求,以保证零件在机器中的功能,又要符合工艺要求,以便于零件的加工、测量和检验。要合理地标注尺寸,需要有较多的生产实际经验和有关的专业知识,这里仅介绍一些合理标注尺寸的基本知识。

　　1. 尺寸基准及其选择

　　(1) 尺寸基准

　　确定尺寸位置的几何元素(点、线、平面)称为尺寸基准。它通常选用零件上的某些面、线、点。根据基准的作用,基准可分为两类:

　　设计基准——根据零件在机器中的作用和结构特点,为保证零件的设计要求而选定的一些基准称为设计基准。从设计基准出发标注尺寸,可以直接反映设计要求,能满足零件在部件中的功能要求。

　　工艺基准——在加工和测量零件时,用来确定零件上被加工表面位置的基准称为工艺基准。从工艺基准出发标注尺寸,可直接反映工艺要求,便于保证加工和测量的要求。

　　(2) 基准的选择

　　在标注尺寸时,最好把设计基准和工艺基准统一起来,这样既能满足设计要求,又能满足工艺要求。两者不能统一时,零件的功能尺寸从设计基准开始标注,设计基准为主要基准;不重要尺寸从工艺基准开始标注,工艺基准为辅助基准。每个零件都有长、宽、高三个方向的尺寸,也都有三个方向的主要尺寸基准,辅助基准可以没有,也可以有多个,这取决于零件的结构形状和加工方法。主要基准与辅助基准或两辅助基准之间都应有尺寸联系。

　　常用的尺寸基准有零件上的安装底面、装配定位面、重要端面、对称面、主要孔的轴线等。

　　如图 8.7 所示,轴类零件的尺寸分为径向尺寸和轴向尺寸,因此尺寸基准也分为径向基准和轴向基准。

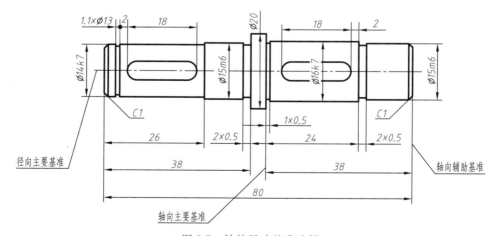

图 8.7　轴的尺寸基准选择

　　图 8.7 所示的凸轮轴径向尺寸基准是轴线,它既是设计基准,又是工艺基准。因为中间 $\phi15m6$ 和右端 $\phi15m6$ 分别安装滚动轴承,$\phi16k7$ 处装配凸轮,这些尺寸是轴的主要径向尺寸,为了使轴转动平稳,齿轮啮合正确,各段回转轴应在同一轴线上,因此设计基准是轴线。又由于加工时两端用顶尖支承,因此轴线亦是工艺基准,设计基准和工艺基准重合,这个基准既满足了设计要求,又满足了工艺要求。

　　凸轮是所有安装关系中最重要的一环,凸轮的轴向位置靠尺寸为 $\phi20$ 的右端轴肩来保证,所以设计基准在轴肩的右端面,这也是轴向主要基准。从这一基准出发,标出与凸轮配合的轴向长度 24;为方便轴向尺寸测量,选择轴的右端面为工艺基准,这也是辅助基准。从这一辅助基准出发,确定全轴长度 80。主要基准和辅助基准之间用尺寸 38 来联系。

　　2. 合理标注尺寸应注意的问题

　　(1) 主要尺寸要直接注出

　　主要尺寸是指零件上的配合尺寸、安装尺寸、特性尺寸等,它们是影响零件在机器中的工作性能和装配精度等要求的尺寸,都是设计上必须保证的重要尺寸。主要尺寸必须直接注出,以保证设计要求。

　　图 8.8a 所示的轴承座中心高 35 是一个主要尺寸,应以底面为基准直接注出;若注成图 8.8b 所示的 7 和 28 这种形式,由于加工误差累积的影响,轴承座中心高 35 尺寸很难保证,则不能满足设计要求或给加工造成困难。同理,轴承座上的两个安装孔的中心距 42 应按图 8.8a 所示直接注出,而不能按图 8.8b 所示由两个 7 来确定。

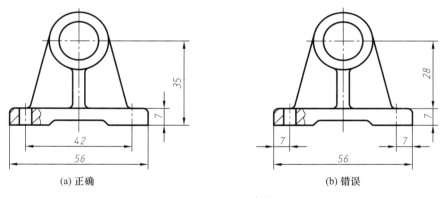

图 8.8　重要尺寸要直接注出

　　(2) 标注尺寸要符合加工顺序和便于测量

　　零件加工时都有一定的顺序,尺寸标注应尽量与加工顺序一致,这样便于加工时看图、测量。图 8.9 所示为轴的主要尺寸及在车床上的加工顺序。图 8.10a 所示的尺寸便于测量,而图 8.10b 所示的尺寸不便于测量。

　　(3) 应避免注成封闭的尺寸链

　　零件在同一方向按一定顺序依次连接起来排成的尺寸标注形式称为尺寸链。组成尺寸链的每个尺寸称为环。在一个尺寸链中,若将每个环全部注出,首尾相接,就形成了封闭的尺寸链,如图 8.11b 所示。在尺寸标注时要避免出现封闭的尺寸链。因为 80 是 14、38、28 之和,而每个尺寸在加工之后绝对误差是不可避免的,则 80 的误差为另外三个尺寸误差之和,可能达不到设计要

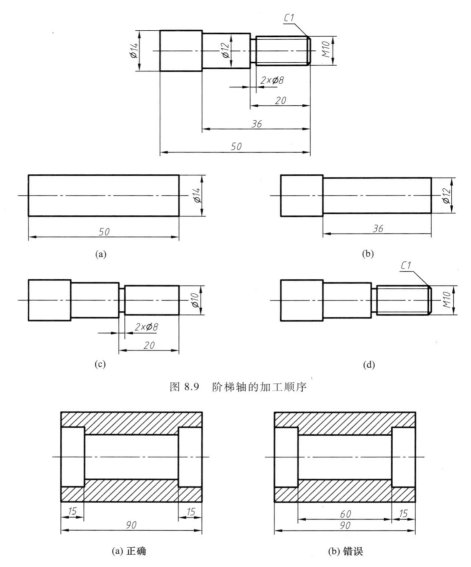

图 8.9 阶梯轴的加工顺序

图 8.10 标注尺寸要便于测量

求。所以应将尺寸精度要求最低的一个环空出不注,如图 8.11a 所示,以便所有的尺寸误差都积累到这一段,保证主要尺寸的精度。

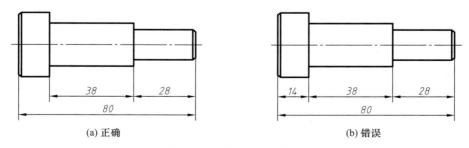

图 8.11 避免注成封闭尺寸链

（4）毛坯面的尺寸标注

标注零件上各毛坯面的尺寸时,在同一方向上最好只有一个毛坯面以加工面定位,其他的毛坯面只与毛坯面之间有尺寸联系,如图 8.12 所示。

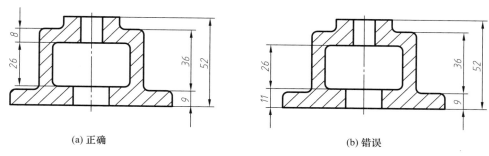

(a) 正确　　　　　　　　　　　　　　　　　　　　(b) 错误

图 8.12　毛坯面尺寸标注

## 8.4　零件结构的工艺性设计

[Technological Design of Parts]

零件的结构形状主要由它在机器中的作用而定,同时还要考虑制造工艺对零件结构形状的要求。下面介绍一些常见的零件工艺结构。

1. 铸造零件的工艺结构

（1）起模斜度

用铸造的方法制造零件毛坯时,为了便于在砂型中取出木模,一般沿木模起模方向做成 1：20 的斜度（约 3°）,称为起模斜度。浇铸后这一斜度留在了铸件上,如图 8.13a 所示。但在图中一般不画不注,必要时可在技术要求中用文字说明,如图 8.13b 所示。

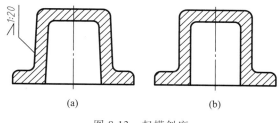

(a)　　　　　　(b)

图 8.13　起模斜度

（2）铸造圆角

为了便于起模,防止浇注金属液体时冲坏砂型以及金属液体冷却收缩时在铸件的转角处产生裂纹,一般在铸件的转角处制成圆角,这种圆角称为铸造圆角,如图 8.14 所示。铸造圆角半径一般取壁厚的 0.2~0.4 倍。一般不在图样上标注铸造圆角,而是统一在技术要求中说明。两相交铸造表面之一若经切削加工,则应画成直角。

（3）铸件壁厚

用铸造方法制造零件毛坯时,为了避免浇注后零件各部分因冷却速度不同而产生缩孔或裂纹,铸件的壁厚应保持均匀或逐渐过渡,如图 8.15 所示。

2. 零件机械加工的工艺结构

（1）倒角和倒圆

为了去除零件加工表面的毛刺、锐边和便于装配,在轴或孔的端部,一般加工成与水平方向成 45° 或 30°、60° 倒角。为了避免因应力集中而产生裂纹,在轴肩处通常加工成圆角过渡,

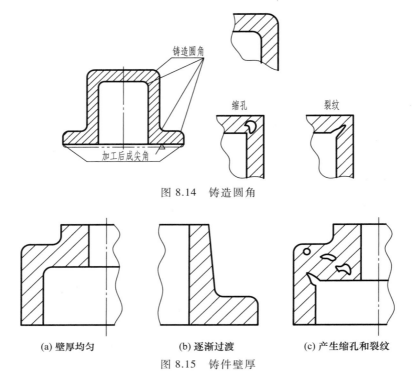

图 8.14　铸造圆角

(a) 壁厚均匀　　　　　　　　(b) 逐渐过渡　　　　　　　　(c) 产生缩孔和裂纹

图 8.15　铸件壁厚

称为倒圆。倒角和倒圆的尺寸注法如图 8.16 所示。倒角和倒圆的尺寸可查阅有关标准（GB/T 6403.5—2008），见附录中的附表。

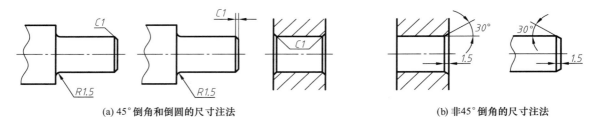

(a) 45°倒角和倒圆的尺寸注法　　　　　　　　　　　(b) 非45°倒角的尺寸注法

图 8.16　倒角和倒圆的尺寸注法

（2）退刀槽和砂轮越程槽

在车削螺纹时，为了便于退出刀具，常在待加工表面的末端预先车出螺纹退刀槽，如图 8.17a 所示。退刀槽的尺寸标注，一般按"槽宽($b$)×直径($\phi$)"的形式标注。退刀槽的尺寸可根据螺纹的螺距查阅有关标准，见附录中的附表。

在磨削加工时为了使砂轮稍稍超越加工面，也常在零件表面上预先加工出砂轮越程槽，如图 8.17b 所示。越程槽的尺寸标注，一般按"槽宽($b$)×槽深($h$)"的形式标注。越程槽的尺寸可根据轴径查阅有关标准。

（3）凸台和凹坑

零件上与其他零件的接触面，均应经过加工。为了减少加工面，同时保证两表面接触良好，常在接触表面处设计出凸台或凹坑，如图 8.18 所示。

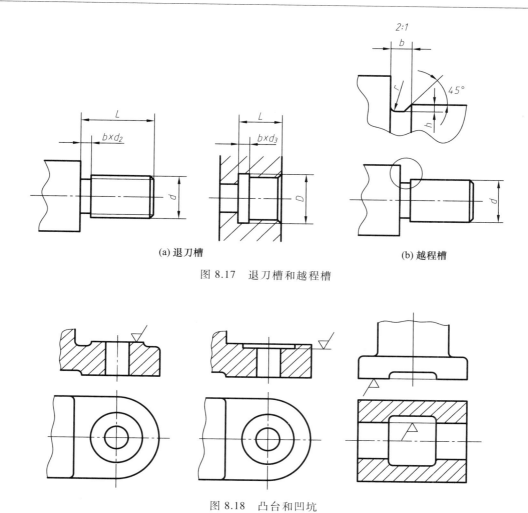

(a) 退刀槽　　　　　　　　　　　　　　(b) 越程槽

图 8.17　退刀槽和越程槽

图 8.18　凸台和凹坑

（4）钻孔结构

钻孔加工时,钻头应与孔的端面垂直,以保证钻孔精度,避免钻头歪斜、折断。在曲面、斜面上钻孔时,一般应在孔端做出凸台、凹坑或平面,如图 8.19a 所示。用钻头钻不通孔时,在底部有一个 120° 的锥角,钻孔深度指的是圆柱部分的深度,不包括锥角。在阶梯形钻孔的过渡处,也存在锥角 120° 的圆台,如图 8.19b 所示。

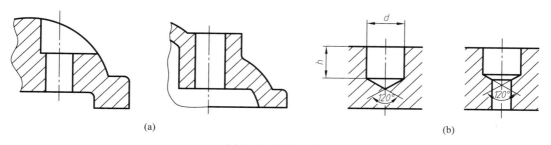

(a)　　　　　　　　　　　　　　　　(b)

图 8.19　钻孔结构

## 8.5　零件图的技术要求
［Technical Requirements on Detail Drawing］

　　零件图上除了要表达出零件的形状尺寸外,还必须注写零件在制造、装配、检验时所应达到的技术要求,如表面结构要求、尺寸公差、几何公差等内容。有些内容用规定的代(符)号标注在视图中,有些内容用简明的文字注写在"技术要求"标题下,安放在图纸的适当位置。

### 8.5.1　表面结构［Surface Features］

　　表面结构是表面粗糙度、表面波纹度、表面缺陷、表面纹理和表面几何形状的总称。表面结构的各项要求在图样上的表示法在 GB/T 131—2006 中均有具体规定。本小节主要介绍常用的表面粗糙度表示法。

　　1. 基本概念及术语

　　(1)表面粗糙度

　　零件经过机械加工后会在表面上留下许多高低不平的凸峰和凹谷,这种零件表面上具有较小间距的峰谷所组成的微观几何形状特性称为表面粗糙度。表面粗糙度是表示微观几何形状特性的特征量,是评定零件表面质量的重要指标之一。它对于零件的配合、耐磨性、耐腐蚀性及密封性都有显著的影响,是零件图中必不可少的一项技术要求。

　　零件表面粗糙度的选用,应该既满足零件表面的功用要求,又要考虑经济合理。一般情况下,凡是零件上有配合要求或有相对运动的表面,粗糙度参数值要小,参数值越小,表面质量越高,但加工成本也越高。因此在满足要求的前提下,应尽量选用较大的参数值,以降低成本。

　　(2)表面波纹度

　　在机械加工过程中,由于机床、工件和刀具系统的振动,在工件表面所形成的间距比粗糙度大得多的表面不平度称为波纹度,如图 8.20 所示。零件表面的波纹度是影响零件使用寿命和引起振动的重要因素。

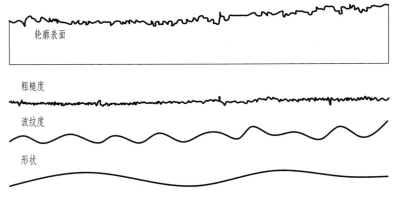

轮廓表面

粗糙度

波纹度

形状

图 8.20　粗糙度、波纹度和形状误差的综合影响的表面轮廓

　　表面粗糙度、表面波纹度以及表面几何形状总是同时生成并存在于同一表面的。

（3）评定表面结构常用的轮廓参数

对于零件表面的结构状况，国家标准 GB/T 3505—2009 从表面微观几何形状幅度、间距和形状三个方面的特征，规定了相应的评定参数。其中轮廓参数是我国机械图样中目前最常用的评定参数。本小节仅介绍评定粗糙度轮廓（$R$ 轮廓）中的两个高度参数 $Ra$ 和 $Rz$。

1）算术平均偏差 $Ra$　　是指在一个取样长度内纵坐标值 $z(x)$ 绝对值的算术平均值，见图 8.21。

2）轮廓的最大高度 $Rz$　　是指在同一取样长度内，最大轮廓峰高和最大轮廓谷深之和的高度，见图 8.21。

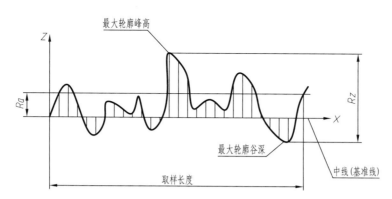

图 8.21　轮廓的算术平均偏差 $Ra$ 和轮廓最大高度 $Rz$

（4）有关检验规范的基本术语

检验评定表面结构的参数值必须在特定条件下进行。国家标准规定，图样中注写参数代号及其数值要求的同时，还应明确其检验规范。

有关检验规范方面的基本术语有取样长度、评定长度、滤波器和传输带以及极限值判断规则。

1）取样长度和评定长度

以粗糙度高度参数的测量为例，由于表面轮廓的不规则性，测量结果与测量段的长度密切相关，当测量段过短时，各处的测量结果会产生很大差异，但当测量段过长时，则测得的高度值中将不可避免地包含了波纹度的幅值。因此，在 $X$ 轴（即基准线，见图 8.21）上选取一段适当长度进行测量，这段长度称为取样长度。

但是，在每一取样长度内的测量值通常是不等的，为取得表面粗糙度最可靠的值，一般取几个连续的长度进行测量，并以各取样长度内测量值的平均值作为测得的参数值。这段在 $X$ 轴方向上用于评定轮廓的、包含着一个或几个取样长度的测量段称为评定长度。

当参数代号后未注明时，评定长度默认为 5 个取样长度，否则应注明个数。例如：$Rz0.4$、$Ra3\ 0.8$、$Rz1\ 3.2$ 分别表示评定长度为 5 个（默认）、3 个、1 个取样长度。

2）轮廓滤波器和传输带

粗糙度等三类轮廓各有不同的波长范围，它们又同时叠加在同一表面轮廓上，因此，在测量评定三类轮廓上的参数时，必先将表面轮廓在特定仪器上进行滤波，以便分离获得所需波长范围的轮廓。这种可将轮廓分成长波和短波成分的仪器称为轮廓滤波器。由两个不同截止波长的滤波器分离获得的轮廓波长范围则称为传输带。

按滤波器的不同截止波长值,由小到大顺次分为 $\lambda_s$、$\lambda_c$ 和 $\lambda_f$ 三种,前面提到的三类轮廓就是分别应用这些滤波器修正表面轮廓后获得的:应用 $\lambda_s$ 滤波器修正后的轮廓称为原始轮廓($P$ 轮廓);在 $P$ 轮廓上再应用 $\lambda_c$ 滤波器修正后的轮廓即为粗糙度轮廓($R$ 轮廓);对 $P$ 轮廓连续应用 $\lambda_f$ 和 $\lambda_c$ 滤波器后形成的轮廓则称为波纹度轮廓($W$ 轮廓)。

3)极限值判断规则

完工零件的表面按检验规范测得轮廓参数值后,需与图样上给定的极限比较,以判定其是否合格。极限值判断规则有两种:

① 16% 规则　运用本规则时,当被检表面测得的全部参数值中,超过极限值的个数不多于总数的 16% 时,该表面是合格的(注:超过极限值有两种含义:当给定上极限值时,超过是指大于给定值;当给定下极限值时,超过是指小于给定值)。

② 最大规则　运用本规则时,被检的整个表面上测得的参数值一个也不应超过给定的极限值。

16% 规则是所有表面结构要求标注的默认规则。即当参数代号后未注写"max"字样时,均默认为应用 16% 规则(例如 $Ra$ 0.8);反之,则应用最大规则(例如 $Ra$max 0.8)。

2. 标注表面结构的图形符号

标注表面结构要求时的图形符号种类、名称、尺寸及其含义见表 8.1。

表 8.1　表面结构符号

| 符号名称 | 符　号 | 含　义 |
|---|---|---|
| 基本图形符号 | 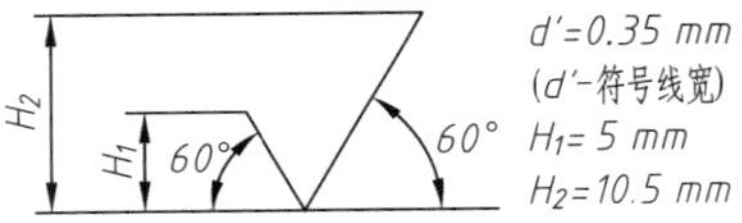 $d'=0.35$ mm（$d'$-符号线宽）$H_1=5$ mm $H_2=10.5$ mm | 未指定工艺方法的表面,当通过一个注释解释时可单独使用 |
| 扩展图形符号 |  | 用去除材料方法获得的表面;仅当其含义是"被加工表面"时可单独使用 |
| |  | 不去除材料的表面,也可用于表面保持上道工序形成的表面,不管这种状况是通过去除或不去除材料形成的 |
| 完整图形符号 | 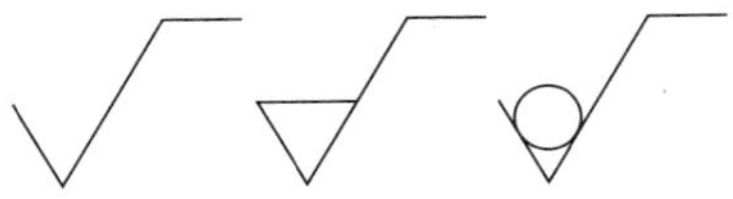 | 在以上各种符号的长边上加一横线,以便注写对表面结构的各种要求 |

注:表中 $d'$、$H_1$ 和 $H_2$ 的大小是当图样中尺寸数字高度选取 $h=3.5$ mm 时按 GB/T 131—2006 的相应规定给定的。表中 $H_2$ 是最小值,必要时允许加大。

当在图样某个视图上构成封闭轮廓的各表面有相同的表面结构要求时,在完整图形符号上加一圆圈标注在图样中工件的封闭轮廓线上,如图 8.22 所示。

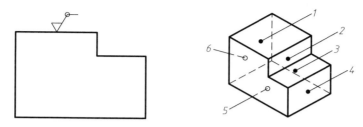

图 8.22 对周边各面有相同的表面结构要求的注法

注:图示的表面结构符号是指对图形中封闭轮廓的六个面的共同要求(不包括前后面)。

**3. 表面结构要求在图形符号中的书写位置**

为了明确表面结构要求,除了标注表面结构参数和数值外,必要时应标注补充要求,包括传输带、取样长度、加工工艺、表面纹理(是指完工零件表面上呈现的,与切削运动轨迹相应的图案,各种纹理方向的符号及其含义可查阅 GB/T 131—2006)及方向、加工余量等。这些要求在图形符号中的注写位置如图 8.23 所示。

位置 a    注写表面结构的单一要求

位置 a 和 b    { a 注写第一表面结构要求
                b 注写第二表面结构要求

位置 c    注写加工方法,如"车""磨""镀"等

位置 d    注写表面纹理方向如"="" × ""M"

位置 e    注写加工余量

图 8.23 补充要求的注写位置(a 到 e)

**4. 表面结构代号**

表面结构符号中注写了具体参数代号及数值等要求后即称为表面结构代号。表面结构代号的示例及含义见表 8.2。

表 8.2 表面结构代号示例

| No. | 代号示例 | 含义/解释 | 补充说明 |
|---|---|---|---|
| 1 | $\sqrt{\ Ra\ 0.8}$ | 表示不允许去除材料,单向上限值,默认传输带,$R$ 轮廓,算术平均偏差为 0.8 μm,评定长度为 5 个取样长度(默认),"16% 规则"(默认) | 参数代号与极限值之间应留取空格(下同),本例未标注传输带,应理解为默认传输带,此时取样长度可由 GB/T 10610 和 GB/T 6062 中查取 |
| 2 | $\sqrt{\ Rzmax\ 0.2}$ | 表示去除材料,单向上限值,默认传输带,$R$ 轮廓,粗糙度最大高度的最大值为 0.2 μm,评定长度为 5 个取样长度(默认),"最大规则" | 示例 No.1 ~ No.4 均为单项极限要求,且均为单向上限值,则均可不加注"U",若为单向下限值,则应加注"L" |

| No. | 代号示例 | 含义/解释 | 补充说明 |
|---|---|---|---|
| 3 | $\sqrt{}$ 0.008-0.8/Ra 3.2 | 表示去除材料，单向上限值，传输带 0.008～0.8 mm，$R$ 轮廓，算术平均偏差为 3.2 μm 评定长度为 5 个取样长度（默认），"16% 规则"（默认） | 传输带"0.008～0.8"中的前后数值分别为短波和长波滤波器的截止波长（$\lambda_s-\lambda_c$），以表示波长范围。此时取样长度等于 $\lambda_c$，即 $l_r = 0.8$ mm |
| 4 | $\sqrt{}$ -0.8/Ra 3.2 | 表示去除材料，单向上限值，传输带：根据 GB/T 6062，取样长度为 0.8 mm（$\lambda_s$ 默认 0.002 5 mm），$R$ 轮廓，算术平均偏差 3.2 μm，评定长度包含 3 个取样长度，"16% 规则"（默认） | 传输带仅注出一个截止波长值（本例 0.8 表示 $\lambda_c$ 值）时，另一截止波长值 $\lambda_s$ 应理解为默认值，由 GB/T 6062 中查知 $\lambda_s = 0.002\ 5$ mm |
| 5 | $\sqrt{}$ U Ramax 3.2<br>L Ra 0.8 | 表示不允许去除材料，双向极限值，两极限值均使用默认传输带，$R$ 轮廓，上限值：算术平均偏差为 3.2 μm，评定长度为 5 个取样长度（默认），"最大规则"，下限值：算术平均偏差为 0.8 μm，评定长度为 5 个取样长度（默认），"16% 规则"（默认） | 本例为双向极限要求，用"U"和"L"分别表示上极限值和下极限值。在不引起歧义时，可不加注"U""L" |

5. 表面结构要求在图样中的注法

1）表面结构要求对每一表面一般只注一次，并尽可能注在相应的尺寸及其公差的同一视图上。除非另有说明，所标注的表面结构要求是对完工零件的表面要求。

2）表面结构的注写和读取方向与尺寸的注写和读取方向一致。表面结构要求可标注在轮廓线上，其符号应从材料外指向并接触表面（图 8.24）。必要时，表面结构也可用带箭头或黑点的指引线引出标注（图 8.25）。

3）在不致引起误解时，表面结构要求可以标注在给定的尺寸线上（图 8.26）。

4）表面结构要求可以标注在几何公差框格的上方（图 8.27）。

5）圆柱和棱柱表面的表面结构要求只标注一次（图 8.28）。如果每个棱柱表面有不同的表面要求，则应分别标注（图 8.29）。

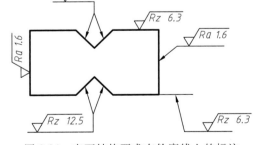

图 8.24　表面结构要求在轮廓线上的注法

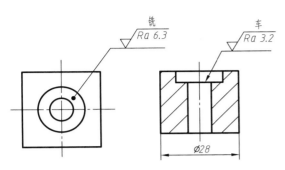

图 8.25　用指引线引出标注表面结构要求

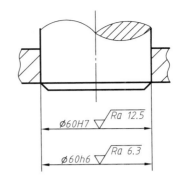

图 8.26　表面结构要求标注在尺寸线上

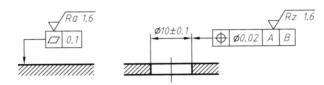

图 8.27　表面结构要求标注在形位公差框格的上方

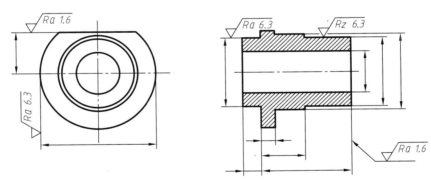

图 8.28　表面结构要求标注在圆柱特征的延长线上

6. 表面结构要求在图样中的简化注法

（1）有相同表面结构要求的简化注法

如果在工件的多数（包括全部）表面有相同的表面结构要求时，则其表面要求可统一标注在图样的标题栏附近。此时，表面结构要求的符号后面应有：

在圆括号内给出无任何其他标注的基本符号（图 8.30a）。

在圆括号内给出不同的表面结构要求（图 8.30b）。

不同的表面结构要求应直接标注在图形中（图 8.30a、b）。

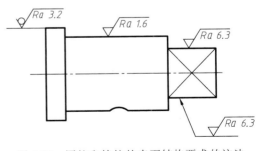

图 8.29　圆柱和棱柱的表面结构要求的注法

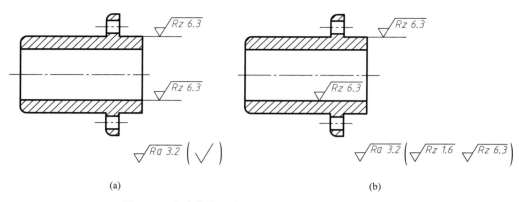

图 8.30　大多数表面有相同表面结构要求的简化注法

（2）多个表面有共同要求的注法

用带字母的完整符号的简化注法，如图 8.31 所示，用带字母的完整符号，以等式的形式，在图形或标题栏附近，对有相同表面结构要求的表面进行简化标注。

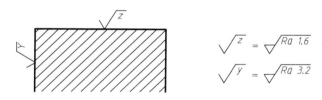

图 8.31　在图纸空间有限时的简化注法

只用表面结构符号的简化注法，如图 8.32 所示，用表面结构符号，以等式的形式给出对多个表面共同的表面要求。

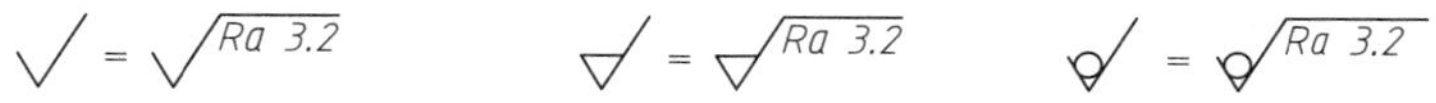

$$\sqrt{} = \sqrt{Ra\ 3.2} \qquad \sqrt{} = \sqrt{Ra\ 3.2} \qquad \sqrt{} = \sqrt{Ra\ 3.2}$$

**(a) 未指定工艺方法**　　　　　**(b) 要求去除材料**　　　　　**(c) 不允许去除材料**

图 8.32　多个表面结构要求的简化注法

（3）两种或多种工艺获得的同一表面的注法

由几种不同的工艺方法获得的同一表面，当需要明确每种工艺方法的表面结构要求时，可按图 8.33a 所示进行标注（图中 Fe 表示基本材料为钢，Ep 表示基本加工工艺为电镀）。

图 8.33b 所示为三个连续的加工工序的表面结构，尺寸和表面处理的标注。

第一道工序：单向上限值，$Rz = 1.6\ \mu m$，"16% 规则"（默认），默认评定长度，默认传输带，表面纹理没有要求，去除材料的工艺。

第二道工序：镀铬，无其他表面结构要求。

第三道工序：一个单向上限值，仅对长为 50 mm 的圆柱表面有效，$Rz = 6.3\ \mu m$，"16% 规则"（默认），默认评定长度，默认传输带，表面纹理没有要求，磨削加工工艺。

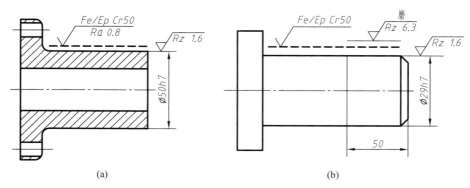

图 8.33　多种工艺获得同一表面的方法

## 8.5.2　极限与配合 [Limits and Fits]

1. 互换性概念

从一批规格相同的零件中任取一件,不经任何修配就能立即装到机器或部件上,并能保证使用要求。这批零件所具有的这种性质称为互换性。

为了满足互换性的要求,必须控制零件的功能尺寸精度,而极限与配合制度是实现互换性的一个基本条件,是现代化机械工业的基础。

2. 基本术语

零件在制造过程中,由于加工或测量等因素的影响,零件的实际尺寸不可能做得绝对准确。为了保证零件的互换性,必须将零件的实际尺寸控制在允许变动的范围内,这个允许的尺寸变动量就是尺寸公差,简称公差。下面以图 8.34 所示的圆柱孔为例简要说明尺寸公差的一些基本概念和术语。

（1）公称尺寸　由图样规范确定的理想形状要素的尺寸,如 $\phi30$。

（2）实际尺寸　零件加工完毕后测量所得的尺寸。

（3）极限尺寸　允许尺寸变动的两个界限值。

上极限尺寸　零件允许的最大尺寸,如 $\phi30.006$。

下极限尺寸　零件允许的最小尺寸,如 $\phi29.985$。

（4）极限偏差（简称偏差）　某一尺寸（实际尺寸、极限尺寸等）减其公称尺寸所得的代数差。

极限偏差分为上极限偏差和下极限偏差。

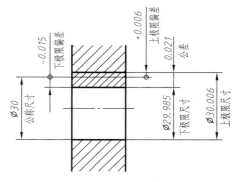

图 8.34　极限的基本概念

$$上极限偏差=上极限尺寸-公称尺寸$$

$$下极限偏差=下极限尺寸-公称尺寸$$

国家标准规定:孔的上极限偏差用 ES、下极限偏差用 EI 表示;轴的上极限偏差用 es、下极限偏差用 ei 表示。偏差的数值可以为正、负或零。

$$ES = 30.006-30 = +0.006$$

$$EI = 29.985 - 30 = -0.015$$

（5）尺寸公差（简称公差）　允许零件实际尺寸的变动量。它是一个没有符号的绝对值，即总是大于零的正数。

$$公差 = 上极限尺寸 - 下极限尺寸 = 上极限偏差 - 下极限偏差$$

图 8.34 孔的公差 $= 30.006 - 29.985 = +0.006 - (-0.015) = 0.021$

（6）公差带图　用零线（一条直线）表示公称尺寸，位于零线之上的偏差值为正，位于零线之下的偏差值为负。公差带是由代表上、下极限偏差值的两条直线所限定的矩形区域。矩形的上边代表上极限偏差，下边代表下极限偏差，矩形的长度无实际意义，高度代表公差，如图 8.35 所示。

3. 标准公差与基本偏差

为了满足零件互换性要求，国家标准对尺寸公差和偏差进行了标准化，制定了相应的制度，这种制度称为极限与配合制。国家标准《极限与配合》规定，公差由标准公差和基本偏差两个要素组成，公差带的大小由标准公差确定，而公差带的位置由基本偏差确定。

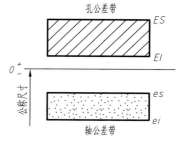

图 8.35　公差带图

（1）标准公差　国家标准规定的用以确定公差带大小的任一公差称为标准公差。标准公差是由公称尺寸和公差等级所确定。

标准公差表示尺寸的精确程度。国家标准规定公称尺寸在 500 mm 内公差划分为 20 个等级，分别为 IT01、IT0、IT1、IT2…IT18。其中 IT01 精度最高，IT18 精度最低。公称尺寸相同时，公差等级越高，标准公差值越小；公差等级相同时，公称尺寸越大，标准公差值越大，如附录中附表 1 所示。对所有公称尺寸的同一公差等级，虽公差值不同，但具有同等尺寸精确程度。

（2）基本偏差　基本偏差是用以确定公差带相对于零线位置的那个极限偏差，一般为靠近零线的那个上极限偏差或下极限偏差。

国家标准对孔、轴各设有 28 个不同的基本偏差，其偏差代号用拉丁字母顺序表示，孔的基本偏差代号用大写字母表示，轴的基本偏差代号用小写字母表示，如图 8.36 所示。

公差带在零线上方，基本偏差为下极限偏差；公差带在零线下方，基本偏差为上极限偏差。需要特殊说明的是，基本偏差代号 JS(js) 的公差带相对于零线对称分布，基本偏差可取上极限偏差 ES(es) $= +$IT$/2$，也可取下极限偏差 EI(ei) $= -$IT$/2$。

孔、轴公差带代号由基本偏差代号和标准公差等级数字组成。例如：$\phi$30H7，表示公称尺寸为 $\phi$30，基本偏差代号为 H，标准公差等级为 7 级的孔的公差带代号。$\phi$30g6，表示公称尺寸为 $\phi$30，基本偏差代号为 g，标准公差等级为 6 级的轴的公差带代号。

4. 配合

公称尺寸相同的相互结合的孔与轴公差带之间的关系称为配合。由于孔和轴的实际尺寸不同，配合后会产生不同的松紧程度，即产生"间隙"或"过盈"。孔的尺寸减去相配合的轴的尺寸之差为正时是间隙，为负时是过盈。

根据实际需要，国家标准将配合分为三类：

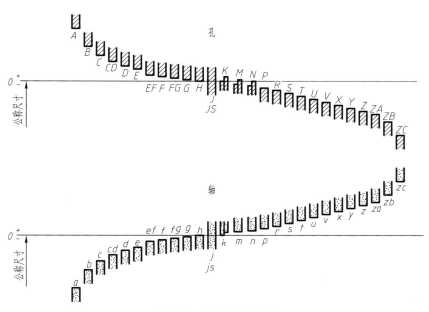

图 8.36　基本偏差系列

（1）间隙配合

孔与轴装配在一起时具有间隙（包括最小间隙为零）的配合称为间隙配合。此时孔的公差带在轴的公差带之上，如图 8.37 所示。

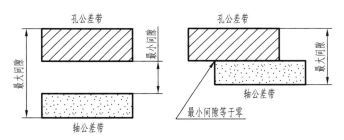

图 8.37　间隙配合

（2）过盈配合

孔与轴装配在一起时具有过盈（包括最小过盈为零）的配合称为过盈配合。此时孔的公差带在轴的公差带之下，如图 8.38 所示。

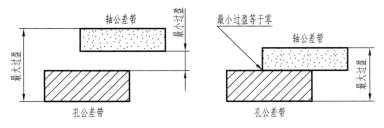

图 8.38　过盈配合

（3）过渡配合

孔与轴装配在一起时可能具有间隙,也可能出现过盈的配合称为过渡配合。此时孔的公差带与轴的公差带有重叠部分,如图 8.39 所示。

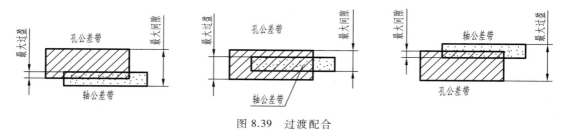

图 8.39 过渡配合

5. 配合制

国家标准规定了 28 种基本偏差和 20 个等级的标准公差,任取一对孔、轴的公差带都能形成一定性质的配合,如果任意选配,可以形成相当多的不同方案,这样不便于零件的设计与制造。为此,根据生产实际的需要,国家标准规定了基孔制和基轴制两种基准制。

（1）基孔制配合

基本偏差为一定的孔的公差带,与不同基本偏差的轴的公差带形成各种配合的一种制度,如图 8.40 所示。基孔制配合中的孔称为基准孔,用基本偏差代号 H 表示,其下极限偏差为零。

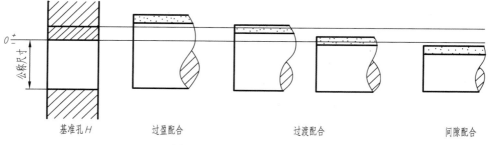

图 8.40 基孔制配合示意图

（2）基轴制配合

基本偏差为一定的轴的公差带,与不同基本偏差的孔的公差带形成各种配合的一种制度,如图 8.41 所示。基轴制配合中的轴称为基准轴,用基本偏差代号 h 表示,其上极限偏差为零。

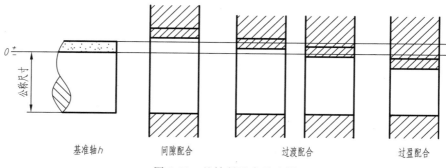

图 8.41 基轴制配合示意图

与基准孔相配合的轴,其基本偏差自 a 至 h 用于间隙配合,j、k、m、n 一般用于过渡配合,p 至 zc 一般用于过盈配合。与基准轴相配合的孔,其基本偏差自 A 至 H 用于间隙配合,J、K、M、N 一般用于过渡配合,P 至 ZC 一般用于过盈配合。

一般情况下,应优先选用基孔制配合,这样可以减少刀具和量具的规格和数量,从而获得较好的技术经济效果。但当同一轴径的不同部位需要与多个孔形成不同配合时,就需要选择基轴制配合。

### 6. 配合代号

配合代号用孔和轴公差带代号组成的分式表示,分子表示孔的公差带代号,分母表示轴的公差带代号。在配合代号中有"H"者为基孔制配合;有"h"者为基轴制配合。如 H7/g6 是基孔制配合,其中,H7 表示孔的公差带代号,H 表示孔的基本偏差,7 为公差等级;g6 表示轴的公差带代号,g 表示轴的基本偏差,6 为公差等级。K7/h6 是基轴制配合,其中,K7 表示孔的公差带代号,K 表示孔的基本偏差,7 为公差等级;h6 表示轴的公差带代号,h 表示轴的基本偏差,6 为公差等级。

### 7. 常用和优先配合

根据生产需要和有利于设计制造,国家标准对尺寸 ≤500 mm 的配合,规定了基孔制的常用配合 59 种,其中优先配合 13 种。基轴制的常用配合 47 种,其中优先配合 13 种。下面给出国家标准中的优先配合。在设计零件时,应尽量选用优先和常用配合。

基孔制有:H7/g6,H7/h6,H7/k6,H7/n6,H7/p6,H7/s6,H7/u6,H8/f7,H8/h7,H9/d9,H9/h9,H11/c11,H11/h11

基轴制有:G7/h6,H7/h6,K7/h6,N7/h6,P7/h6,S7/h6,U7/h6,F8/h7,H8/h7,D9/h9,H9/h9,C11/h11,H11/h11

### 8. 极限与配合在图样中的标注

(1)在零件图上的标注方法常见有下列三种形式:

1)在公称尺寸后面注公差带代号,如 φ30K6。这种注法适用于大批量生产,如图 8.42a 所示。

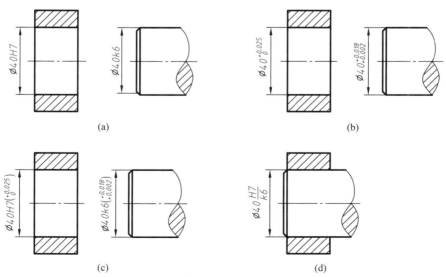

图 8.42　极限与配合在图样中的标注

2）在公称尺寸后面注极限偏差，这种注法适用于小批量生产，如图 8.42b 所示。上极限偏差注写在公称尺寸的右上方，下极限偏差注写在公称尺寸的右下方，且与公称尺寸保持在同一底线上，偏差数值应比公称尺寸数字小一号。上、下极限偏差必须注出正、负号，且上、下极限偏差的小数点要对齐，小数点后的位数也要对齐，如$^{+0.010}_{-0.023}$。上、下极限偏差数字相同时，在公称尺寸之后标注"±"符号和偏差数值，其数字大小与公称尺寸数字高度相同，如 30±0.012。

3）在公称尺寸后面同时标出公差带代号和上、下极限偏差，这时上、下极限偏差必须加括号，如图 8.42c 所示。

（2）在装配图上的标注方法如图 8.42d 所示，在公称尺寸之后标注配合代号，用一分式表示：分子为孔的公差带代号，分母为轴的公差带代号。

**【例 8.1】** 查表写出 $\phi30H7/g6$ 的偏差数值，并说明其配合的含义。

**解：** 由附录中的附表 2、附表 3 中查得：

$\phi30H7$ 的上极限偏差 ES = +0.021；下极限偏差 EI = 0，即：$\phi30H$ 可写成 $\phi30^{+0.021}_{0}$。

$\phi30g6$ 的上极限偏差 es = +0.007；下极限偏差 ei = -0.020，即：$\phi30g6$ 可写成 $\phi30^{+0.007}_{-0.020}$。

$\phi30H7/g6$ 的含义：该配合的公称尺寸为 $\phi30$、基孔制的间隙配合，基准孔的公差带代号为 H7，其中 H 为孔的基本偏差，7 为公差等级；轴的公差带代号为 g6，其中 g 为轴的基本偏差，6 为公差等级。

### 8.5.3 几何公差 [ Geometric Tolerance ]

零件经过加工后，不仅会产生尺寸误差和表面粗糙度，而且会产生几何误差。几何误差会影响零件的使用性能。因此对机器中某些精确度要求较高的零件不仅需要保证其尺寸公差，而且还要保证其几何公差。本节只对几何公差的术语、定义、代号及其标注做简要介绍。

1. 基本概念

《产品几何技术规范（GPS）几何公差　形状、方向、位置和跳动公差标注》GB/T 1182—2018 规定了工件几何公差标注的基本要求和方法。零件的几何特性是零件的实际要素对其几何理想要素的偏离情况，它是决定零件功能的因素之一，几何误差包括形状、方向、位置和跳动误差。控制零件对几何误差的最大变动量称为几何公差。

国家标准 GB/T 1182—2018 将形状公差分为六个项目：直线度、平面度、圆度、圆柱度、线轮廓度和面轮廓度；将方向公差分为五个项目：平行度、垂直度、倾斜度、线轮廓度和面轮廓度；将位置公差分为六个项目：位置度、同心度、同轴度、对称度、线轮廓度和面轮廓度；圆跳动和全跳动为跳动公差。几何公差的每个项目都规定了专用符号，如表 8.3 所示。

2. 几何公差的标注

在图样上标注几何公差时，应有公差框格、被测要素和基准要素（对位置公差）三组内容。

（1）公差框格

公差框由两格或多格组成，框格中的内容用来填写公差项目符号、公差带形状、公差值、基准代号的字母等，表达对几何公差的具体要求。

几何公差框格用细实线绘制，可水平或垂直放置。框格的高度是图中尺寸数字高度的 2 倍，它的长度可根据需要画成两格或多格，第一格为正方形，其他格可为正方形或矩形。框格中的数字、字母和符号与图样中的数字同等高度，如图 8.43 所示。

表 8.3 几何公差各项目的名称和符号 ( GB/T 1182—2018 )

| 公差类型 | 特征项目 | 符号 | 有无基准 | 公差类型 | 特征项目 | 符号 | 有无基准 |
|---|---|---|---|---|---|---|---|
| 形状公差 | 直线度 | — | 无 | 位置公差 | 位置度 | ⊕ | 有或无 |
| | 平面度 | ▱ | 无 | | | | |
| | 圆度 | ○ | 无 | | 同心度<br>（用于中心点） | ◎ | 有 |
| | 圆柱度 | � | 无 | | | | |
| | 线轮廓度 | ⌒ | 无 | | 同轴度<br>（用于轴线） | ◎ | 有 |
| | 面轮廓度 | ⌓ | 无 | | | | |
| 方向公差 | 平行度 | // | 有 | | 对称度 | ＝ | 有 |
| | 垂直度 | ⊥ | 有 | | 线轮廓度 | ⌒ | 有 |
| | 倾斜度 | ∠ | 有 | | 面轮廓度 | ⌓ | 有 |
| | 线轮廓度 | ⌒ | 有 | 跳动公差 | 圆跳动 | ↗ | 有 |
| | 面轮廓度 | ⌓ | 有 | | 全跳动 | ⫽↗ | 有 |

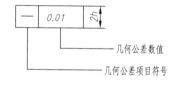
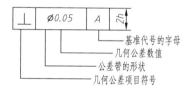

图 8.43 公差框格

（2）被测要素

用带箭头的指引线将框格与被测要素相连,当被测要素为轮廓要素或表面时,箭头应指向轮廓线或其延长线,但应与尺寸线明显错开,如图 8.44a 所示;当被测要素为中心要素(如轴线、中心线、中心平面)时,带箭头的指引线应与尺寸线对齐,如图 8.44b 所示。

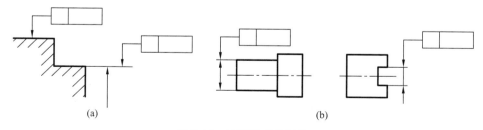

图 8.44 被测要素的标注

（3）基准要素

基准符号由一个涂黑的或空白的三角形、连线和带方格的大写字母组成,如图 8.45 所示。约 5～10 mm;连线和方格用细实线绘制,三角形加连线的长度、方格边长与框格的高度相同。

当基准要素为轮廓要素时,基准三角形应靠近轮廓线或它的延长线,但应与尺寸线明显错开,如图 8.46a 所示;当基准要素为中心要素(如轴线、中心线、中心平面)时,基准符号的连线应与尺寸线对齐。如尺寸线安排不下两个箭头,则另一个箭头可用短横线代替,如图 8.46a、b、c 所示。

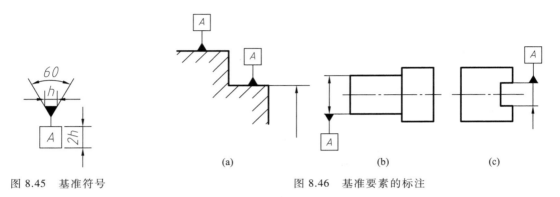

图 8.45　基准符号　　　　　　　　　　　图 8.46　基准要素的标注

3. 几何公差标注示例

【例 8.2】　分析图 8.47 所示的气门阀杆的几何公差标注。

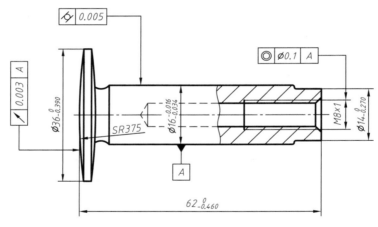

图 8.47　几何公差标注示例

**解**:对该气门阀杆的几何公差要求共有 3 处:

1)$\phi 750$ 的球面对于 $\phi 16$ 轴线的圆跳动公差是 0.003。

2)杆身 $\phi 16$ 的圆柱度公差为 0.005。

3)M8×1 的螺纹孔轴线对于 $\phi 16$ 轴线的同轴度公差是 0.1。

## 8.6　读零件图

[Reading Detail Drawings]

从事各种专业的工程技术人员,都必须具备读零件图的能力,因为读零件图在设计、生产及学习等活动中是一项非常重要的工作。读零件图的目的就是根据零件图分析和想象出该零件的结构形状,弄清该零件的全部尺寸和各项技术要求,根据零件的作用及特点采用适当的加工方法和检验手段生产出合格的零件。本节将通过一个实例介绍读零件图的方法和步骤。

### 8.6.1　读零件图的方法和步骤[Ways and Steps for Reading Detail Drawings]

1. 读标题栏

读一张图,首先从读标题栏入手,从标题栏中了解零件的名称、用途、材料、比例等信息,由此可对该零件有一个概括了解。

2. 分析表达方案

了解该零件选用了几个视图,弄清各视图之间的关系、采用的表达方法和所表达的内容。对于剖视图则应明确剖切位置及投射方向。

3. 分析视图,想象零件的结构形状

该步是读零件图的重要环节。在分析表达方案的基础上,运用形体分析法和线面分析法,从组成零件的基本形体入手,由大到小、从整体到局部,逐步想象出零件的结构形状。

4. 分析尺寸和技术要求

分析零件的长、宽、高三个方向的尺寸基准,然后从基准出发分析各部分的定形尺寸和定位尺寸以及总体尺寸。

分析技术要求主要是了解各配合表面的尺寸公差、各表面的结构要求及其他要达到的技术指标等。

5. 归纳总结

把读懂的结构形状、尺寸标注和技术要求等内容综合起来,就能比较全面地读懂零件图。有时为了读懂比较复杂的零件图,还需参考有关的技术资料,包括零件所在的部件装配图以及与它有关的零件图。

### 8.6.2　读零件图举例[Examples of Reading Detail Drawings]

以图 8.48 所示的机座为例说明如下。

1. 读标题栏

从名称"机座"就知道它是箱体类零件,起支承作用。从材料"HT200"知道,零件毛坯是铸件,是用铸造的方法加工出来的,因此具有起模斜度、铸造圆角、铸件壁厚均匀等结构。

2. 分析表达方案

图 8.48 所示机座零件图,采用了主、俯、左三个基本视图。主视图采用半剖视图,左视图采用局部剖视图,俯视图采用全剖视图。

3. 分析视图,想象零件的结构形状

从图 8.48 机座零件图的三个视图可以看出,零件的基本结构形状如图 8.37 所示。它的基本形体由三部分构成,上部是圆柱体,下部是长方体底板,圆柱体和长方体底板之间用 H 形肋板连接。

读出基本形体之后,再研究细部。圆柱体的内部由三段圆柱孔组成,两端的 $\phi$80H7 是轴承孔,中间的 $\phi$96 是毛坯面。柱面端面上各有 3 个 M8 的螺孔。长方体底板上有 4 个圆角,还有 4

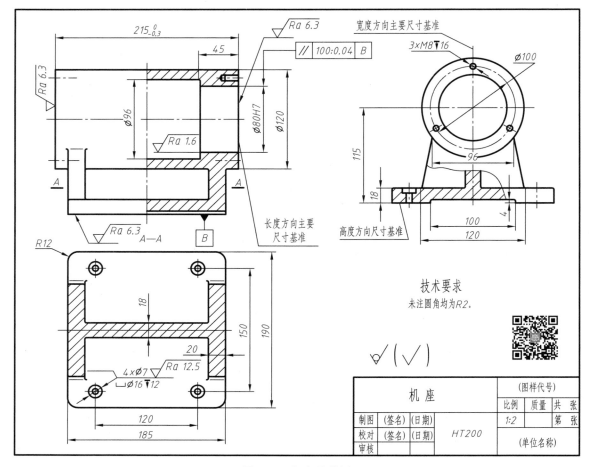

图 8.48　机座零件图

个 $\phi 5$ 的地脚孔,H 形肋板和圆柱为相交关系。

4. 分析尺寸和技术要求

图 8.48 机座长、宽、高三个方向的主要尺寸基准如图所示,主要尺寸有 $\phi 80H7$、115 等。长度方向最大尺寸是 $215_{-0.3}^{0}$;宽度方向的最大尺寸是 190;高度方向的最大尺寸未直接注出,需要计算,$115+120/2 = 175$ 即为高度方向的最大尺寸。

图 8.48 中还注出了各表面粗糙度要求,如左端面和底面 $Ra$ 值都是 6.3 μm。精度最高的是 $\phi 80H7$ 轴承孔,表面粗糙度 $Ra$ 值是 1.6 μm,且有与底面保持平行度的要求。

5. 归纳总结

把上述各项内容综合起来,就得到该机座的总体结构形状,如图 8.49 所示。

图 8.49　机座结构形状

## 思考题

1. 轴套类、盘盖类零件的主视图选择原则是什么？
2. 在零件图上尺寸标注的基本要求是什么？合理标注尺寸应注意什么？
3. 表面粗糙度符号线宽是多少？顶角为多少度？表面粗糙度在图样上标注有哪些主要规定？
4. 零件图上标注线性尺寸公差有哪三种形式？
5. 简述读零件图的步骤和方法。

# 第 9 章　装　配　图

# Chapter 9　Assembly Drawings

**内容提要**：本章主要介绍装配图的作用、内容、表达方法、视图选择、尺寸标注、零件序号、明细栏、装配结构、画装配图步骤、阅读装配图和拆画零件图等内容。

**Abstract**：This chapter introduces details of assembly drawings, mainly on representation, selection of views, dimensioning, part numbering, part listing, part assembling, steps of creating assembly drawings, reading assembly drawings, and making detail drawings from an assembly drawing.

任何机器或部件都是由若干相互关联的零件按一定的装配关系和技术要求装配而成的，表达机器或部件的图样称为装配图。其中表示部件的图样，称为部件装配图；表达一台完整机器的图样，称为总装配图或总图。第 8 章图 8.1 是球阀，其装配图如图 9.1 所示。

## 9.1　装配图的作用和内容
[Function and Contents of Assembly Drawing]

### 9.1.1　装配图的作用[Function of Assembly Drawing]

在设计过程中，设计者为了表达产品的性能、工作原理及其组成部分之间的连接和装配关系，首先需要画出装配图，然后再画出零件图。在生产过程中，生产者需要根据装配图制定装配工艺规程。在使用过程中，装配图可以帮助使用者了解机器或部件的结构，为安装、检验和维修提供技术资料。所以装配图是工程设计人员的设计思想和意图的载体，是设计、制造、调整、试验、验收、使用和维修机器或部件以及进行技术交流不可缺少的重要技术文件。

### 9.1.2　装配图的内容[Contents of Assembly Drawing]

根据装配图的作用，由图 9.1 所示的装配图可以看出，一个完整的装配图应包括以下内容。

（1）一组图形　用各种表达方法和特殊画法，选用一组恰当的图形表达出机器或部件的工作原理、各零件的主要形状结构以及零件之间的装配、连接关系等。

（2）必要的尺寸　装配图中的尺寸包括机器或部件的规格（性能）尺寸、装配尺寸、安装尺寸、总体尺寸等。

（3）技术要求　用文字或符号说明机器或部件的性能、装配、安装、检验、调试和使用等方面的要求。

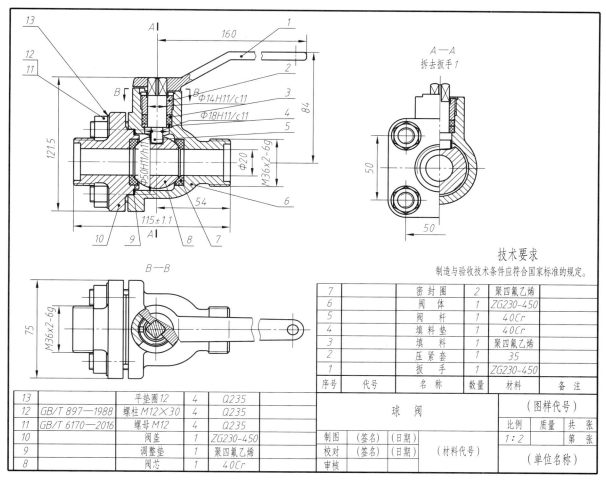

图 9.1 球阀装配图

| 7 | | 密 封 圈 | 2 | 聚四氟乙烯 | |
|---|---|---|---|---|---|
| 6 | | 阀 体 | 1 | ZG230-450 | |
| 5 | | 阀 杆 | 1 | 40Cr | |
| 4 | | 填 料 垫 | 1 | 40Cr | |
| 3 | | 填 料 | 1 | 聚四氟乙烯 | |
| 2 | | 压 紧 套 | 1 | 35 | |
| 1 | | 扳 手 | 1 | ZG230-450 | |
| 序号 | 代 号 | 名 称 | 数量 | 材 料 | 备 注 |

| 13 | | 平垫圈 12 | 4 | Q235 |
|---|---|---|---|---|
| 12 | GB/T 897—1988 | 螺柱 M12×30 | 4 | Q235 |
| 11 | GB/T 6170—2016 | 螺母 M12 | 4 | Q235 |
| 10 | | 阀 盖 | 1 | ZG230-450 |
| 9 | | 调整垫 | 1 | 聚四氟乙烯 |
| 8 | | 阀 芯 | 1 | 40Cr |

技术要求
制造与验收技术条件应符合国家标准的规定。

| 球 阀 | | （图样代号） | | |
|---|---|---|---|---|
| 制图 | （签名）（日期） | 比例 | 质量 | 共 张 |
| 校对 | （签名）（日期）（材料代号） | 1:2 | | 第 张 |
| 审核 | | （单位名称） | | |

（4）零件序号、明细栏和标题栏 在装配图中将不同的零件按一定的格式编号，并在明细栏中依次填写零件的序号、代号、名称、数量、材料、质量、备注等，其中代号列内填写标准件的标准编号或非标准零件的零件图的图号。标题栏包括机器或部件的名称、代号、比例、主要责任人等。

## 9.2 装配图的表达方法
### [Representation of Assembly Drawing]

在第六章第 6.1 节介绍的机件的各种表达法，均适用于装配图。但是，由于装配图表达的侧重点与零件图有所不同，因此，根据装配图的要求国家标准《机械制图》对绘制装配图又制定了一些规定画法和特殊表达方法。

### 9.2.1 规定画法[Conventional Representation]

1. 零件间接触面和配合面的画法

装配图中,零件间的接触面和两零件的配合表面都只画一条线。不接触或不配合的表面,即使间隙很小,也应画成两条线。

2. 剖面符号的画法

在装配图中,为了区别不同零件,相邻两金属零件的剖面线倾斜方向应相反;当三个零件相邻时,其中有两个零件的剖面线倾斜方向一致,但间隔不应相等,或使剖面线相互错开。同一装配图中,同一零件的剖面线倾斜方向和间隔应一致。如图 9.1 所示,阀体 6 在主视图和左视图中的剖面线画成同方向、同间隔;而阀盖 10 与阀体 6 的剖面线方向相反。对于视图上两轮廓线间的距离 ≤2 mm 的剖面区域,其剖面符号用涂黑表示。

3. 剖视图中紧固件和实心零件的画法

在装配图中,对于紧固件和实心的轴、杆、球、钩子、键等零件,若按纵向剖切,且剖切平面通过其对称中心线或轴线时,这些零件均按不剖画出,如图 9.1 中的螺柱 11、螺母 12、阀杆 5;若需要特别表明这些零件的局部结构,如凹槽、键槽、销孔等则用局部剖视表示;如果剖切平面垂直上述零件的轴线,则应画剖面线,如图 9.1 俯视图中阀杆 5 的画法。

### 9.2.2 特殊表达方法[Special Representation]

1. 沿零件的结合面剖切与拆卸画法

为了清楚地表达部件的内部结构,可假想沿某些零件的结合面剖切,这时,零件的结合面不画剖面线,但被剖到的其他零件一般都应画剖面线,如图 9.13 所示,齿轮油泵装配图中的左视图就是沿泵体 6 与垫片 5 的结合面剖切后画出的半剖视图,这些零件的结合面都不画剖面线,但被剖切到的齿轮轴 2、螺钉 15 和销 4 则按规定画出剖面线。

当一个或几个零件在装配图的某一视图中遮住了要表达的大部分装配关系或其他零件,或者为了减少不必要的画图工作时,可以假想拆去一个或几个零件后再绘制该视图,这种画法称为拆卸画法。例如图 9.1 中的左视图就是拆去扳手 13 后画出的,为了便于看图而需要说明时,可加标注"拆去××等"。

2. 假想画法

为了表示机器(或部件)中某些运动零件的运动范围和极限位置,可以在一个极限位置上画出该零件,而在另一个极限位置上用细双点画线画出其轮廓。图 9.2 中细双点画线表示摇柄的另一个极限位置。

当需要表达本装配件与相邻部件或零件的连接关系时,可以用细双点画线画出相邻部件或零件的轮廓,如图 9.2 所示。

3. 夸大画法

在装配图中,绘制装配体中的细小结构、小间隙、薄片零件时,如果按照它们的实际尺寸在装配图中很难画出或难以明显表达时,允许该部分不按原比例而夸大画出。如图 9.1 所示,调整垫 5 的厚度就是夸大画出的。

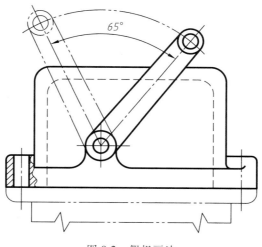

图 9.2　假想画法

4. 简化画法

（1）装配图中若干相同的零件组如螺纹紧固件等，可仅详细地画出一组或几组，其余只需用细点画线表示其装配位置（用螺纹紧固件的轴线或对称中心线表示）。

（2）在装配图中，零件的工艺结构，如倒角、倒圆、退刀槽等可以省略不画。图 9.1 中螺柱 *11*、螺母 *12* 的倒角未画出。

## 9.3　装配图中的尺寸标注

[Dimensioning of Assembly Drawings]

装配图的作用与零件图不同，对尺寸标注的要求也不同。在装配图中不必标出零件的全部尺寸，只需标注下列几种必要尺寸。

1. 规格（性能）尺寸

说明机器（或部件）的规格或性能的尺寸，它是设计的主要参数，也是用户选用产品的主要依据，如图 9.1 中球阀的公称直径 $\phi20$。

2. 装配尺寸

表明机器或部件上有关零件间装配关系的尺寸，它是保证部件正确装配、说明配合性质及装配要求的尺寸，主要包括：

（1）配合尺寸

表示零件间有配合要求的尺寸，如图 9.1 中的 $\phi18H11/c11$ 等。

（2）相对位置尺寸

相对位置尺寸一般表示主要轴线到安装基准面之间的距离、主要平行轴之间的距离和装配后两零件之间必须保证的间隙，如图 9.1 中的阀体 *1* 管道孔轴线与扳手之间的距离 84。

3. 外形尺寸

表示机器（或部件）的总长、总宽和总高尺寸。外形尺寸表明了机器（或部件）所占的空间大小,为包装、运输和安装提供参考,如图 9.1 中的尺寸 115±1.1、75 和 121.5。

4. 安装尺寸

将机器安装在基础上或部件与其他零件、部件相连接时所需要的尺寸,如图 9.1 中阀盖和阀体上的螺纹尺寸 M36×2-6g。

5. 其他重要尺寸

包括设计时经过计算确定的尺寸及运动件活动范围的极限尺寸但又未包括在上述四类尺寸的一些重要尺寸。

需要说明的是,装配图上的某些尺寸有时兼有几种意义,而且每一张装配图上也不一定都具有上述五类尺寸。在标注尺寸时,应根据实际情况具体分析,合理标注。

# 9.4 装配图的零件序号和明细栏
## [Part Numbering and Part Listing of Assembly Drawings]

为了便于读图、进行图样管理和做好生产准备工作,在装配图中对所有零件(或部件)都必须编写序号,并在标题栏上方画出明细栏,填写零件的序号、代号、名称、数量、材料等内容。

1. 序号[Serial number]

序号是对装配图中所有零件(或部件)按顺序编排的号码,是为了看图方便而编制的。编写序号必须按以下规定和方法进行。

(1)一般规定

1)装配图中所有的零、部件都必须编写序号。在同一装配图中相同的零件只编写一个序号,标准化组件(如滚动轴承、电动机等)可视为一个整体编写一个序号。

2)装配图中零件序号应与明细栏中的序号一致。

(2)序号的编排方法

1)编写序号的常见形式如下:在所指的零、部件的可见轮廓内画一圆点,然后从圆点开始画指引线(细实线),在指引线的另一端画一水平线或圆(细实线),在水平线上或圆内注写序号,序号的字高应比尺寸数字大一号或两号,如图 9.3a 所示;也可以不画水平线或圆,在指引线另一端附近注写序号,如图 9.3b 所示;对很薄的零件或涂黑的剖面,不宜画圆点时,可在指引线末端画出箭头,并指向该部分的轮廓,如图 9.3c 所示。

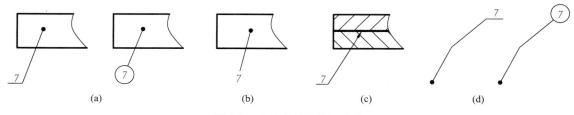

(a)           (b)           (c)           (d)

图 9.3 零件序号的编写形式

2)零件序号的指引线不能相交,当指引线通过剖面区域时,也不应与剖面线平行。必要时指引线可画成折线,但只可曲折一次,如图 9.3d 所示。

3）一组紧固件或装配关系清楚的零件组,可采用公共指引线进行编号,如图 9.4 所示。

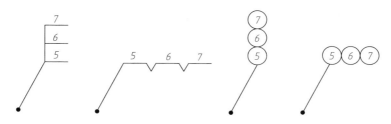

图 9.4   零件组的编写形式

4）装配图中的序号应注在视图的外面,按水平或垂直方向,按顺时针或逆时针方向顺次整齐排列,并尽可能均匀分布,如图 9.1 所示。当在整个图上无法连续时,可只在每个水平或垂直方向顺序排列。

5）部件中的标准件,可以与非标准零件一起按顺序编写序号,如图 9.1 所示;也可以不编写序号,而将标准件的数量与规格直接用指引线标明在图中。

2. 明细栏〔Details column〕

明细栏是机器或部件中全部零、部件的详细目录,格式请参照国家标准 GB/T 10609.2—2009。图 9.5 是推荐学习用的格式。明细栏位于标题栏的上方并与它相连。明细栏中的序号自下而上排列,这样便于填写增加的零件,如图 9.1 所示。代号栏中填写零件所属部件图的图样代号。标准件的名称及规格一并填写在零件名称栏内。有些零件的重要参数可填入备注栏内,如齿轮的齿数、模数等。当标题栏上方位置不足以填写全部零件时,可将明细栏分段依次画在标题栏的左方,如图 9.1 所示。在特殊的情况下,明细栏也可作为装配图的续页,按 A4 幅面单独编写在另一张纸上,其填写顺序应自上而下。

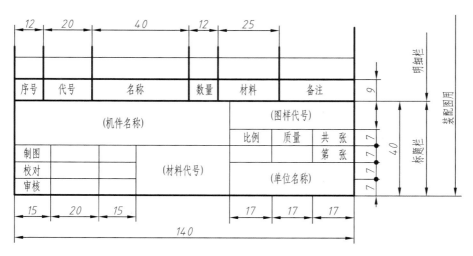

图 9.5   零件明细栏

# 9.5  常见的合理装配结构
## [Common Assembly Processes]

在机器或部件的设计中,应该考虑装配结构的合理性,以保证机器或部件的工作性能可靠,并给零件的加工和拆装带来方便。下面介绍几种常见的装配工艺结构。

(1) 为了保证零件之间接触良好,又便于加工和装配,两个零件在同一方向上(横向或竖向)一般只能有一个接触面。若要求在同一方向上有两个接触面,将使加工困难,成本提高,且不便于装配,如图 9.6 所示。

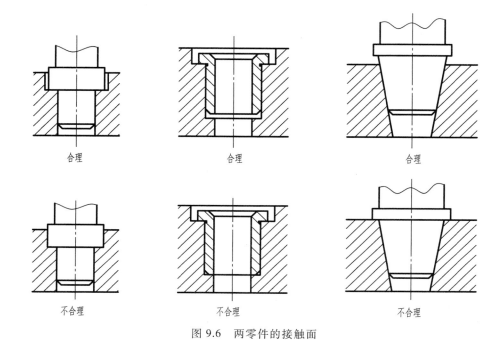

图 9.6  两零件的接触面

(2) 当轴与孔配合,且轴肩与孔的端面相互接触时,应在孔的接触端面制成倒角或在轴肩根部切槽,以保证两零件接触良好,如图 9.7 所示。

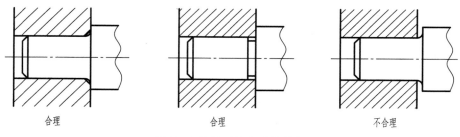

图 9.7  接触面转角处的结构

(3) 零件的结构设计要考虑维修时拆卸方便,轴承内圈外径应大于轴端面的外径,如图 9.8

所示。

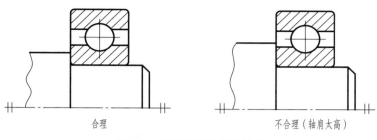

图 9.8 装配结构要便于拆卸

（4）用螺栓连接的地方要留足装拆的活动空间,如图 9.9 所示。

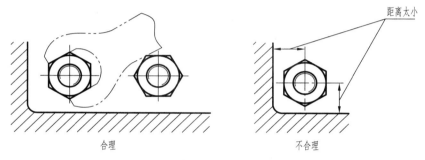

图 9.9 螺纹连接的装配结构

## 9.6 画装配图的步骤

[Precedures for Making Assembly Drawings]

机器或部件是由一些零件所组成,那么根据部件所属的零件图及有关资料,就可以拼画成部件的装配图。

1. 了解机器或部件

对机器或部件的实物(图 9.1)或装配示意图(图 9.10)进行仔细的分析,了解其用途、工作原理、各零件间的装配关系和零件间的相对位置及连接方法等,为绘制装配图做好准备。

现以图 9.1 所示的球阀为例介绍绘制装配图的方法和步骤。

球阀的用途:球阀是管路中用来启闭及调节流体流量的部件,它由阀体等零件和一些标准件所组成。

球阀的工作原理:球阀体内装有阀芯,阀芯上部的凹槽与阀杆的扁头相接,当用扳手旋转阀杆并带动阀芯转动一定角度时,即可改变阀体通孔与阀芯通孔的相对位置,从而起到启闭及调节管路内流体流量的作用。

球阀的装配关系:阀体 6 和阀盖 10 都带有方形凸缘,它们用四个螺柱 11 和螺母 12 连接,并用调整垫 9 调节阀芯 8 与密封圈 7 之间的松紧程度。在阀体上部有阀杆 5,阀杆下部有凸块,榫接阀芯 8 上的凹槽。为了密封,在阀体与阀杆之间加进填料垫 4、填料 3,并旋入填料压紧套 2。

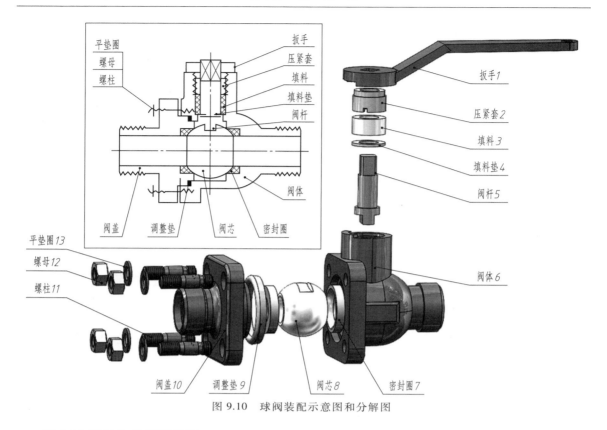

图 9.10　球阀装配示意图和分解图

图 9.11 所示为球阀零件图。

2. 确定视图表达方案

（1）选择主视图

主视图的选择应符合它的工作位置,并尽可能反应机器或部件的结构特点、工作原理和装配关系,这样对于设计和指导装配都会带来方便。一般在机器或部件中,将装配关系密切的一组零件,称为装配干线。为了清楚表达部件内部的装配关系,主视图通常采用通过主要装配干线的轴线剖切,如图 9.1 所示。

（2）选择其他视图

分析主视图尚未表达清楚的机器或部件的工作原理、装配关系和零件的结构形状,再选择其他视图来补充主视图未表达清楚的结构。

球阀按图 9.10 装配示意图的放置位置和投射方向采用全剖视图表达它的两条装配干线,主视图虽清楚地反映了各零件间的主要装配关系和球阀工作原理,可是球阀的外形结构以及其他一些装配关系还没有表达清楚。于是选取左视图,补充反映了它的外形结构;选取俯视图,并作 $B$—$B$ 局部剖视,反映扳手与定位凸块的关系。

3. 画装配图的步骤

（1）定比例、图幅,画出图框。

根据拟定的表达方案以及部件的大小与复杂程度,确定适当的比例,选择标准图幅,画好图框,如图 9.12a 所示。

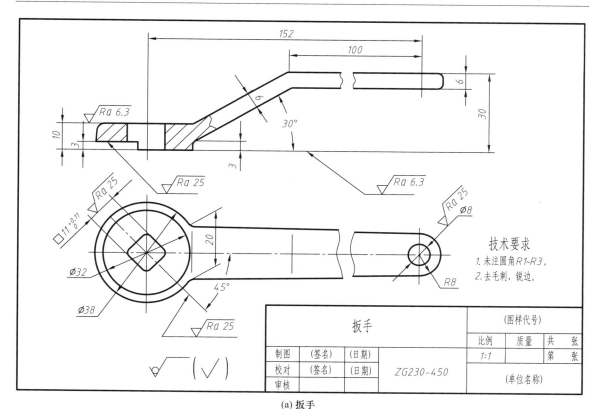

(a) 扳手

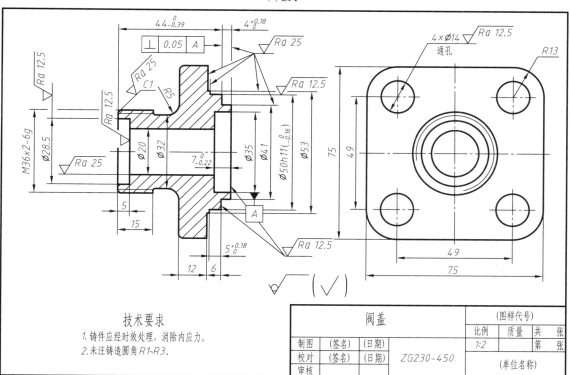

(b) 阀盖

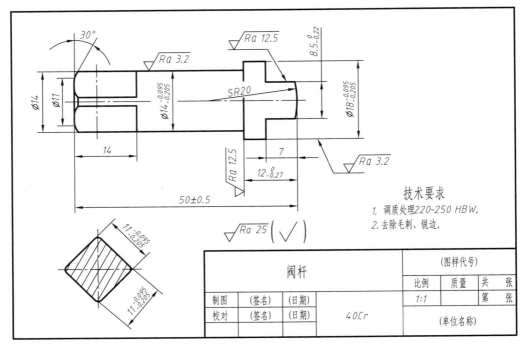

30°
Ra 3.2
Ra 12.5
$8.5_{-0.22}^{0}$
Ø14
Ø11
$Ø14_{-0.205}^{-0.095}$
SR20
$Ø18_{-0.205}^{-0.095}$
14
7
Ra 12.5
$12_{-0.27}^{0}$
Ra 3.2
50±0.5
$11_{-0.205}^{-0.095}$
$11_{-0.205}^{-0.095}$
Ra 25 (√)
技术要求
1. 调质处理220~250 HBW。
2. 去除毛刺、锐边。
阀杆
(图样代号)
比例
质量
共 张
第 张
1:1
制图
(签名)
(日期)
校对
(签名)
(日期)
40Cr
(单位名称)

(c) 阀杆

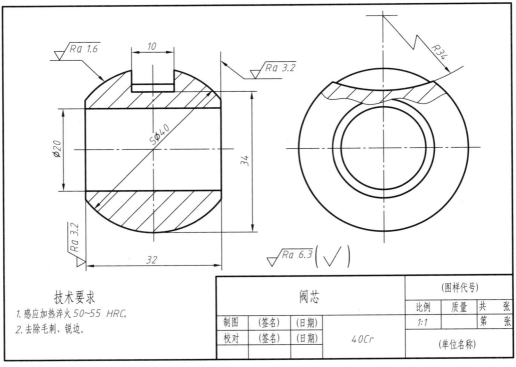

Ra 1.6
10
Ra 3.2
R34
Ø20
SØ40
34
Ra 3.2
32
Ra 6.3 (√)
技术要求
1. 感应加热淬火 50~55 HRC。
2. 去除毛刺、锐边。
阀芯
(图样代号)
比例
质量
共 张
第 张
1:1
制图
(签名)
(日期)
校对
(签名)
(日期)
40Cr
(单位名称)

(d) 阀芯

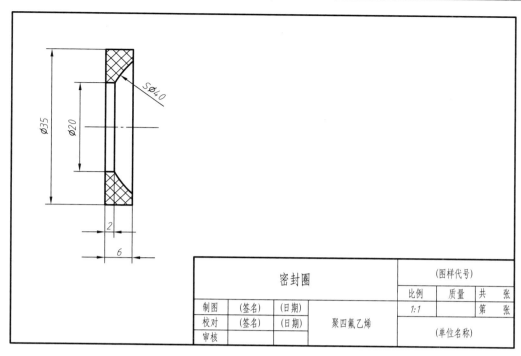

| 密封圈 | | | (图样代号) | | | |
|---|---|---|---|---|---|---|
| | | | 比例 | 质量 | 共 | 张 |
| 制图 | (签名) | (日期) | 1:1 | | 第 | 张 |
| 校对 | (签名) | (日期) | 聚四氟乙烯 | | | |
| 审核 | | | (单位名称) | | | |

(e) 密封圈

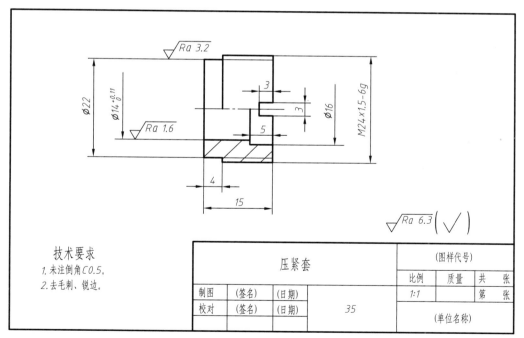

技术要求

1. 未注倒角C0.5。
2. 去毛刺、锐边。

| 压紧套 | | | (图样代号) | | | |
|---|---|---|---|---|---|---|
| | | | 比例 | 质量 | 共 | 张 |
| 制图 | (签名) | (日期) | 1:1 | | 第 | 张 |
| 校对 | (签名) | (日期) | 35 | | | |
| | | | (单位名称) | | | |

(f) 压紧套

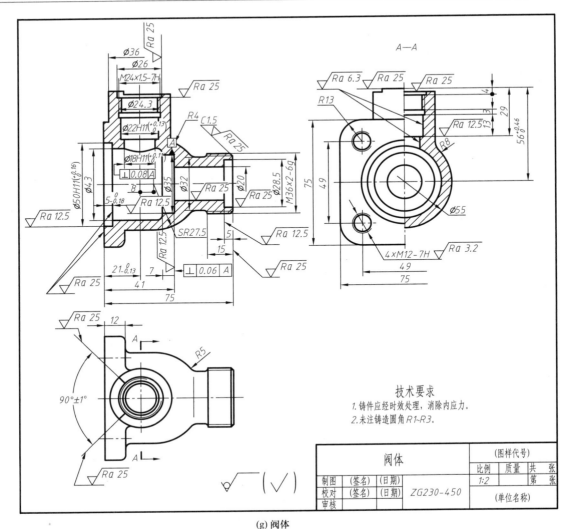

(g) 阀体

图 9.11　球阀零件图

（2）合理布图，画出各视图的主要基准线。

根据表达方案，合理地布置各个视图，画出各视图的主要轴线、对称中心线及作图基线。为便于画图和看图，各视图间的位置应尽量符合投影关系。视图间及视图与边框间应留出一定位置，以便注写尺寸和零件序号。整个图样的布局应匀称、美观，如图 9.12a 所示。

（3）画装配图底稿。

画图时，一般由主视图画起，几个视图配合起来画。可以从机器或部件的机体出发，逐次由外向内画出各个零件；也可以从主要装配干线出发，由内逐次向外扩展。在画图时，可根据机器或部件的结构及表达方案灵活选用或综合运用上述两种方法。

如图 9.12b 所示，先画主要零件阀体的轮廓线，三个视图要联系起来画。然后如图 9.12c 所示，根据阀盖和阀体的相对位置画上另一主要零件阀盖的三视图。最后如图 9.12d 所示，画出其他零件的三视图，补全成完整的三视图。

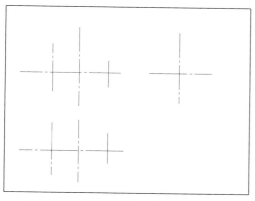

(a) 画出各视图的主要轴线、对称中心线及作图基线

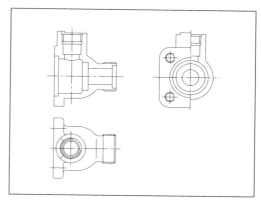

(b) 画主要零件阀体的轮廓线

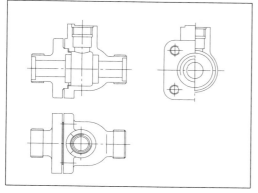

(c) 按装配位置画上另一主要零件阀盖的三视图

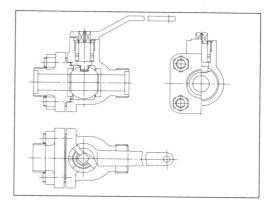

(d) 画出其他零件,补全成完整的三视图

图 9.12　画球阀装配图的步骤

检查底稿,绘制标题栏及明细栏,并加深全图,画剖面线。

（4）标注尺寸。标注球阀的性能（规格）尺寸,如球阀的公称直径 $\phi20$；装配尺寸,如阀体和阀盖的配合尺寸 $\phi50H11/h11$ 等；安装尺寸,如 $M36×2\text{-}6g$ 等；外形尺寸,如 75、121.5 等。

（5）编序号,填写明细栏、标题栏和技术要求。

（6）检查全图,签署姓名,完成全图,如图 9.1 所示。

## 9.7　读装配图及由装配图拆画零件图

[Reading Assembly Drawing and Making Detail Drawings from an Assembly Drawing]

在机器的设计、制造、装配、检验、使用、维修以及技术交流等生产活动中,都要用到装配图。因此工程技术人员必须掌握读装配图及由装配图拆画零件图的方法。

读装配图的目的,是从装配图中了解部件中各个零件的装配关系和部件的工作原理,分析和读懂其中主要零件及其他有关零件的结构形状。在设计时,还要根据装配图画出该部件的零件图。

现以图 9.13 所示齿轮油泵为例,说明读装配图的方法和步骤。图 9.14 为齿轮油泵的轴测图。

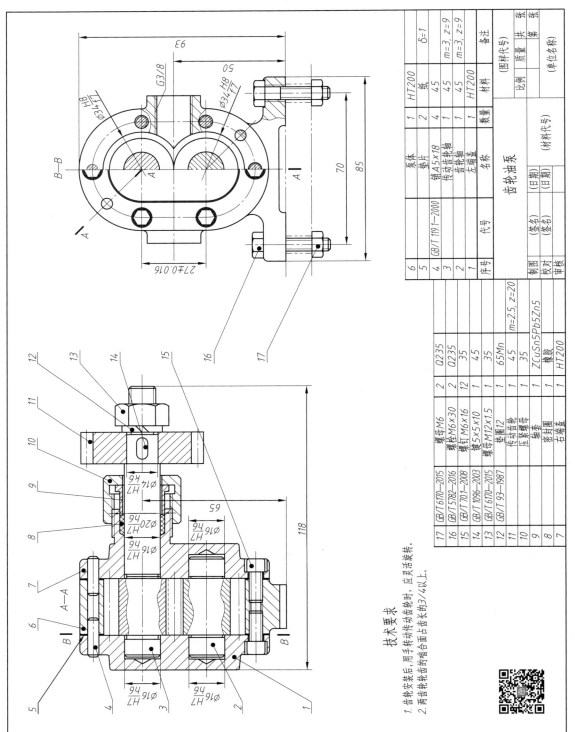

**技术要求**

1. 齿轮安装后，用手转动传动齿轮时，应灵活转转。
2. 两齿轮齿轮齿的啮合面占齿长的3/4以上。

图9.13 齿轮油泵装配图

1. 读装配图的方法和步骤

（1）概括了解

首先通过阅读标题栏和产品说明书等有关资料了解机器或部件的名称、用途和性能、比例等。

其次由明细栏，对照装配图中的零件序号，可了解机器或部件中所含的标准零、部件和非标准零、部件的名称、数量、材料和它们所在的位置，以及标准件的规格、标记等。

然后分析视图，根据装配图上视图的表达情况，明确视图间的投影关系，以及剖视图、断面图的剖切位置及投射方向，从而弄清各视图的表达重点。

齿轮油泵是机器中用来输送润滑油的一个部件。如图9.13所示，对照零件序号和明细栏可以看出，这个齿轮油泵是由泵体、左、右端盖、齿轮轴、传动齿轮

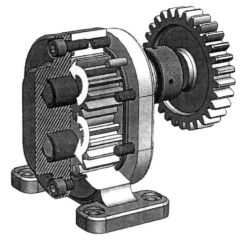

图9.14 齿轮油泵轴测图

轴、密封零件以及标准件等17种零件组成。齿轮油泵采用两个视图表达。主视图沿着主要装配干线剖切，采用了全剖视图，该图反映了各零件之间的装配关系。左视图采用了沿左端泵盖与泵体结合面剖切的特殊表达方法，B—B半剖视图既反映了齿轮油泵的外形，又表达了齿轮啮合的情况及油泵的工作原理，局部剖视表达了吸油口及压油口的情况。

（2）了解机器或部件的工作原理和传动关系

对机器或部件有了概括了解之后，还应了解机器或部件的工作原理，一般应从传动关系入手。

例如图9.13所示的齿轮油泵：当外部动力经传动齿轮11、键14将扭矩传递给传动齿轮轴3，即产生旋转运动。传动齿轮轴按逆时针方向旋转时，经过齿轮啮合带动齿轮轴2按顺时针方向转动。

齿轮油泵工作原理如图9.15所示，当泵体中的一对齿轮啮合传动时，吸油腔一侧的齿轮逐步分离，齿间容积逐渐扩大形成局部真空，油压降低，因而油池中的油在外界大气压力的作用下，沿吸油口进入吸油腔，吸入到齿槽中的油随着齿轮的继续旋转被带到左侧压油腔，由于左侧的齿轮又重新啮合而使齿间容积逐渐缩小，使齿槽中不断挤出的油成为高压油，并由压油口压出，然后经管道被输送到机器中需要润滑的部位。

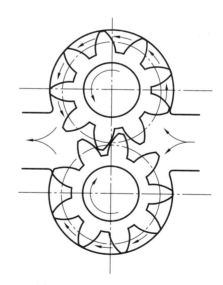

图9.15 齿轮油泵工作原理图

（3）了解机器或部件中零件间的装配关系

泵体6是齿轮油泵中的主要零件之一，它的内腔容纳一对吸油和压油的齿轮。将齿轮轴2、传动齿轮轴3装入泵体后，两侧有左端盖1、右端盖7支承这一对齿轮轴的旋转运动。由销4将左、右端盖与泵体定位后，再用螺钉15将左、右端盖与泵体连接成整体。为了防止泵体与端盖结合面处以及传动齿轮轴3伸出端漏油，分别用密封圈8、轴套9、压紧螺母10密封。

（4）分析零件的作用及结构形状

为深入了解机器或部件的结构特点，需要分析组成零件的结构形状和作用。对于装配图中的标准件（如螺纹紧固件、键、销等）和一些常用的简单零件，其作用和结构形状比较明确，无须细读，而对主要零件的结构形状必须仔细分析。

分析零件时首先对照明细栏，在编写零件序号的视图上确定该零件的位置和投影轮廓，按视图的投影关系及根据同一零件在各视图中剖面线方向和间隔应一致的原则来确定该零件在各个视图中的投影，然后分离其投影轮廓，对于因其他零件的遮挡或因表达方法的规定而未表达清楚的结构，可按形体分析和结构分析的方法，弄清零件的结构形状。

如右泵盖，其上部有传动齿轮轴 3 穿过，下部有齿轮轴 2 轴颈的支承孔，在右部的凸缘的外圆柱面上有外螺纹，以便与管路相连。用压紧螺母 10 通过轴套 9 将密封圈 8 压紧在轴的四周，因此右泵盖的外形为长圆形，沿周围分布有六个具有沉孔的螺钉孔和两个圆柱销孔。

（5）了解尺寸及技术要求

装配图上的尺寸表示了机器或部件的特性、外形大小、安装尺寸，各个零件间的配合关系、连接关系、相对位置。从图 9.13 装配图中配合尺寸可知：两齿轮轴的齿顶圆与泵体内腔的配合尺寸 $\phi34.5$ H8/f7、两齿轮轴与左右端盖的配合尺寸 $\phi16$ H7/h6 以及填料压盖与右端盖的配合尺寸 $\phi20$ H7/h6 都是间隙配合，而传动齿轮与传动齿轮轴之间的配合尺寸是 $\phi14$ H7/k6，它属于基孔制的优先过渡配合。两啮合齿轮的中心距尺寸是 27±0.016，这个尺寸的准确与否，将会直接影响齿轮的啮合传动。尺寸 65 是传动齿轮轴线离泵体安装面的高度尺寸。其他尺寸请读者自行分析。

装配图上如有技术要求也需了解。

（6）归纳总结

在逐一弄清以上各项内容的基础上，根据机器或部件的功用、性能、工作原理、结构特点和使用方法，零件间的装配关系、连接方式、定位和调整，部件的安装方法，以及装配图中各个视图的表达内容和每个尺寸所属种类等方面，进行归纳总结，以便加深对被表达机器或部件的全面认识。

2. 由装配图拆画零件图

在机器或部件的设计和制造过程中，有时需要由装配图拆画零件工作图，简称拆图。拆图必须在全面读懂装配图的基础上进行。对于零件图的作用、要求及画法，在第 8 章中已做了研究，这里着重叙述由装配图拆画零件图时应注意的几个问题。

（1）关于视图的处理

拆画零件图时，零件在装配图上的表达方案可作为参考，不要机械地照搬。零件的表达方案要根据其结构形状特点考虑，对于轴套类零件，一般按加工位置选取主视图，而箱体类零件主视图的位置，可以与装配图一致。

（2）关于零件结构形状的处理

在装配图中对零件的某些局部结构可能表达不完全，而且对一些工艺标准结构还允许省略（如圆角、倒角、退刀槽、砂轮越程槽等）。拆画零件图时，确定装配图中被分离零件投影后，补充被其他零件遮住部分的投影，同时考虑设计和工艺的要求，增补被简化掉的结构，合理设计未表达清楚的结构。

（3）关于零件图上的尺寸处理

装配图中只有一些必要的尺寸，零件的各部分尺寸并未标注完整。因此在拆画零件图时，必须根据零件在机器或部件中的作用、装配和加工工艺的要求,运用结构分析和形体分析的方法,按零件图的要求合理选择尺寸基准,注全尺寸。具体做法如下:

1) 按装配图上已有的尺寸直接注出 凡装配图中已经注出的尺寸,在零件图上应直接注出。对于配合尺寸及相对位置尺寸,一般应注出偏差数值,或注出公差代号,如图 9.13 中尺寸 27±0.016、$\phi$20H7 等。

2) 由查表确定的尺寸 凡与标准件相连接或配合的有关尺寸,如螺孔、销孔等的直径,以及有标准规定的结构尺寸,如倒角、退刀槽、砂轮越程槽等,要从相应的标准中查取,如图 9.18 中尺寸 M27×1.5、2×$\phi$5 等。

3) 经计算确定的尺寸 需要根据明细栏中所给的数据进行计算的尺寸,如齿轮的齿顶圆、分度圆直径等,要经过计算后再把计算结果注在图中。

4) 在装配图上度量确定尺寸 其他尺寸均按装配图的图形大小和图样比例,直接量取标注。但要注意尺寸数字的圆整和取标准化数值。对于零件间有配合、有连接关系的尺寸,应注意协调一致,以保证正确装配。

(4) 关于零件图中技术要求的处理

技术要求在零件图中占有重要地位,它直接影响零件的加工质量。根据零件在机器或部件中的作用、要求和加工方法及与其他零件的装配关系,参考有关资料,确定表面结构表示法、尺寸公差等。零件的其他技术要求,根据零件的作用、要求、加工工艺,参考有关资料拟定。

现根据图 9.13 所示的齿轮油泵装配图简单说明拆画右泵盖零件图的过程。

拆图时首先根据零件的序号和剖面符号,在装配图各视图中找到右端盖的视图轮廓。

由于在图 9.13 所示的主视图中,右端盖的一部分轮廓线被其他零件遮挡,因此它是一幅不完整的图形,如图 9.16a 所示,根据该零件的作用及装配关系,补全所缺的轮廓线,如图 9.16b 所示。右端盖为盘盖类零件,一般可用两个视图表达。从装配图的主视图中拆画的右端盖图形,显示了右端盖各部分的结构,如图 9.17 所示的轴测图。所以该图仍可作为零件图的主视图,只不过根据其结构特征,按主要加工位置放置,调整位置后的零件工作图如图 9.18 所示。

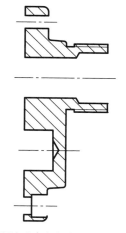
(a) 从装配图中分离出右端盖的主视图
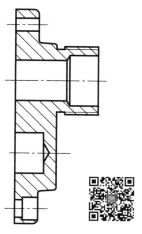
(b) 补全图线的右端盖主视图

图 9.16 由装配图拆画零件图

图 9.17 右端盖轴测图

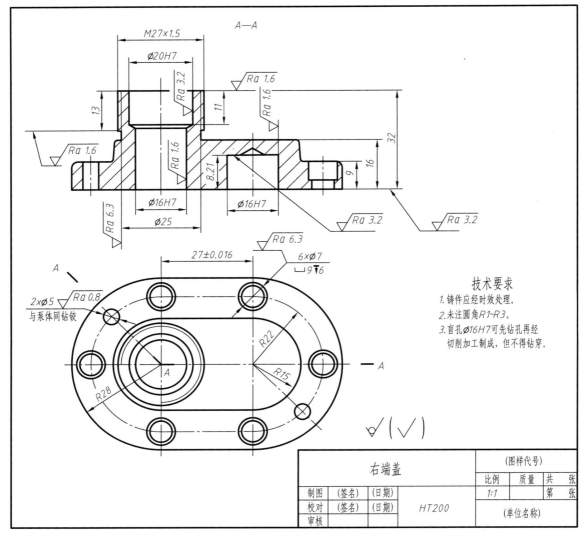

图 9.18　右端盖零件图

## 📖 思考题

1. 装配图的画法有哪些？
2. 在装配图中一般标注哪几类尺寸？
3. 在装配图中编排零(部)件的序号时应遵守哪些规定？
4. 简述读装配图的方法和步骤。
5. 由装配图拆画零件图时应注意哪些问题？
6. 零件图和装配图的区别有哪些？

# 第 10 章　电气制图简介

# Chapter 10　Brief Introduction to Electrical/Electronic Drawings

**内容提要:**本章简单介绍了有关框图、电路图、接线图、线扎图及印制电路板图的基本知识，并对上述各图的绘制作了简要说明。

**Abstract:** This chapter introduces basics of depict schematics, circuit diagrams, wiring diagrams, cable interconnections and printed circuit boards.

## 10.1　框图

### [ Depicting Schematics ]

### 10.1.1　概念[ Concept ]

框图粗略地表达了电路的组成情况，通常给出其主要单元电路的位置、名称及各部分单元电路之间的连接关系。通过框图可以了解系统或设备的总体概况和简要工作原理。

### 10.1.2　框图的绘制[ Making Depict Schematics ]

框图一般采用方框符号或带有注释的框进行绘制，如图 10.1 所示。

图 10.1　方框符号

框图的布局一般按信号的流向从左至右排成一行，当一行尚不足以排布时，允许自上而下相互平行地横排。布局时，将输入端布置在左侧，输出端布置在右侧，辅助电路布置在主电路下方，如图 10.2 所示。

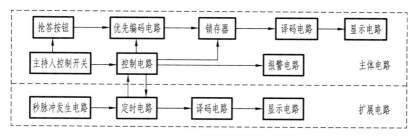

图 10.2　方框图的布局

## 10.2  电路图

[ Circuit Diagrams ]

### 10.2.1  概念[ Concept ]

电路就是电流流经的路径。在分析电路时,按照国家标准《电气简图用图形符号(GB/T 4728.1~13—2018)》的规定,将各种电路元件用相应的图形符号来替代,这样画成的图称为电路图,如图 10.3 所示。电路图反映了各元器件间的工作原理及其相互连接关系。

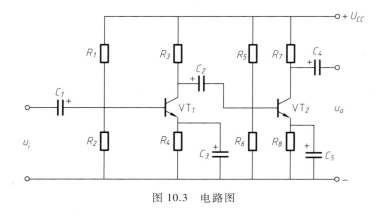

图 10.3    电路图

### 10.2.2  常用电气设备的文字、图形符号[ Letters and Symbols for Electrical and Electronic Components ]

电子元器件在电路图中应采用图形符号表示,并标注相应的文字符号;图形符号应符合 GB/T 4728.1—2018 的规定。表 10.1 中列出了部分电气设备的文字、图形符号。

表 10.1    常用电气设备的文字、图形符号

| 名称 | 文字符号 | 图形符号 | 名称 | 文字符号 | 图形符号 |
|------|---------|---------|------|---------|---------|
| 电阻 | $R$ | | 可变电容 | $C$ | |
| 可变电阻 | $R$ | | 半导体二极管 | D | |
| 电位器 | $R$ | | 发光二极管 | D | |
| 电容 | $C$ | | PNP 型晶体管 | T | |
| 电解电容 | $C$ | | NPN 型晶体管 | T | |

### 10.2.3 电路图的画法[Making Circuit Diagrams]

绘制电路图可按下列步骤进行：

（1）按电路不同功能将全电路分成若干级,然后以各级电路中的主要元件为中心,在图中沿水平方向分成若干段。

（2）电路的输入端画在图的左侧,输出端画在图的右侧,使信号从左到右、从上而下流动。

（3）排布各级电路主要元件的图形符号,使其尽量位于图形中心水平线上。应注意电路图上每一个图形符号都要标注元器件的文字符号,每一类元器件要按照它们在图中的位置,自上而下、从左到右地注出它们的位置序号,如 $R_1$、$R_2$、$R_3$ 等。

（4）分别画出各级电路之间的连接及有关元器件,一般应使同类元件尽量在横向或纵向对齐,尽量减少接线交叉。应注意水平和垂直导线相交时,在相交处画一黑圆点;若导线不相交但又出现交叉情况时,在相交处不加黑圆点,如图 10.4 所示。

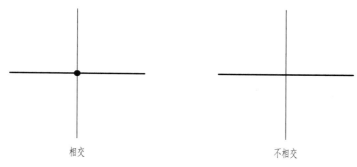

相交        不相交

图 10.4 导线相交与不相交的画法

（5）画全其他附加电路及元器件,标注数据及代号。

（6）检查全图连接是否有误,布局是否合理,最后加深。

## 10.3 接线图
[Wiring Diagrams]

### 10.3.1 概述[Summary]

接线图是用来表示各元件的相对位置和接线实际状态的略图。接线图可用来指导安装、检查、维修和故障处理工作。接线图在其表达上有四种不同的形式,即直接式、基线式、走线式(干线式)和表格式。各种接线形式适用于不同情况,在学习时应注意正确应用。

### 10.3.2 接线图绘制须知[Notes]

（1）按元器件在设备中的真实位置画出外形和接头。

（2）从设备背面看元器件的接头或管脚编号是顺时针方向。

（3）对图中每一根导线标号的方法有两种：

1）顺序法——按接线的次序进行标号。每根导线有一个编号,分别写在导线两端接头处,如图 10.5 所示。

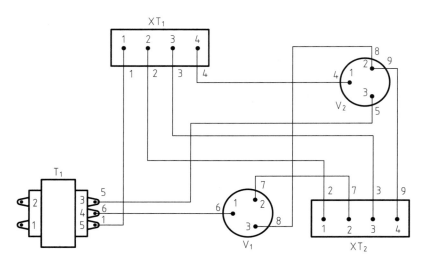

图 10.5   直接式接线图

2）等电位法——每根导线用两组号码进行编号,第一组表示等电位序号,第二组表示相同电位导线的序号,如图 10.6 所示。

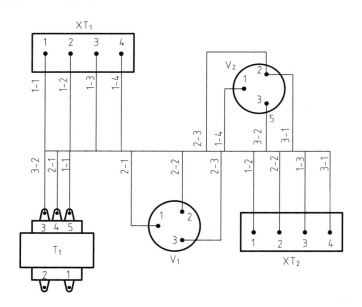

图 10.6   基线式接线

（4）接线图必须附有接线表,以便将每根导线的资料全部列出。

### 10.3.3 接线图的表达形式 [ Representation of Wiring Diagrams ]

1. 直接式接线图

在元器件的接头与接头之间,用各种不同规格和颜色的导线连接起来,表示这种接线方式的图称为直接式接线图,如图 10.5 所示。直接式接线图适用于简单电子器件的接线,能使读者直接在图上看出每一根导线的通路。

2. 基线式接线图

从各端点引出的导线,全部绑扎在一条称为"基线"的直线上,基线一般画在元器件的中间,表示这种接线方式的图称为基线式接线图,如图 10.6 所示。基线式接线图对线扎的固定比较方便,适用于易受振动的产品和多层重叠接线面的布线。为更清楚地说明基线式接线图上各端点的连线关系,可附加接线表。

3. 走线式接线图

将元器件走线相同的导线绑扎成一束,表示这种接线方式的图称为走线式(干线式)接线图(也称走线图或干线图),如图 10.7 所示。

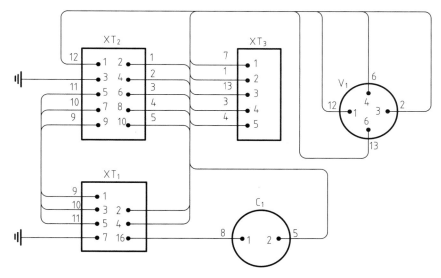

图 10.7 走线式接线图

走线图能近似反映内部线路接法,因此走线图与基线图的特点近似,但比基线图直观。画图时走向线用粗实线表示,导线用细实线表示。

4. 表格式接线图

在图上只画元器件外形和端点,不画导线,以表格形式代替导线通路,表示这种接线方式的图,称为表格式接线图(简称表格图),如图 10.8 所示。表格图的最大特点是没有接线,这对于用几张图纸画的复杂接线图特别适用。画图时,表格中的元器件仍按在设备中的位置画,表格放在图纸右上角。

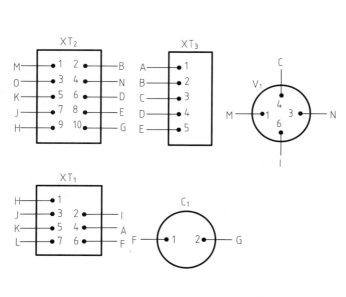

| 线号 | 导线规格 | 来自何处 | 接到何处 |
|---|---|---|---|
| A | 橙 | $XT_3-1$ | $XT_1-4$ |
| B | 白 | $XT_3-2$ | $XT_2-2$ |
| C | 紫 | $XT_3-3$ | $V_1-2$ |
| D | 蓝 | $XT_3-4$ | $XT_2-6$ |
| E | 绿 | $XT_3-5$ | $XT_2-8$ |
| F | 棕 | $C_1-1$ | $XT_1-6$ |
| G | 红 | $C_1-2$ | $XT_2-10$ |
| H | 灰-白 | $XT_1-1$ | $XT_2-9$ |
| I | 黄 | $XT_1-2$ | $V_1-4$ |
| J | 蓝-紫 | $XT_1-3$ | $XT_2-7$ |
| K | 黄-绿 | $XT_1-5$ | $XT_2-5$ |
| L | 黑 | $XT_1-7$ | 其他 |
| M | 黑-红 | $V_1-1$ | $XT_2-1$ |
| N | 灰 | $V_1-3$ | $XT_2-4$ |
| O | 黑 | $XT_2-3$ | 其他 |

图 10.8　表格式接线图

## 10.4　线扎图
［Wiring-drawings］

### 10.4.1　线扎图的基本概念［Basic Concept of Wiring-drawings］

线扎图是用来表示多条导线或电缆按布线及拉线的要求绑扎或黏合在一起的图样。它是根据设备中各接线点的实际位置及接线图中走线的要求绘制的。

### 10.4.2　线扎图的表达方式［Representation］

（1）结构式——线扎的主干和分支的外形轮廓用粗实线表示,线扎处的绑扎线用两条细实线表示,导线抽头也用细实线表示,并预留适当的抽头长度,如图 10.9 所示。

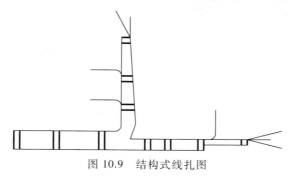

图 10.9　结构式线扎图

（2）示意式——线扎主干和分支用特粗线表示，导线抽头用细实线表示，如图 10.10 所示。

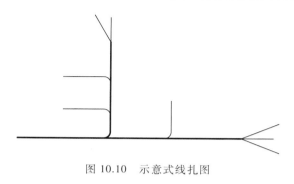

图 10.10　示意式线扎图

### 10.4.3　绘制线扎图的一些规定［Rules of Wiring-drawings］

线扎图应按投影关系进行绘制，投射方向应选择主干和分支最多的平面以表示线扎的大部分轮廓。对于不在此平面内的主干和分支，可用适当的视图和规定的折弯符号来表示。

## 10.5　印制电路板

［Printing of Circuit Boards］

### 10.5.1　概述［Summary］

印制电路板是以覆铜的绝缘板为基材，采用保护性腐蚀法，按电路所需将其上面覆盖的铜箔腐蚀掉一部分，保留的铜箔作为导线，其亦简称印制板。

印制板分设计草图、装配图、布线图和机加工图四类图样。

（1）印制板设计草图　根据产品的电原理图绘制，先分析电原理图，熟悉全部元器件后设计最佳方案。

（2）印制板装配图　按照设计草图绘制，它着重表达各元器件或结构件在板上的安装位置、连接情况以及外形尺寸等。

（3）印制板布线图　根据印制板装配图绘制，专供拍照制版用。

（4）印制板机加工图　根据印制板装配图绘制，用来表示印制板的形状、有公差要求的重要尺寸、板面上安装孔和槽等要素的尺寸以及有关技术要求的图样，供机械加工印制板时使用。

### 10.5.2　常用的电子线路 CAD 软件［CAD of Electrical/Electronic Circuits］

电子电路的设计要经过设计方案提出、验证和修改三个阶段。传统的设计方案一般是采用实际搭试验电路的方法进行，随着计算机的发展，某些特殊类型的电路可以通过计算机来完成电路设计，这种借助计算机来完成设计任务的设计模式称为计算机辅助设计，即 CAD。

目前常用的电子线路 CAD 软件有：Smartwork、Orcad、Pcad、Pspice、Electronics Work-bench、Tango、Protel、Protel Design System 等，就其功能而言，各有千秋。

### 10.5.3　印制板画法举例［Example of Printed Circuit］

1. 原理图编辑

采用 CAD 技术对电路进行模拟或对设计好的电路进行 PCB 布局布线时,首先是将设计好的线路图输入计算机中,即用适当的软件包绘制原理图,使其包含印制板编辑所需的各种信息,以便于印制板自动布局和自动布线。图 10.11 为一共集电极电路图。

2. 印制电路板图的编辑

（1）布局

布局可以采用自动布局,也可以采用手动布局,一般是先自动布局,然后用手工进行调整。自动布局是利用原理图的网络表进行操作,图 10.12 的自动布局图如图 10.13 所示。

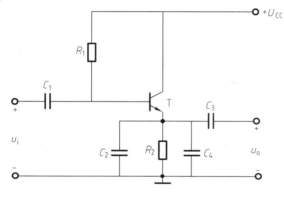

图 10.11　共集电极电路图　　　　　　图 10.12　共集电极原理图

调整后的布局图如图 10.14 所示。

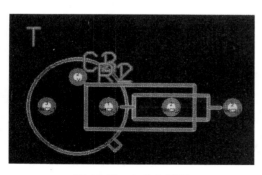

图 10.13　自动布局图

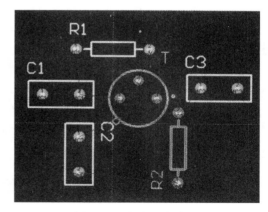

图 10.14　调整后的布局

（2）布线

根据印制板布局图绘制的布线图,可以反映印制板布线的真实情况。图 10.14 的自动布线图如图 10.15 所示。

3. 印制板图的输出

通过校验的 PCB 设计,就可以输出制板。输出的方式有 3 种:打印机、绘图仪和光学绘图仪。图 10.16 是用打印机方式输出印制板的预览图。

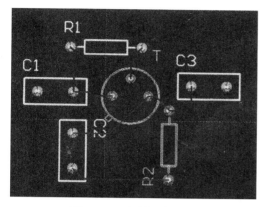

图 10.15　印制板布线图

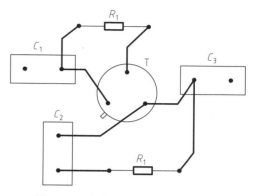

图 10.16　印制板输出的打印预览图

## 思考题

1. 什么是电路图?什么是接线图?什么是线扎图?

2. 请举出 8 种常用电气设备、文字及图形符号的画法。

3. 绘制接线图时须知哪些条件?

4. 接线图的表达形式有几种?分别是哪些?

5. 线扎图的表达方式有哪两种?

6. 什么是印制电路板?

7. 印制板的画法步骤是什么?

# 第 11 章　计算机绘图基础

# Chapter 11 Base Of Computer Graphics

**内容提要**：随着科学技术的发展，工业产品设计和加工的自动化程度越来越高，计算机辅助设计和辅助绘图已经成为工程设计和技术交流中不可缺少的技术。了解和掌握计算机绘图已经成为工程师的一项基本技能。本章以目前使用较为广泛的 AutoCAD 绘图软件为基础来介绍计算机绘图。

**Abstract**：With the development of technology, the degree of automatization for designing and machining becomes more and more higher. Computer assistant design is indispensable in the engineering design and techinique communion. It is a basic skill for engineers to know and master the computer graphics. This chapter introduces the base of computer graphics and the software of AutoCAD, which is extensively used in the drawing.

## 11.1　AutoCAD 2020 绘图软件简介
### [Brief Introduction to AutoCAD 2020]

AutoCAD 是美国 Autodesk 公司在 20 世纪 80 年代初推出的 CAD 软件产品，可以用来创建、浏览、管理和输出 2D 和 3D 设计图形。本章将以 AutoCAD 2020 中文版为基础，着重介绍使用 AutoCAD 绘图软件的基础知识、基本功能、常用命令和工程图样的绘制方法。

### 11.1.1　AutoCAD 2020 工作界面[AutoCAD 2020 Interface]

AutoCAD 2020 图形系统提供二维绘图和三维几何构形两种不同的工作环境。二维绘图主界面如图 11.1 所示。工作界面的类型可以在工具菜单中的"工作空间"中设置，一般绘制二维图，可将工作空间设为"AutoCAD 经典"模式。

AutoCAD 2020 绘图工作界面由标题栏、菜单栏、工具栏、绘图区、图形光标、命令行和状态栏等几部分组成，如图 11.1 所示。

标题栏记载了当前文件的名称和路径。

菜单栏由文件、编辑、视图、插入、格式、工具、绘图、标注、修改、参数、窗口和帮助等主菜单构成，每个主菜单下又包含了若干子菜单，而部分子菜单还包括下一级菜单。菜单几乎包含了 AutoCAD 的所有命令，用户可以完全通过菜单来绘图。

工具栏位于界面的上部、左侧和右侧。上部一般是"标准"工具条和"对象属性"工具条。左、右两侧分别是"绘图"工具条和"修改"工具条。

界面中间的空白区域是绘图区，其背景颜色可点击鼠标右键，在"特性"对话框中进行修改。

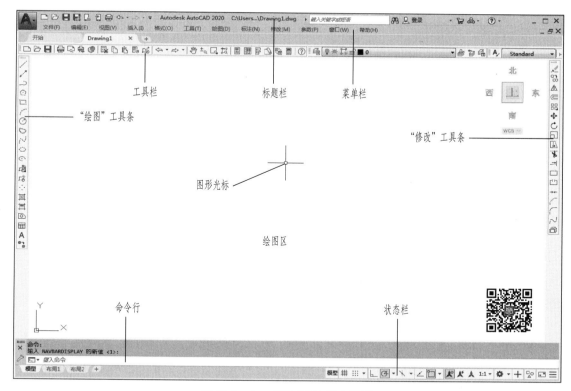

图 11.1  AutoCAD 2020 用户界面

图形光标是用来定位、绘制对象及选择对象的标记。

命令行用来显示提示命令和历史命令。

状态栏中的一组按钮主要用于绘图时作为辅助工具使用。控制开关处于按下状态即该功能打开,反之关闭。

### 11.1.2  图形文件管理[Drawing File Management]

1. 新建图形文件

在绘制一幅新图形之前,要先建立一个新的图形文件。在 AutoCAD 2020 中,用户可以通过下面几种方法建立新的图形文件。

(1)选择"文件"菜单下的"新建"子菜单;

(2)在工具栏上单击"新建"图标按钮 ▢;

(3)按快捷键<Ctrl+N>。

用上述任一命令操作,都会弹出"选择样板"对话框,用户可以利用该对话框建立一个新的图形文件。

2. 打开图形文件

用户可以通过下面几种方法打开已有的图形文件。

(1)选择"文件"菜单下的"打开"子菜单;

（2）在工具栏上单击"打开"图标按钮 🗁 ；

（3）按快捷键<Ctrl+O>。

用上述任一命令操作，都会弹出"选择文件"对话框，用户可以在下拉列表框中选择要打开的文件名，单击"确定"按钮打开已有的图形文件。

3. 保存图形文件

第一次对一个新的图形文件进行保存或者更换现有文件的文件名和地址，可选择"文件"菜单下的"另存为"子菜单，在弹出的"文件另存为"对话框中，键入文件名，选择存储路径，即可保存当前图形文件。

注意：AutoCAD 2020 的图形文件无法在较早版本的 AutoCAD 中打开，若要在较早版本中打开，保存时必须将"文件类型"选择为较早的版本。若是在原路径上对正在操作的文件进行保存，可选择"文件"菜单下的"保存"子菜单，或者单击工具栏上的"保存"图标按钮 💾 。

### 11.1.3　设置绘图环境［Setting of Drawing Condition］

AutoCAD 2020 安装好以后，一般可在默认状态下绘制图形，但为了提高绘图效率，可对绘图环境做一些必要的设置。

1. 显示和隐藏工具条

将光标放在任意一个工具条上，点击鼠标右键，在弹出的快捷菜单上选取所需的工具条，即可将该工具条放在界面上。用鼠标左键按住工具条名称的空白处，可将它拖放到其他位置。单击右上角的按钮 ✕ ，可隐藏该工具条。

2. 草图设置

草图设置提供的是绘图辅助工具，通过草图设置可以提高绘图的速度和精确度。

（1）对象捕捉

对象捕捉功能可以让光标精确地捕捉到几何对象上的特征点，如端点、中点、圆心、交点等。默认情况下，将光标移到对象上的捕捉位置上方时，将显示标记和工具提示。

在状态栏中的"对象捕捉"图形按钮 🔲 上，点击鼠标右键，在弹出的菜单中选择"对象捕捉设置"，弹出图 11.2 所示的"草图设置"对话框。利用该对话框可以对"捕捉和栅格""极轴追踪""对象捕捉"等内容进行设置。

（2）捕捉和栅格

栅格是屏幕上可见的等距离点，就像一张坐标纸，可以帮助用户精确定位。但栅格仅仅是编辑过程的一种视觉参考，不会被打印到图纸上。在"捕捉和栅格"选项卡中可以设置栅格的间距和捕捉间距。用户可以通过状态栏中的"显示图形栅格" 按钮 ▦ 和"捕捉模式"按钮 ⦂ 关闭或开启该项功能。

（3）极轴追踪

对象追踪是按指定角度或与其他对象的指定关系获得点。当光标接近预先设定的极角位置时，系统会出现对齐路径和提示，此时可以在该对齐路径的方向上拾取一点，或者直接输入该方向的距离。系统默认的极轴追踪的角度增量是90°。用户可以通过状态栏中的"极轴追踪"按钮 🧭 关闭或开启此项功能。

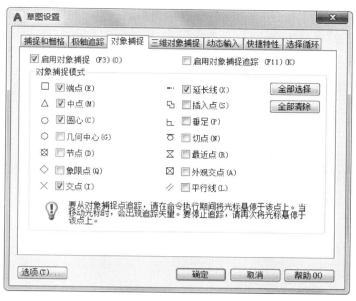

图 11.2 "草图设置"对话框

3. 选项设置

单击"工具"菜单下的"选项"子菜单,会弹出"选项"对话框,用户可根据需要对相关内容进行设置。

在"显示"选项卡中,可利用"颜色"选项设置绘图区的背景颜色,如图 11.3 所示;利用"显示精度"选项设置曲线的平滑程度,数值越搞越平滑,但显示的速度会降低。

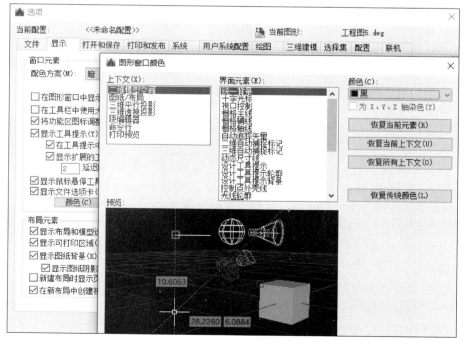

图 11.3 "显示"选项卡

在"打开和保存"选项卡中,可设置文件保存的类型、自动保存的时间等。

在"用户系统配置"选项卡中,可以设置鼠标右键的操作。例如,若按图 11.4 所示的对话框设置,表示在没有选定对象时,点击鼠标右键则重复上一个命令;若已经选择了对象,点击鼠标右键,则弹出快捷菜单;若处于命令模式,点击鼠标右键,则执行确定命令。

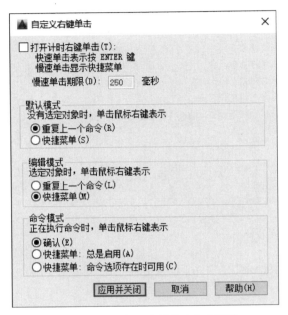

图 11.4　"自定义右键单击"对话框

在"绘图"选项卡中,可设置光标自动捕捉标记的大小和颜色。

4. 图层设置

图形中一般具有定义形状的几何信息和表示其属性的非几何信息,所谓属性包括颜色、线型、线宽等信息。

为了便于图形属性管理,AutoCAD 2020 提供了图层的管理方式。图层可以理解成透明纸,绘制在每层的图形可同时显示在同一图面上。如果在某一特定层只绘制具有某些共同属性的图形,可以通过层的管理功能对某一层的图形进行修改编辑和显示控制,以及属性的统一修改和管理。

图层具有如下特点:一个图形文件可以创建多个图层,每个图层可应用于多个实体;图层名由字母、数字和字符组成,长度不超过 31 个字符。"0"层是 AutoCAD 固有的,"Defpoint"层是 AutoCAD 尺寸标注时自动生成的特殊图层,这两个图层不能改名,也不能删除。图层可设为打开与关闭、解冻与冻结、锁定与解锁六种状态。只能在当前层上绘图,绘图前要确认线型,然后选择对应的图层。

（1）新建图层

在"格式"菜单中选择"图层",弹出"图层特性管理器"对话框,如图 11.5 所示。系统的默认图层是"0"层。

单击"新建"图层图标按钮，可以创建新的图层。单击某一图层的名称,可以修改该图层

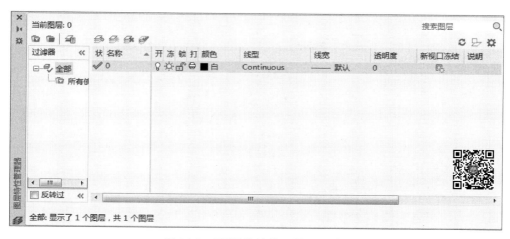

图 11.5 "图层特性管理器"对话框

的名称。单击某一图层的颜色属性,可在弹出的"选择颜色"对话框中选择该图层的颜色。单击某一图层的线型属性,会弹出"选择线型"对话框。系统默认的线型只有细实线,若需要其他线型,可单击"加载"按钮,在弹出的"加载或重载线型"对话框中选取需要加载的线型。

单击"删除图层"图标按钮 ,可以删除选中的图层,但只有没有图形对象的图层才可以被删除。另外,"0"层不能删除。

单击"选取图层"图标按钮 ,可将选中的图层设置为当前工作层。

(2)开关、冻结和锁定图层

图层特性管理器是显示和改变图层基本特性的主要工具。每一图层都设有"开""冻结"和"锁定"按钮,按钮亮时,表示该图层处于可见、可编辑的状态。若单击"开"按钮 ,使之变灰,表示该图层被关闭,图层上的信息不可见,但可以进行编辑。单击"冻结"按钮 ,使之变灰,表示该图层上的对象不可见,也不可以进行编辑。单击"锁定"按钮 ,使之变灰,表示该图层上的对象可见,但不可以进行编辑。

注意:为了养成好的画图习惯,不要从"特性"对话框改变图中对象的线型、颜色、线宽等。一定要根据图层对其进行修改,万一画图用错了图层,可以选中画错的对象,然后再选择正确的图层进行修改。线宽的显示必须先激活状态栏上的线宽按钮,才能在屏幕上看到对象的线宽信息。

5. 文字样式设置

国家标准对工程图样中的文字的注写有非常详细的规定,AutoCAD 2020 提供的文字样式功能可确定文字格式,使其符合国家标准的规定。

选择菜单"格式"下的"文字样式"子菜单,出现"文字样式"对话框,如图 11.6 所示。AutoCAD 2020 默认的样式名是"Standard",字体是"txt.shx"。对话框左下角显示了当前样式的字体。用户可使用或修改默认样式,也可以创建和加载新的样式,步骤如下:

(1)在"文字样式"对话框中,单击"新建"按钮,弹出"新建文字样式"对话框。输入文字样式名,单击"确定"按钮。

图 11.6  "文字样式"对话框

（2）在"文字样式"对话框中单击新建的文字样式名,可设置该名称下的文字样式。点击"字体"栏内"字体名"下拉列表框,选择所需要的字体,如"gbeitic.shx"。若需同时设置中文字体,可勾选"使用大字体",在"大字体"下拉列表框中选择中文字体,通常使用大字体为gbcbig.shx。

（3）设置字体的高度,若使用默认高度"0",表明字体的高度需要在输入字体的时候单独设定,通常数字高度为 3.5,中文字体高度为 5。

（4）在"效果"栏内,可设置文字的宽度比例和倾斜角度。

（5）单击"应用"按钮,保存新设置的文字样式。

设置过的文字样式,可以再利用"文字样式"对话框进行修改。若修改现有样式的字体和方向,则使用该样式的所有文字将随之改变。若修改文字的高度、宽度比例和倾斜角度,则不会改变现有的文字,但会改变以后创建的文字对象。

一些特殊字符不能在键盘上直接输入,AutoCAD 用控制符来实现,常用的控制符见表 11.1。

表 11.1　AutoCAD 常用控制符

| 控制符 | 含　义 | 输入示例 | 输出结果 |
|:---:|:---:|:---:|:---:|
| ％％d | 度符号"°" | 45％％d | 45° |
| ％％p | 正负符号"±" | 20％％p0.5 | 20±0.5 |
| ％％c | 直径符号"φ" | ％％c30 | φ30 |

6. 标注样式设置

工程图样中的尺寸标注必须符合国家标准的规定。AutoCAD 2020 提供了标注样式功能,用户可根据国家标准创建需要的尺寸标注样式。

　　选择菜单"格式"中的"标注样式"子菜单,出现"标注样式管理器"对话框。用户可以对默认样式进行修改,也可以创建新的标注样式。如以"ISO-25"为基础定义新样式,步骤如下:

　　(1)在"样式"栏内单击"ISO-25",再单击"修改"按钮,出现"修改标注样式"对话框,如图11.7所示。该对话框可对尺寸界线、尺寸线、尺寸线终端和尺寸数字进行设置。

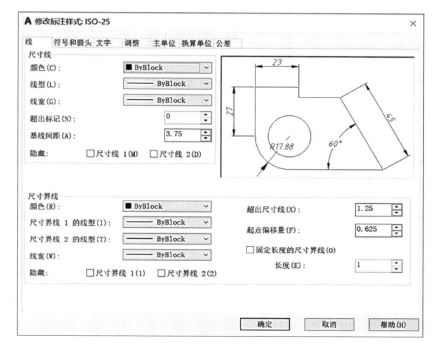

图 11.7 "修改标注样式"对话框

　　(2)打开"线"选项卡,设置尺寸线和尺寸界线的颜色、线型和线宽等属性。若在"图层"中设置了尺寸标注层,可将它们的颜色、线型和线宽设为随图层"ByLayer"。"基线间距"定义同一基准尺寸线之间的间隔;"隐藏"是使某一侧的箭头隐藏不画,这是在不完整结构标注尺寸时才会使用;"超出尺寸线"定义尺寸线外侧尺寸界限伸出的线段长,通常定义为2 mm左右;"起点偏移量"定义尺寸界限与该线引出点间的间隙大小,应设为"0"。

　　(3)打开"符号与箭头"选项卡,定义箭头形式和标注中半径、圆心和弧长等特殊标注的样式。将"箭头"设为"实心闭合","箭头大小"建议设为"2.5",其他选项可采用默认值。

　　(4)打开"文字"选项卡,设置文字外观、位置和对齐方式等属性。"文字外观"栏内,在"文字样式"下拉列表框中,选择已经设置的文字样式。若选择的文字样式中没有设置文字高度,则可在此处将"文字高度"设为3.5。"文字对齐"栏内,选择"ISO标准"。因为角度数字一律要水平书写,所以当有角度尺寸时,应该再创建一个角度标准的样式,将"文字对齐"设为"水平"。其他选项可采用默认值。

　　(5)打开"主单位"选项卡,设置尺寸数字的精度和比例等属性。在"线性标注"栏内,将"精度"设为"0";"小数分隔符"设为"'·'(句点)"。其他选项可采用默认值。

　　其他选项卡不一一列举,其中,"调整"用于尺寸数字和尺寸箭头在遇到空间不够时的格式改变方式；"换算单位"用于单位转换后的尺寸对应关系，比如相当于英制的尺寸数字；"公差"用于标注尺寸公差。这些项目可暂且使用默认值。

### 11.1.4　辅助绘图［Auxiliary Drawing］

1. 坐标系的使用

在 AutoCAD 中，可以用绝对坐标、相对坐标和极坐标确定点的位置。

（1）绝对坐标

绝对坐标分为绝对直角坐标和绝对极坐标。

绝对直角坐标表示点到坐标原点的 $X$、$Y$ 方向的距离。若已知点的绝对直角坐标，可直接按"$x,y$"的格式输入以确定点的位置。

绝对极坐标表示点到坐标原点之间的距离是半径，按"半径<极角度数"的格式输入确定点的位置。极角度数是点与坐标原点之间的连线与 $X$ 轴正向之间的夹角度数。

（2）相对坐标

相对坐标分为相对直角坐标和相对极坐标。

相对直角坐标指该点与上一输入点的坐标差（有正负之分）。若已知点的相对坐标，可按"$@\Delta x,\Delta y$"的格式输入点的相对坐标以确定点的位置。

相对极坐标表示点到上一输入点之间的距离是相对半径，按"@ 相对半径<相对极角度数"的格式输入确定点的位置。极角度数是点与上一输入点之间的连线与 $X$ 轴正向之间的夹角度数。

在 AutoCAD 中，角度有正负之分，顺时针为负，逆时针为正。以上输入信息都需在英文状态下输入。

2. 显示命令

针对复杂图形，AutoCAD 2020 提供了多种显示命令，帮助用户绘制局部细节。

单击工具栏图标按钮 🖐 或直接紧按鼠标滚轴，光标变成手形，移动鼠标，图形也会随之移动。滚动鼠标滚轴，可放大或缩小图形。单击图标按钮 🔍，用鼠标在屏幕上拾取两点，则矩形线框内的图形显示在屏幕上。单击图标按钮 🔁，则恢复前一个视图。

3. 选择对象

AutoCAD 2020 提供了多种选择对象的方法。

（1）直接单击

将光标放在对象上，直接单击。若要选择多个对象，逐个单击多个对象即可选中。

（2）正选

在需要选择对象的左上角单击，拖动鼠标至右下角单击，此时全部在矩形窗口内的对象被选中。

（3）反选

在需要选择对象的右下角单击，拖动鼠标至左上角单击，此时只要有部分在矩形窗口内的对象都会被选中。

## 11.2　基本绘图命令

[The Common Command]

绘制图形的过程即是执行一些绘图命令的过程。AutoCAD 2020 提供了多种绘图命令,用户可以利用绘图菜单、"绘图"工具条和命令行发布绘图命令进行绘图。"绘图"工具条命令按钮如图 11.8 所示。

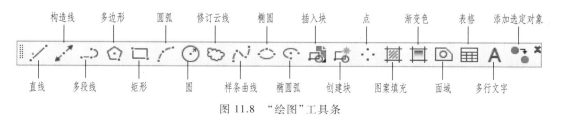

图 11.8　"绘图"工具条

### 1. 绘制直线

在"绘图"工具条中单击"直线"图标按钮,或在"绘图"下拉菜单中选择"直线"命令,或在命令行输入"L"或"line"(不分大小写),按回车键,系统会提示输入直线的端点,用户输入端点后,拖动鼠标,确定线段的终点。若要画一组连接的折线,可继续拖动鼠标,确定每条线段的终点,再按回车键结束绘图。点的位置可以通过直接输入点的坐标确定,也可以利用对象捕捉、对象追踪等方法确定。

### 2. 绘制多段线

多段线是由相连的多段直线或圆弧组成的单一对象,用户选择组成多段线的任意一段直线或圆弧时将会选择整个多段线。多段线中的线条可以设置成不同的线宽和线型。

在"绘图"工具条中单击"多段线"图标按钮,或在"绘图"下拉菜单中选择"多线段"命令,或在命令行输入"PL",按回车键,系统提示指定起点,用户确定起点后,系统提示"指定下一点或[圆弧(A)闭合(C)半宽(H)长度(L)放弃(U)宽度(W)]",通过输入字母或直接在命令行中选择点的输入方式。

"指定下一个点"　系统默认项,用鼠标或键盘输入下一个点的位置。

"圆弧"　表示该线段为圆弧。

"闭合"　该选项自动将多段线闭合,也就是把多段线的起点与终点连接起来。

"半宽"　该选项用于指定线段线宽的半宽值,用户需输入多段线的起点半宽值和终点半宽值。

"长度"　定义下一段线段的长度。执行该选项时,系统会自动按上一线段的方向绘制下一线段。若上一线段为圆弧,则按圆弧的切线方向绘制下一线段。

"放弃"　取消上一次绘制的线段。

"宽度"　设置线段的宽度,此命令需输入起点的宽度和终点的宽度。

### 3. 绘制正多边形

在"绘图"工具条中单击"多边形"图标按钮,或在"绘图"下拉菜单中选择"多边形"命令。

输入正多边形的边数后按回车键,系统提示"指定正多边形的中心点或[边 E]"此时可用两种方法绘制正多边形。

（1）指定中心点

系统默认项。选择"指定正多边形的中心点",确定中心点位置后,可利用"内接于圆（I）"绘制正多边形,此时需输入内接圆的半径。也可利用"外切于圆（C）"绘制正多边形,此时需输入外切圆的半径。

（2）指定边

在输入正多边形的边数后回车,输入"E",指定边的第一个端点位置,再指定边的第二个端点位置,即可得到正多边形。

4. 绘制矩形

在"绘图"工具条中单击"矩形"图标按钮,或在"绘图"下拉菜单中选择"矩形"命令。系统提示"指定第一个角点或[倒角（C）标高（E）圆角（F）厚度（T）宽度（W）]"。按默认项输入矩形的第一个角点,拖动鼠标点击或输入另一个角点坐标值确定另一个角点的位置,回车后即可得到一矩形。

用"矩形"命令绘制的矩形各边平行于当前的用户坐标系。

5. 绘制圆弧

在"绘图"工具条中单击"圆弧"图标按钮,或在"绘图"下拉菜单中选择"圆弧"命令。绘制圆弧,系统提供了多种定义方式,定义的约束条件由圆心、半径、角度、起点、端点、弦长等几个条件组合而成。系统默认的是三点法画圆弧,直接输入圆弧上的三个点,即可得到一段圆弧。

如选择下拉菜单操作,还有一个特殊选项"继续"。选择此项绘制出的圆弧与前一次绘制的图形元素相连接,且开始方向与前一次绘制的图形元素的结束方向一致,即在开始点处与原来的图形元素相切。

6. 绘制圆

在"绘图"工具条中单击"圆"图标按钮,或在"绘图"下拉菜单中选择"圆"命令,或在命令行输入"C",按回车键,命令行提示画圆有 5 种方法。

（1）指定圆心绘制圆

用鼠标或直接输入圆心坐标的方法确定圆心位置后,输入半径值,按回车键,即可得到一个圆。也可以输入"D",按回车键,再输入直径值后按回车键,完成圆的绘制。指定圆心法是系统默认的画圆方法。

（2）两点绘制圆

输入"2P",按回车键,再确定圆上两个点的位置,即可得到一个圆,该圆以两点之间的距离为直径。

（3）三点绘制圆

输入"3P",按回车键,再确定圆上三个点的位置,即可得到一个圆。

（4）相切、相切、半径绘制圆

输入"T",按回车键,用鼠标选择与圆相切的两个图形元素（圆或直线）,再输入圆的半径值,按回车键后即可得到与两个已知图形元素相切的圆。

（5）相切、相切、相切绘制圆

选择"圆"下拉列表中的"相切、相切、相切"，用鼠标选取与圆相切的三个图形元素，即可得到与三个图形元素都相切的圆。

7. 绘制样条曲线

样条曲线就是把不在一条直线上的一组点光滑连接形成的曲线。机械图样中的波浪线，可以通过"样条曲线"命令完成。

在"绘图"工具条中单击"样条曲线"图标按钮，或在"绘图"下拉菜单中选择"样条曲线"命令，依次确定若干个点后按回车键，即可生成一条样条曲线。

8. 绘制椭圆

在"绘图"工具条中单击"椭圆"图标按钮，或在"绘图"下拉菜单中选择"椭圆"命令，系统提示"指定椭圆的轴端点或［圆弧（A）中心点（C）］"，可用四种方法绘制椭圆。

（1）轴-端点法

确定椭圆轴的两个端点及另一轴的位置或大小，即可绘制一椭圆。

（2）轴-角度法

确定椭圆轴的两个端点后，输入"R"后按回车键，再输入绕长轴旋转的角度值，即可绘制一椭圆。

（3）中心点-端点法

输入"C"后按回车键，再依次指定椭圆的中心点、一条轴的端点与另一轴的端点，即可绘制一椭圆。

（4）中心点-角度法

输入"C"后按回车键，再依次指定椭圆的中心点、一条轴的端点以及绕长轴旋转的角度值，即可绘制一椭圆。

9. 图案填充

图案填充是指在某一区域内填充图案，机械图样里的剖面符号可用图案填充命令绘制。

在"绘图"工具条中单击"图案填充"图标按钮，弹出"图案填充和渐变色"对话框，如图 11.9 所示。用户可在"图案填充"选项卡中设置填充图案的类型、设置填充区域边界等。

（1）填充图案的设置

在"类型和图案"栏内，单击"图案"的选择按钮，选择填充图案。金属材料的剖面线一般选择"ANSI31"。

在"角度和比例"栏内，可以设置填充图案的角度和比例。系统默认的角度"0"对应的是45°剖面线，"90"对应的是135°剖面线。比例用于控制剖面线的间距。

（2）边界的选择

图案填充边界有两种选择方式：拾取点和选择对象。

单击"添加拾取点"图标按钮，在需要填充图案的封闭线框内拾取一点，该封闭线框被选中，点击鼠标右键或按回车键，结束选择操作。该方式一般填充的是封闭的图形。

单击"添加选择对象"图标按钮，在需要填充图案的区域周边拾取一系列图形元素，点击鼠标右键或按回车键，结束选择操作。一般用于填充不封闭的图形。

图 11.9　"图案填充和渐变色"对话框

<br/>

| 11.3 | 基本编辑命令 |

[Commands for Modifying Objects]

工程图样不可能只利用绘图命令完成,通常会由于作图需要或误操作产生错误或多余的图线,因此需要对图线进行修改。AutoCAD 2020 将各种图形编辑修改命令的工具按钮集中在"修改"工具条上,如图 11.10 所示。

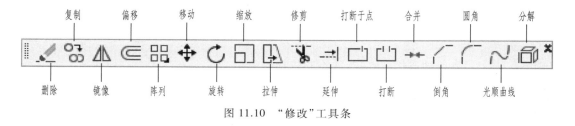

图 11.10　"修改"工具条

1. 删除(Erase/E)

选中对象后,单击"修改"工具条中的"删除"图标按钮,则选中的对象被删除。也可先单击

"删除"图标按钮,再选择删除对象,按回车键即可。

2. 复制(Copy/CO、CP)

选中对象后,单击"修改"工具条中的"复制"图标按钮,系统提示"指定基点或[位移(D)模式(O)]",确定一点作为基点,再指定另一点,则图形被复制到另一点的位置。若要继续复制,可再确定第三点,按回车键结束复制。

3. 镜像(Mirror/MI)

镜像是将对象关于某直线镜像(对称)复制。

选中对象后,单击"修改"工具条中的"镜像"图标按钮,指定镜像线上两点以确定镜像对称线,系统提示"要删除源对象?[是(Y)否(N)]",直接按回车键则保留源对象,输入"Y"后按回车键,则表示删除源对象。

4. 偏移(Offse/O)

利用"偏移"命令可绘制等距图形,其绘制结果与被偏移的对象形状有关,如已有的图形对象是线段,则偏移的结果是平行线;如果是圆,则结果是同心圆;如果是多边形,则为等距多边形。

选中对象后,单击"修改"工具条中的"偏移"图标按钮,输入距离后按回车键,再在偏移对象的一侧任意拾取一点,以指定偏移的方向,按回车键结束偏移。

5. 阵列(Array/AR)

"阵列"是将选择的图形复制成均匀排列的阵列,分为"矩形阵列""路径阵列"和"环形阵列"。

"矩形阵列"是行、列均匀分布的结构图形,需要定义行数、列数、行偏移(间距)和列偏移。单击"修改"工具条中的"矩形阵列"图标按钮,选中对象后按回车键,系统提示"选择夹点以编辑阵列或[关联(AS)基点(B)计数(COU)间距(S)列数(COL)行数(R)层数(L)退出(X)]",单击"关联 AS",设置阵列图形元素不关联,即各图形元素相互独立。单击"计数 COU",依次输入列数和行数。单击"间距(S)",依次输入列间距和行间距后按回车键。

"环形阵列"是圆周上均匀分布的结构图形,需要定义圆心位置和项目数。长按"修改"工具条中的"阵列"图标按钮,选择"环形阵列",选中对象后按回车键,选取圆心位置,系统提示"选择夹点以编辑阵列或[关联(AS)基点(B)项目(I)项目间角度(A)填充角度(F)行(ROW)层(L)旋转项目(ROT)退出(X)]",单击"项目(I)",输入项目数后按回车键。

6. 移动(Move/M)

选中对象后,单击"修改"工具条中的"移动"图标按钮,在移动对象上选择一点作为基点,再指定第二点,则对象被移动到指定的第二点位置。

7. 旋转(Rotate/RO)

选中对象后,单击"修改"工具条中的"旋转"图标按钮,选取一点作为旋转中心,输入旋转角度后按回车键。

8. 缩放(Scale/SC)

选中对象后,单击"修改"工具条中的"缩放"图标按钮,选取一点作为缩放基点,输入缩放比例后按回车键。

9. 修剪(Trim/TR)

"修剪"是利用相交图形对象对不需要的线段进行剪切的命令,命令中需要构造两个选择对象,一个是用来剪切的边界对象,另一个是被剪切的对象。被剪切的对象被边界对象分成了两部分,一部分需要保留,另一部分需要剪切。首先选择剪切边界对象,单击"修改"工具条中的"修剪"图标按钮,将鼠标移到被剪切的对象上,单击后即可剪去不需要的线段。

10. 延伸(Stretch/S)

"延伸"命令与"修剪"命令相反,可将图形对象延长,使其与其他边界对象相接。首先选择边界对象,单击"修改"工具条中的"延伸"图标按钮,然后将鼠标移到被延伸的对象上,单击后即可将图形对象延长至边界对象。

11. 打断于点(Break/BR)

"打断于点"是将图形元素在某点处打断,使之分解为两部分。

单击"修改"工具条中的"打断于点"图标按钮,选择要打断的对象,再选择打断点,则该对象在打断点上被分成两部分。

12. 打断(Break/BR)

"打断"是将图形元素在某两点处打断并删除的命令。单击"修改"工具条中的"打断"图标按钮,选取要打断的对象,再指定第二个打断点,则系统在两次鼠标单击处将图形对象打断并删除两点之间的部分。

13. 倒角(Chamfer/CHA)

单击"修改"工具条中的"倒角"图标按钮,系统提示"选择第一条直线或[放弃(U)多线段(P)距离(D)角度(A)修剪(T)方式(E)多个(M)]"。例如,作"C2"的倒角,可选择"角度 A",分别输入倒角的长度"2"和角度"45",回车后选择倒角的两条边即可。

14. 圆角(Fillet)

"圆角"命令是在两个图标元素(直线或圆弧)之间作圆弧,使之与两个图形元素相切。单击"修改"工具条中的"圆角"图标按钮,系统提示"选择第一条直线或[放弃(U)多线段(P)半径(R)修剪(T)多个(M)]"。例如,作 $R10$ 的圆弧,可选择"半径(R)",输入半径"10",回车后选择与之相切的两个图形元素,即可得到 $R10$ 的圆弧。

15. 分解(Explode)

"分解"是将矩形、块等多个对象组成的图组分解为单个图形元素的命令。选择要分解的对象,单击"修改"工具条中的"分解"图形按钮,图组即被分解为单个图形元素。

## 11.4　文本与尺寸标注

### [Text and Dimensions]

1. 文本注写

文本是工程图样的重要组成部分。AutoCAD 2020 有两种文本注写方法:单行文字和多行文字。工程图样中常用多行文字命令注写文本。

单击"绘图"工具条中的"多行文字"图标按钮,系统提示"指定第一角点",鼠标拾取放置文字的矩形区域的两个角点,弹出"文字格式"工具条,其下方是文字编辑框。选取文字的样式,若在"文字样式"设置时未设置文字高度,则此时可输入文字高度,也可对文字的颜色、对齐方式等进行编辑。在下面的文字编辑框中输入文字,若需输入特殊字符,可单击"文字格式"工具条中的按钮**@**,选择需要的特殊字符。

2. 文本编辑

文字的内容和特性可以通过文字编辑进行修改。双击要编辑的文本,弹出"文字格式"工具条和文字编辑框。选择要编辑的文字,通过"文字格式"工具条上的命令对文字格式进行修改,也可对原有文字进行删减或重新输入。

3. 尺寸标注

AutoCAD 2020 提供多种尺寸标注命令,如图 11.11 所示,用户通过"标注"菜单进行调用。

图 11.11　"标注"工具条

（1）线性标注（dimlinear）

该命令可标注水平和竖直方向的长度尺寸。选择"标注"菜单中的"线性（L）"子菜单,鼠标获取两条尺寸界线的原点,拖动鼠标,再次单击或按回车键,即可完成水平方向和竖直方向线性尺寸的标注。

（2）对齐标注（dimaligned）

该命令可标注指定两点在对齐方向的长度尺寸,例如一条斜线的长度。选择"标注"菜单中的"对齐（G）子菜单",鼠标获取两条尺寸界线的原点,拖动鼠标后回车或再次单击,即可完成标注。

（3）半径标注（dimradius）

该命令可标注圆或圆弧的半径尺寸。选择"标注"菜单中的"半径（R）"子菜单,选定圆弧后回车,即完成半径的标注。

（4）直径标注 dimdiameter

该命令可标注圆或圆弧的直径尺寸。选择"标注"菜单中的"直径（D）"子菜单,选定圆弧后回车,即完成直径的标注。

（5）角度标注（dimangular）

该命令可标注任意两条不平行的直线形成的夹角、圆或圆弧的夹角,或两个对象之间创建的角度,单位是度数。选择"标注"菜单中的"角度（A）"子菜单,选定两个图形要素,拖动鼠标后回车,即完成角度的标注。

（6）基线标注（base dimension）

该命令用于以同一尺寸界线为基准的一系列尺寸标注。单击"标注"菜单中的"基线（B）",默认情况下,上一个创建的线性标注的原点用作新基线标注的第一尺寸界线,再确定第二条尺寸界线的原点,根据需要,可继续选择尺寸界线原点,按回车键后即可得到一组共基线的尺寸。

（7）连续标注（continue dimension）

该命令可标注一组串联的尺寸。选择"标注"菜单中的"连续（C）"子菜单,系统使用上一个创建尺寸的第二条尺寸界线的原点作为下一创建尺寸第一条尺寸界线的原点,依次选择下一创建尺寸的第二条尺寸界线原点,按回车键后即可得到一组串联的尺寸。

（8）多重引线标注

该命令用于标注一些注释、说明和几何公差。选择"标注"菜单中的"多重引线基线（E）"子菜单,默认情况下,先指定引线箭头的位置,拖动鼠标后再指定引线基线的位置,此时会弹出"文字格式"工具条和文字编辑框,输入文字后,单击"文字格式"工具条中的"确定"按钮。

4. 公差标注

（1）尺寸公差标注

标注尺寸公差,可先利用"线性"标注命令标出公称尺寸,再对尺寸进行修改。若公差为公差带代号,可双击尺寸,出现"文字格式"工具条和文字编辑框,在公称尺寸后直接输入基本偏差代号和公差等级代号。若公差为极限偏差的形式,可在双击尺寸后,在公称尺寸后依次输入上极限偏差数值、符号"^"和下极限偏差数值,再选中上极限偏差数值、符号"^"和下极限偏差数值,单击"文字格式"工具条中的"堆叠"图标按钮 ♭ₐ,即可标出极限偏差。

（2）几何公差标注

单击"标注"菜单中的"公差（T）",弹出"形位公差"对话框,如图 11.12 所示,单击"符号"下方的黑色框格,可选择特征符号。单击"公差"下方左侧的黑色框格,可添加直径符号"φ";单击右侧黑色框格,可选择附加符号;白色框格中直接输入公差值。"基准"下方的白色框格用来输入基准字母,单击后方的黑色框格,可选择附加符号。几何公差信息设置完后,单击"确定"按钮,将几何公差框格放到被测要素附近,再利用多重引线使之与被测要素相连。

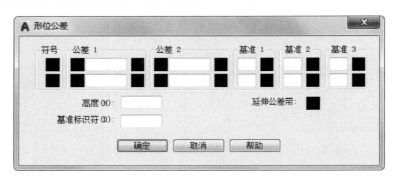

图 11.12　"形位公差"对话框

## 11.5　图块的应用

[ Application of block ]

图块简称块,是用一个名字标识的一组图形元素,即将一组相关联的图形元素定义成一个整体,使之可以进行任意比例的缩放、旋转并放置在图形中的任何地方,还可反复使用。

1. 创建块

创建块就是将先绘制好的图形定义成块。块一般有三个特征参数,即名称、基点和对象。例

如,将表面结构符号定义为一个块,步骤如下:

（1）画出表面结构符号。

（2）单击"绘图"工具条中的"创建块"图标按钮,弹出"块定义"对话框,如图 11.13 所示。

图 11.13　"块定义"对话框

（3）在"名称"文本框中输入块的名称"表面结构符号"。

（4）在"基点"栏内,输入该图块用于插入的基准点,块在插入过程中可以以基点为中心旋转或缩放。基点可以在"X""Y""Z"后面的文本框中直接输入坐标确定,也可以单击"拾取点"按钮,通过鼠标在图形中拾取。

（5）在"对象"栏内,可以定义块对象。单击"选择对象"图标按钮,选择要创建为块的图形。选中"保留"单选项,表示定义构成块的图形保留在绘图区,但不转换为块。选中"转换为块"单选项,表示定义构成块的图形保留在绘图区而且转换为块。选中"删除"单选项,表示定义构成块的图形将被删除。

（6）"说明"用于输入当前块的说明部分。

（7）单击"确定"按钮,即完成"表面结构符号"块的创建。

2. 插入块

创建好的块可以插入到当前图形文件中。在插入块时,需要确定以下特征参数,即插入块的名称、插入点的位置、插入的比例以及旋转角度。

（1）单击"绘图"工具条中的"插入块"图标按钮,弹出"插入块"对话框,如图 11.14 所示。

（2）在"当前图形块"区域列出了所有块的名称及图形。

（3）"插入点"用于设置块的插入点位置,勾选即表示在屏幕上指定插入点。

（4）"比例"用于设置插入块的比例,可不等比例缩放图形,在 X、Y、Z 三个方向进行缩放。

（5）"旋转"用于设置插入块的旋转角度。

（6）"分解"可以将插入的块分解成组成块的各基本对象。

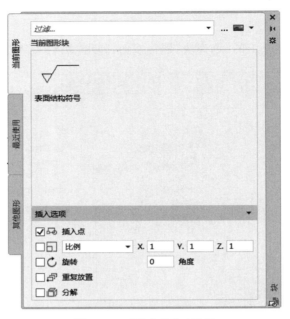

图 11.14　"插入块"对话框

（7）单击"表面结构符号"图形，勾选"插入点"，将鼠标移到插入点位置，单击后即完成块的插入。

3. 块的属性

块的属性是一种存储于块中的文字信息，这些信息用来描述块的某些特征。属性不能独立使用，只有在插入块的过程中才会出现。

（1）选择"绘图"菜单中"块"子菜单下面的"定义属性"菜单项，打开"属性定义"对话框，如图 11.15 所示。

图 11.15　"属性定义"对话框

在"模式"栏内,设置属性模式,一般采用默认值。在"属性"栏内,设置属性的参数。在"标记"文本框中输入显示标记,如"表面结构符号";在"提示"文本框中输入提示信息,如"Ra"。在"插入点"栏中,指定图块属性的显示位置,选中"在屏幕上指定"。在"文字设置"栏内,设置属性的文字样式、高度、旋转角度的信息。

（2）单击"确定"按钮,回到绘图区窗口。

（3）在命令行输入"W"后按回车键,弹出"写块"对话框,如图 11.16 所示。

图 11.16　"写块"对话框

在"源"栏内选择"对象"。在"基点"栏内单击"拾取点"按钮,在绘图区通过捕捉模式选取插入的基点。在"对象"栏内单击"选择对象"按钮,将图形和文字全部选中后按回车键。在"目标"栏内指定块的名称和存放的路径。单击"确定"按钮,即完成带属性块的创建。

（4）单击"绘图"工具条中的"插入块"图标按钮,打开"插入"对话框。

选择要插入的块名"表面结构符号",设置比例和旋转角度,选择"插入点",在绘图区选择插入点的位置。

在命令行输入属性值,单击"确定"按钮,完成图块的插入。

## 11.6　参数化绘图工具
### [Drawing Tools of Parameterized Design]

参数化绘图工具能够使 AutoCAD 对象变得更加智能。参数化绘图的两个重要组成部分:几何约束和尺寸约束。参数化选项卡及面板如图 11.17 所示。

### 11.6.1　几何约束[Geometric Constraint]

几何约束支持建立对象或关键点之间的关联。传统的对象捕捉是暂时性的,而几何约束可

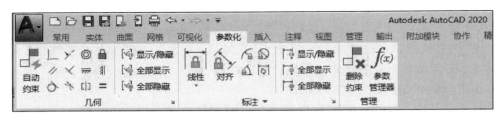

图 11.17

被永久保存在对象中,以能够更加精确地实现设计意图。

几何约束用于确定二维对象间或对象上特征点间的几何关系,如平行、垂直、同心或重合等。例如,可添加平行约束使两条线段平行,添加重合约束使两端点重合等。

通过“参数化”选项卡的“几何”面板来添加几何约束,约束的种类包括平行、重合、垂直、水平等 12 种。

1. 添加几何约束

在添加几何约束时,选择的第一个对象非常重要,选择两个对象的顺序将决定对象怎样更新。通常,所选的第二个对象会根据第一个对象进行调整。例如,应用垂直约束时,选择的第二个对象将调整为垂直于第一个对象。

在绘图中可根据选择对象自动添加几何约束。单击“几何”面板右下角的箭头,打开“约束设置”对话框如图 11.18 所示,通过“自动约束”选项卡设置添加各类约束的优先级及是否添加约束的公差值。

图 11.18　“约束设置”对话框

2. 编辑几何约束

添加几何约束后,在对象的旁边出现约束图标。将光标移动到图标或图形对象上,AutoCAD将亮显相关的对象及约束图标。对已加到图形中的几何约束可以进行显示、隐藏和删除等操作。

### 11.6.2 尺寸约束[Size Constraints]

1. 添加尺寸约束

尺寸约束控制二维对象的大小、角度及两点间距离等,此类约束可以是数值,也可是变量及方程式。改变尺寸约束,则约束将驱动对象发生相应变化。

可通过"参数化"选项卡的"标注"面板来添加尺寸约束。

尺寸约束分为两种形式:动态约束和注释性约束。默认情况下是动态约束,系统变量 CCONSTRAINTFORM 为 0。若为 1,则默认尺寸约束为注释性约束。

动态约束:标注外观由固定的预定义标注样式决定,不能修改,且不能被打印。在缩放操作过程中动态约束保持相同大小。

注释性约束:标注外观由当前标注样式控制,可以修改,也可打印。在缩放操作过程中注释性约束的大小发生变化。可把注释性约束放在同一图层上,设置颜色及改变可见性。

动态约束与注释性约束间可相互转换,选择尺寸约束,点击鼠标右键,选中"特性"选项,打开"特性"对话框,在"约束形式"下拉列表框中指定所需的尺寸约束形式。

2. 编辑尺寸约束

对于已创建的尺寸约束,可采用以下方法进行编辑。

(1)双击尺寸约束或利用 DDEDIT 命令编辑约束的值、变量名称或表达式。

(2)选中尺寸约束,拖动与其关联的三角形关键点改变约束的值,同时驱动图形对象改变。

(3)选中约束,点击鼠标右键,利用快捷菜单中相应选项编辑约束。

3. 用户变量及方程式

尺寸约束通常是数值形式,但也可采用自定义变量或数学表达式。单击"参数化"选项卡中"管理"面板上的按钮,打开"参数管理器"对话框,如图 11.19 所示。此管理器显示所有尺寸约束及用户变量,利用它可轻松地对约束和变量进行管理。

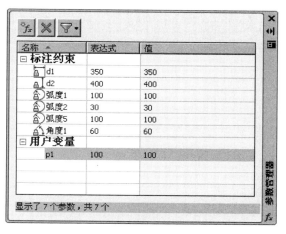

图 11.19 "参数管理器"对话框

参数管理器支持以下操作:

(1)单击尺寸约束的名称以亮显图形中的约束。

（2）双击名称或表达式进行编辑。

（3）点击鼠标右键并选择"删除"选项以删除标注约束或用户变量。

（4）单击列标题名称对相应参数的列表进行排序。

## 11.7  AutoCAD 二维绘图实例

［Examples of 2D Drawing in AutoCAD］

1. 绘图步骤

如果想绘制一个图样，首先要分析所画的图样。

（1）分析平面图形，了解图中的已知线段、中间线段和连接线段。

（2）分析各种线段在系统中的可能实现方法和简单程度，以便选择最简单的成图方式。

（3）分析图形中有无相同点或类似的地方，是否可以通过复制命令减少工作量。

（4）分析线段的非几何信息，比如线型，便于设置绘图环境。

（5）设置绘图环境（可以调用已有样板）。

（6）完成图形绘制。

（7）检查、修改。

2. 绘图实例

【例】  绘制图 11.20 所示的图形（不注尺寸）。

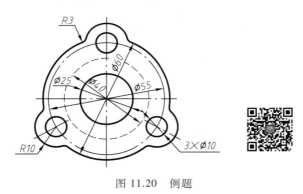

图 11.20   例题

（1）属性分析

有三种线型。根据图样特征以三种线型建立三个图层，即"粗实线"层、"虚线"层和"点画线"层。

（2）图形分析

分析图样的结构，主要由同心圆、均布小圆和圆弧组成，并且圆弧和大圆之间为圆弧连接。

（3）绘图步骤

1）绘图时应先画出基准线，即分层绘制时先画"点画线"层的图形，如图 11.21a 所示。

设当前层为"点画线"层，先绘制垂直相交的两条点画线。再使用"圆"命令绘制点画线圆，半径为 27.5。

2）将当前层设为"虚线"层。画虚线圆，圆心与点画线圆相同，半径为 20，如图 11.21b 所示。

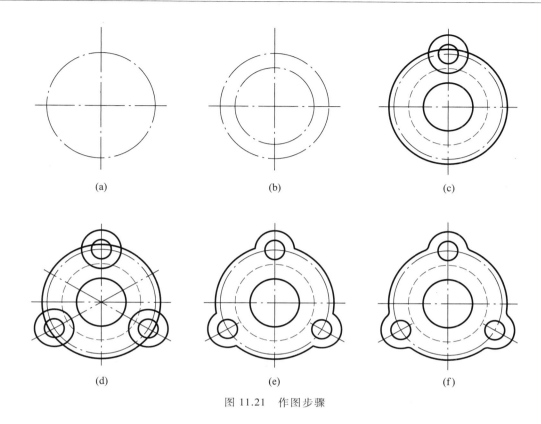

图 11.21  作图步骤

3）将当前层设为"粗实线"层，绘制其他图线。

以两条点画线的交点为圆心分别画半径为 12.5 和 30 的圆；以点画圆与竖直点画直线的上部交点为圆心，分别以 5 和 10 为半径画圆，如图 11.21c 所示。

利用"环形阵列"画出下部的两处圆形结构："选择对象"拾取两小圆和竖直点画线；"中心点"拾取点画线交点；"项目"设为 3。由此得到三组阵列的圆，如图 11.21d 所示。

剪切多余图线：利用"修剪"命令，选择大圆和 3 个半径 20 的圆作剪切边界，分别剪切小圆的内侧圆弧和小圆中间的大圆圆弧。再以虚线圆为剪切边界，剪切多余的点画线。结果如图 11.21e 所示。

作 R3 圆弧：利用"圆角"命令，分别输入"R"和"3"，选择 R10 圆弧和 $\Phi60$ 大圆，作出 R3 圆弧，此命令需操作 6 次，即可得到已知图形，如图 11.17f 所示。

# 11.8　AutoCAD 三维绘图功能简介
## 〔Brief Introduction of 3D Modeling in AutoCAD〕

实体模型是通过体素定义物体的三维模型，是系统中最复杂、最实用的一种三维模型。AutoCAD 2020 支持立方体、圆锥、圆柱、球、楔形和圆环等体素；还提供三维图形运算功能，以实现形状复杂的空间立体。AutoCAD 2020 的三维建模用户界面主要包括选项卡、图标面板、命令区、绘图区、状态条等部分，如图 11.22 所示。

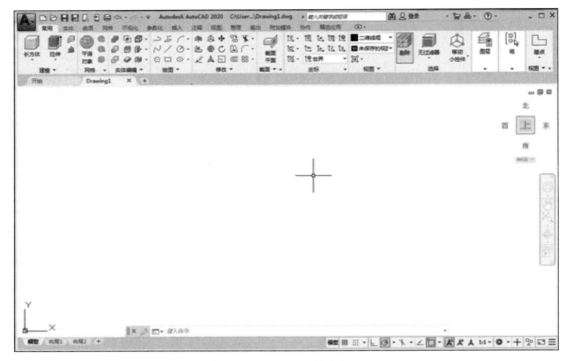

图 11.22　三维建模用户界面

### 11.8.1　AutoCAD 2020 的三维显示功能 [ Three - dimensional Show in AutoCAD 2020 ]

1. 常用选项卡→视图面板或下拉菜单"视图→三维显示",可以进行标准显示状态设置。

（1）正投影面显示,可以显示六个方向的正投影图。图 6.23 中所示的"俯视""仰视""左视""右视""主视"和"后视"可以进行相应的设置。这六个方向与国家标准有所不同,是采用的第三角画法形成的。

（2）标准方向的轴测投影,系统可产生四个标准方向的正等轴测投影图。在菜单中给出了形成投影的视点方向,"西南""东南""东北""西北",四个方向的定义方式如图 11.23 所示。

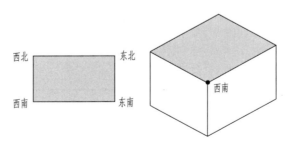

图 11.23　方向的定义

2. 视图选项卡→导航面板→点击图标按钮 或下拉菜单"视图→动态三维观察器",实现 3D Orbit 三种不同三维实时显示。

这是一种动态设置显示状态的命令,使用非常方便。系统进入特殊显示状态,屏幕上出现绿色圆形显示标志。在这种状态下,按住鼠标左键拖带,显示上会形成立体在空间旋转的效果,实现不同观察位置的立体投影。光标的形式不同,视点旋转的方式和方向不同,图标中的圆点表示物体,而箭头表示了视点的变化方向。

3. 渲染选项卡→视觉样式或下拉菜单"视图→消隐",可以实现立体的消隐显示。

该命令可以使屏幕上显示的三维面或立体,在当前的投影方向上只显示可见线或面,实现消除隐藏线的效果。

除上述各种基本选择操作外,系统还可以进行着色和渲染等功能,在这里不详述。

## 11.8.2　定义生成立体[Creating Solids]

1. 生成立体

常用选项卡→建模面板或下拉菜单"绘图→建模"列出了生成立体的基本命令,如图 11.24 是三维绘图命令的图标工具面板。

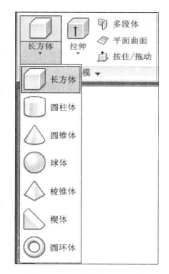

图 11.24　实体工具面板

其中定义了六种基本体素:长方体、圆球、圆柱、圆锥、三角楔形和圆环。下面介绍其中几个常用命令。

(1) 长方体,单击图标按钮 ▱ 或下拉菜单"绘图→建模→长方体"

命令是用两个对角点的位置或边长定义各面平行于当前坐标平面的立方体。

命令:_box

指定长方体的角点或[中心点(CE)]<0,0,0>:

指定高度:指定第二点:

●"指定长方体的角点"是默认选项。如果选择该选项只需输入一个三维点的坐标(当前用户坐标系),如在屏幕上拾取,系统默认为当前用户坐标的 $XOY$ 平面内的一个点。给出一个顶点后系统有以下三种选项:

指定角点或[立方体(C)/长度(L)]:

1)"指定角点"直接输入对角顶点的坐标值,可以直接用两个对角点的位置定义立方体。

2)"立方体"是定义一个正方体。用户只需在按回车键后输入正方体的边长。

3)"长度"是根据长方体的长宽高定义立体。用户需要输入长度(length)、宽度(width)和高度(height)。

●"中心点"选项是首先定义长方体的中心,然后确定立体。

(2) 球,单击图标按钮 ○(sphere)或下拉菜单"绘图→建模→球体"

命令定义球心在任意位置的球。

命令:_sphere

当前线框密度:ISOLINES=4

指定球体球心<0,0,0>:(定义球心的位置)

指定球体半径或[直径(D)]:(定义球的半径或直径)

（3）圆柱,单击图标 ⊙（cylinder）或下拉菜单:"绘图→建模→圆柱体"

命令定义任意位置和角度的圆柱或椭圆柱。

命令:_cylinder

当前线框密度:ISOLINES=4

指定圆柱体底面的中心点或[椭圆(E)]<0,0,0>:(圆柱底面的圆心位置)

指定圆柱体底面的半径或[直径(D)]:(输入圆柱的半径或直径)

系统有两种定义方式:

- "指定圆柱体高度"所定义的圆柱轴线以 $Z$ 轴正向为高度的正方向。
- "另一个圆心(C)"需要定义圆柱另一底面的圆心位置,可以定义任何方向的圆柱。

2. 其他定义方法

系统提供用拉伸、旋转等轨迹形成方式定义立体。

（1）拉伸生成立体,单击图标按钮 ⛊ 或下拉菜单"绘图→建模→拉伸"

该命令是将一个平面图形拉伸扫描形成以该平面图形为底沿着某轨道运动形成的立体,所用的平面图形必须是封闭的独立图形对象。操作过程如下:

命令:_extrude

当前线框密度:ISOLINES=4

选择对象:(选择平面图形后按回车键)

指定拉伸高度或[路径(P)]:(定义柱的高度,或拉伸轨道)

指定拉伸的倾斜角度<0>:(定义锥角)

其中路径可以是线、圆、圆弧、椭圆、椭圆弧、多义线或样条曲线。直线时可以直接给出高度,那样就生成柱体。

（2）旋转生成回转体,单击图标 ⛢（revolve）或下拉菜单"绘图→建模→旋转"

该命令生成回转体,操作过程如下:

命令:_revolve

当前线框密度:ISOLINES=4

选择对象:找到 1 个

选择对象:(选择平面图形对象)

指定旋转轴的起点或

定义轴依照[对象(O)/X 轴(X)/Y 轴(Y)]:(定义回转轴)

指定轴端点:

指定旋转角度<360>:(定义旋转角度)

回转轴可以直接定义轴的两端点得到;也可以直接使用已存在的线段或多段线对象,或 $X$、$Y$ 轴。

### 11.8.3　立体的集合运算[Set Operation of Solids]

采用实体模型定义立体,是将空间点分为立体内部、立体外部和立体表面三部分。所以可以用集合的概念来描述立体模型——属于立体内部和立体表面的空间点构成了立体。AutoCAD 系统提供包括并 ⊚、差 ⊚ 和交 ⊚ 的集合运算功能,三个图标位于"实体编辑"工具条上。

1. 并,单击常用选项卡→实体编辑面板→并⚙或下拉菜单"修改→实体编辑→并"

"并"运算在图形上实现立体的叠加,即对一个立体与其他立体实行"并"运算,就是使该立体与其他立体的实体部分相加形成新的实体。图 11.39a 所示为相对位置关系是相互相交的一个圆柱和一个球,通过"并"运算叠加形成的一个立体。

操作过程如下:

命令:_union

选择对象:(选择圆柱)找到 1 个

选择对象:(选择立方体)找到 1 个,总计 2 个

选择对象:(按回车键执行运算)

2. 差,单击常用选项卡→实体编辑面板→差⚙或下拉菜单"修改→实体编辑→差"

"差"运算在图形上实现立体的挖切,即对一个立体与其他立体实行"差"运算,就是使该立体上与其他立体实体部分相交部分被挖切掉形成新的实体。图 11.25b 即为图 11.25a 所示立体中圆柱"差"立方体形成的立体。

操作过程如下:

命令:_subtract 选择要从中减去的实体或面域...

选择对象:(选择圆柱)找到 1 个

选择对象:(按回车键确定结束被减立体的选择)

选择要减去的实体或面域..

选择对象:(选择立方体)找到 1 个

选择对象:(按回车键执行运算)

3. 交,单击常用选项卡→实体编辑面板→交⚙或下拉菜单"修改→实体编辑→交"

"交"运算在图形上将立体的公共部分建立为新的立体。图 11.25c 即为图 11.25a 所示立体中圆柱与立方体公共部分形成的立体。

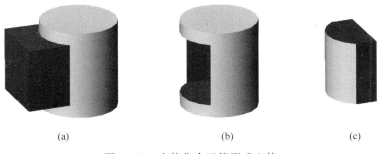

(a) 　　　　　　　　　　(b) 　　　　　　　　　　(c)

图 11.25　实体集合运算形成立体

操作过程如下:

命令:_intersect

选择对象:(选择圆柱)找到 1 个

选择对象:(选择立方体)找到 1 个,总计 2 个

选择对象:(按回车键执行运算)

本章中所介绍的三维功能是相对比较简单的命令,并没有对复杂立体形成作更详细的介绍。有兴趣的读者可以参考学习,也可以参考其他书籍实践提高。

## 思考题

1. 练习常用绘图和编辑命令,通过练习体会计算机绘图与手工绘图的区别。
2. 建立一个 A3 图纸的练习样板。
3. 跟画 11.7 节中的实例。
4. 试设计绘制平面图形。

# 附　　录

# Appendix

## 一、极限与配合 [Limits and Fits]

### 1. 标准公差数值 [Numerical Values Table of Standard Tolerances]

附表 1　标准公差数值(摘自 GB/T 1800.1—2020)

| 公称尺寸 /mm | | 标准公差等级 | | | | | | | | | | | | | | | | | | | |
|---|---|---|---|---|---|---|---|---|---|---|---|---|---|---|---|---|---|---|---|---|---|
| | | IT01 | IT0 | IT1 | IT2 | IT3 | IT4 | IT5 | IT6 | IT7 | IT8 | IT9 | IT10 | IT11 | IT12 | IT13 | IT14 | IT15 | IT16 | IT17 | IT18 |
| 大于 | 至 | μm | | | | | | | | | | | | | mm | | | | | | |
| — | 3 | 0.3 | 0.5 | 0.8 | 1.2 | 2 | 3 | 4 | 6 | 10 | 14 | 25 | 40 | 60 | 0.10 | 0.14 | 0.25 | 0.40 | 0.60 | 1.0 | 1.4 |
| 3 | 6 | 0.4 | 0.6 | 1 | 1.5 | 2.5 | 4 | 5 | 8 | 12 | 18 | 30 | 48 | 75 | 0.12 | 0.18 | 0.30 | 0.48 | 0.75 | 1.2 | 1.8 |
| 6 | 10 | 0.4 | 0.6 | 1 | 1.5 | 2.5 | 4 | 6 | 9 | 15 | 22 | 36 | 58 | 90 | 0.15 | 0.22 | 0.36 | 0.58 | 0.90 | 1.5 | 2.2 |
| 10 | 18 | 0.5 | 0.8 | 1.2 | 2 | 3 | 5 | 8 | 11 | 18 | 27 | 43 | 70 | 110 | 0.18 | 0.27 | 0.43 | 0.70 | 1.10 | 1.8 | 2.7 |
| 18 | 30 | 0.6 | 1 | 1.5 | 2.5 | 4 | 6 | 9 | 13 | 21 | 33 | 52 | 84 | 130 | 0.2 | 0.33 | 0.52 | 0.84 | 1.30 | 2.1 | 3.3 |
| 30 | 50 | 0.6 | 1 | 1.5 | 3.5 | 4 | 7 | 11 | 16 | 25 | 39 | 62 | 100 | 160 | 0.25 | 0.39 | 0.62 | 1.00 | 1.60 | 2.5 | 3.9 |
| 50 | 80 | 0.8 | 1.2 | 2 | 3 | 5 | 8 | 13 | 19 | 30 | 46 | 74 | 120 | 190 | 0.30 | 0.46 | 0.74 | 1.20 | 1.90 | 3.0 | 4.6 |
| 80 | 120 | 1 | 1.5 | 2.5 | 4 | 6 | 10 | 15 | 22 | 35 | 54 | 87 | 140 | 220 | 0.35 | 0.54 | 0.87 | 1.40 | 2.20 | 3.5 | 5.4 |
| 120 | 180 | 1.2 | 2 | 3.5 | 5 | 8 | 12 | 18 | 25 | 40 | 63 | 100 | 160 | 250 | 0.40 | 0.63 | 1.00 | 1.60 | 2.50 | 4.0 | 6.3 |
| 180 | 250 | 2 | 3 | 4.5 | 7 | 10 | 14 | 20 | 29 | 46 | 72 | 115 | 185 | 290 | 0.46 | 0.72 | 1.15 | 1.85 | 2.90 | 4.6 | 7.2 |
| 250 | 315 | 2.5 | 4 | 6 | 8 | 12 | 16 | 23 | 32 | 52 | 81 | 130 | 210 | 320 | 0.52 | 0.81 | 1.30 | 2.10 | 3.20 | 5.2 | 8.1 |
| 315 | 400 | 3 | 5 | 7 | 9 | 13 | 18 | 25 | 36 | 57 | 89 | 140 | 230 | 360 | 0.57 | 0.89 | 1.40 | 2.30 | 3.60 | 5.7 | 8.9 |
| 400 | 500 | 4 | 6 | 8 | 10 | 15 | 20 | 27 | 40 | 63 | 97 | 155 | 250 | 400 | 0.63 | 0.97 | 1.55 | 2.50 | 4.00 | 6.3 | 9.7 |

### 2. 优先配合中轴的极限偏差 [Limit Deviations of Shaft Fits]

附表 2　优先配合中轴的极限偏差(摘自 GB/T 1800.2—2020)　　　　μm

| 公称尺寸 /mm | | 公　差　带 | | | | | | | | | | | |
|---|---|---|---|---|---|---|---|---|---|---|---|---|---|
| | | c | d | f | g | h | | | | k | n | p | s | u |
| 大于 | 至 | 11 | 9 | 7 | 6 | 6 | 7 | 9 | 11 | 6 | 6 | 6 | 6 | 6 |
| — | 3 | −60 −120 | −20 −45 | −6 −16 | −2 −8 | 0 −6 | 0 −10 | 0 −25 | 0 −60 | +6 0 | +10 +4 | +12 +6 | +20 +14 | +24 +18 |
| 3 | 6 | −70 −145 | −30 −60 | −10 −22 | −4 −12 | 0 −8 | 0 −12 | 0 −30 | 0 −75 | +9 +1 | +16 +8 | +20 +12 | +27 +19 | +31 +23 |
| 6 | 10 | −80 −170 | −40 −76 | −13 −28 | −5 −14 | 0 −9 | 0 −15 | 0 −36 | 0 −90 | +10 +1 | +19 +10 | +24 +15 | +32 +23 | +37 +28 |

| 公称尺寸 /mm | | 公 差 带 | | | | | | | | | | | | |
|---|---|---|---|---|---|---|---|---|---|---|---|---|---|---|
| | | c | d | f | g | h | | | | k | n | p | s | u |
| 大于 | 至 | 11 | 9 | 7 | 6 | 6 | 7 | 9 | 11 | 6 | 6 | 6 | 6 | 6 |
| 10 | 14 | −95 −205 | −50 −93 | −16 −34 | −6 −17 | 0 −11 | 0 −18 | 0 −43 | 0 −110 | +12 +1 | +23 +12 | +29 +18 | +39 +28 | +44 +33 |
| 14 | 18 | | | | | | | | | | | | | |
| 18 | 24 | −110 −240 | −65 −117 | −20 −41 | −7 −20 | 0 −13 | 0 −21 | 0 −52 | 0 −130 | +15 +2 | +28 +15 | +35 +22 | +48 +35 | +54 +41 |
| 24 | 30 | | | | | | | | | | | | | +61 +48 |
| 30 | 40 | −120 −280 | −80 −142 | −25 −50 | −9 −25 | 0 −16 | 0 −25 | 0 −62 | 0 −160 | +18 +2 | +33 +17 | +42 +26 | +42 +26 | +76 +60 |
| 40 | 50 | −130 −290 | | | | | | | | | | | | +86 +70 |
| 50 | 65 | −140 −330 | −100 −174 | −30 −60 | −10 −29 | 0 −19 | 0 −30 | 0 −74 | 0 −190 | +21 +2 | +39 +20 | +51 +32 | +72 +53 | +106 +87 |
| 65 | 80 | −150 −340 | | | | | | | | | | | +78 +59 | +121 +102 |
| 80 | 100 | −170 −390 | −120 −207 | −36 −71 | −12 −34 | 0 −22 | 0 −35 | 0 −87 | 0 −220 | +25 +3 | +45 +23 | +59 +37 | +93 +71 | +146 +124 |
| 100 | 120 | −180 −400 | | | | | | | | | | | +101 +79 | +166 +144 |
| 120 | 140 | −200 −450 | −145 −245 | −43 −83 | −14 −39 | 0 −25 | 0 −40 | 0 −100 | 0 −250 | +28 +3 | +52 +27 | +68 +43 | +117 +92 | +195 +170 |
| 140 | 160 | −210 −460 | | | | | | | | | | | +125 +100 | +215 +190 |
| 160 | 180 | −230 −480 | | | | | | | | | | | +133 +108 | +235 +210 |

3. 优先配合中孔的极限偏差 [ Limit Deviations of Central Bore Fits ]

### 附表 3　优先配合中孔的极限偏差（摘自 GB/T 1800.2—2020）　　μm

| 公称尺寸 /mm | | 公 差 带 | | | | | | | | | | | | |
|---|---|---|---|---|---|---|---|---|---|---|---|---|---|---|
| | | C | D | F | G | H | | | | K | N | P | S | U |
| 大于 | 至 | 11 | 9 | 8 | 7 | 7 | 8 | 9 | 11 | 7 | 7 | 7 | 7 | 7 |
| — | 3 | +120 +60 | +45 +20 | +20 +6 | +12 +2 | +10 0 | +14 0 | +25 0 | +60 0 | 0 −10 | −4 −14 | −6 −16 | −14 −24 | −18 −28 |
| 3 | 6 | +145 +70 | +60 +30 | +28 +10 | +16 +4 | +12 0 | +18 0 | +30 0 | +75 0 | +3 −9 | −4 −16 | −8 −20 | −15 −27 | −19 −31 |
| 6 | 10 | +170 +80 | +76 +40 | +35 +13 | +20 +5 | +15 0 | +22 0 | +36 0 | +90 0 | +5 −10 | −4 −19 | −9 −24 | −17 −32 | −22 −37 |
| 10 | 14 | +205 +90 | +93 +50 | +43 +16 | +24 +6 | +18 0 | +27 0 | +43 0 | +110 0 | +6 −12 | −5 −23 | −11 −29 | −21 −39 | −26 −44 |
| 14 | 18 | | | | | | | | | | | | | |

续表

| 公称尺寸 /mm 大于 | 至 | C11 | D9 | F8 | G7 | H7 | H8 | H9 | H11 | K7 | N7 | P7 | S7 | U7 |
|---|---|---|---|---|---|---|---|---|---|---|---|---|---|---|
| 18 | 24 | +240 +110 | +117 +65 | +53 +20 | +28 +7 | +21 0 | +33 0 | +52 0 | +130 0 | +6 -15 | -7 -28 | -14 -35 | -27 -48 | -33 -54 |
| 24 | 30 | +240 +110 | +117 +65 | +53 +20 | +28 +7 | +21 0 | +33 0 | +52 0 | +130 0 | +6 -15 | -7 -28 | -14 -35 | -27 -48 | -40 -61 |
| 30 | 40 | +280 +120 | +142 +80 | +64 +25 | +34 +9 | +25 0 | +39 0 | +62 0 | +160 0 | +7 -18 | -8 -23 | -17 -42 | -34 -59 | -51 -76 |
| 40 | 50 | +290 +130 | +142 +80 | +64 +25 | +34 +9 | +25 0 | +39 0 | +62 0 | +160 0 | +7 -18 | -8 -23 | -17 -42 | -34 -59 | -61 -86 |
| 50 | 65 | +330 +140 | +174 +100 | +76 +30 | +40 +10 | +30 0 | +46 0 | +74 0 | +190 0 | +9 -21 | -9 -39 | -21 -51 | -42 -72 | -76 -106 |
| 65 | 80 | +340 +150 | +174 +100 | +76 +30 | +40 +10 | +30 0 | +46 0 | +74 0 | +190 0 | +9 -21 | -9 -39 | -21 -51 | -48 -78 | -91 -121 |
| 80 | 100 | +390 +170 | +207 +120 | +90 +36 | +47 +12 | +35 0 | +54 0 | +87 0 | +220 0 | +10 -25 | -10 -45 | -24 -59 | -58 -93 | -111 -146 |
| 100 | 120 | +400 +180 | +207 +120 | +90 +36 | +47 +12 | +35 0 | +54 0 | +87 0 | +220 0 | +10 -25 | -10 -45 | -24 -59 | -66 -101 | -131 -166 |
| 120 | 140 | +450 +200 | +245 +145 | +106 +43 | +54 +14 | +40 0 | +63 0 | +100 0 | +250 0 | +12 -28 | -12 -45 | -28 -68 | -77 -117 | -155 -195 |
| 140 | 160 | +460 +210 | +245 +145 | +106 +43 | +54 +14 | +40 0 | +63 0 | +100 0 | +250 0 | +12 -28 | -12 -45 | -28 -68 | -85 -125 | -175 -215 |
| 160 | 180 | +480 +230 | +245 +145 | +106 +43 | +54 +14 | +40 0 | +63 0 | +100 0 | +250 0 | +12 -28 | -12 -45 | -28 -68 | -93 -133 | -195 -235 |

## 二、常用材料的牌号［Nameplate of Commonly Used Materials］

1. 金属材料［Metal Materials］

附表4　常用金属材料

| 标准 | 名称 | 牌号 | | 应用举例 | 说明 |
|---|---|---|---|---|---|
| GB/T 700—2006 | 普通碳素结构钢 | Q215 | A级 | 金属机构件、拉杆、套圈、铆钉、螺栓、短轴、心轴、凸轮（载荷不大的）、垫圈、渗碳零件及焊接件 | "Q"为碳素结构钢的屈服点"屈"字的汉语拼音首位字母,后面的数字表示屈服点的数值。如Q235表示碳素结构钢的屈服点为235 N/mm$^2$。<br>新旧牌号对照:<br>Q215—A2<br>Q235—A3<br>Q275—A5 |
| | | | B级 | | |
| | | Q235 | A级 | 金属结构件、心部强度要求不高的渗碳或氰化零件、吊钩、拉杆、套圈、气缸、齿轮、螺栓、螺母、连杆、轮轴、锲、盖及焊接件 | |
| | | | B级 | | |
| | | | C级 | | |
| | | | D级 | | |
| | | Q275 | | 轴、轴销、刹车杆、螺母、螺栓、垫圈、连杆、齿轮以及其他强度较高的零件 | |

续表

| 标准 | 名称 | 牌号 | 应用举例 | 说明 |
|---|---|---|---|---|
| GB/T 699—2015 | 优质碳素结构钢 | 10 | 用于制造拉杆、卡头、垫圈、铆钉及焊接零件 | 牌号的两位数字表示平均碳的质量分数，45钢即表示碳的质量分数为0.45%。<br>碳的质量分数≤0.25%的碳钢属低碳钢（渗碳钢）；碳的质量分数在0.25%~0.6%的碳钢属中碳钢（调制钢）。<br>碳的质量分数>0.6%的碳钢属高碳钢。<br>锰的质量分数较高的钢，须加注化学元素符号"Mn" |
| | | 15 | 用于受力不大和韧性较高的零件、渗碳零件及紧固件（如螺栓、螺钉）、法兰盘和化工贮罐 | |
| | | 35 | 用于制造曲轴、转轴、轴销、杠杆、连杆、螺栓、螺母、垫圈、飞轮（多在正火、调质下使用） | |
| | | 45 | 用于制造要求综合力学性能高的各种零件，通常经正火或调质处理后使用。用于制造轴、齿轮、齿条、链轮、螺栓、螺母、销钉、键、拉杆等 | |
| | | 60 | 用于制造弹簧、弹簧垫圈、凸轮、轧辊等 | |
| | | 15Mn | 制作心部力学性能要求较高且需渗碳的零件 | |
| | | 65Mn | 用于制造要求耐磨性高的圆盘、衬板、齿轮、花键轴、弹簧等 | |
| GB/T 3077—2015 | 合金结构钢 | 20Mn2 | 用于制造渗碳小齿轮、小轴、活塞销、柴油机套筒、气门推杆、缸套等 | 钢中加入一定量的合金元素，提高了钢的力学性能和耐磨性，也提高了钢的淬透性，保证金属在较大截面上获得高的力学性能 |
| | | 15Cr | 用于制造要求心部韧性较高的渗碳零件，如船舶主机用螺栓、活塞销、凸轮、凸轮轴、汽轮机套环、机车小零件等 | |
| | | 40Cr | 用于制造受变载、中速、中载、强烈磨损而无很大冲击的重要零件，如齿轮、轴、曲轴、连杆、螺栓、螺母等 | |
| | | 35SiMn | 耐磨、耐疲劳性均佳，适用于小型轴类、齿轮及430℃以下的重要紧固件等 | |
| | | 20CrMnTi | 工艺性特优，强度、韧度均高，可用于承受高速、中速或重负荷以及冲击、磨损等的重要零件，如渗碳齿轮、凸轮等 | |
| GB/T 11352—2009 | 一般工程用铸造碳钢 | ZG230—450 | 用于制造轮机机架、铁道车辆摇枕、侧梁、铁铮台、机座、箱体、锤轮、450℃以下的管路附件等 | "ZG"为铸钢汉语拼音的首位字母，后面的数字表示屈服点和抗拉强度。如ZG230—450表示屈服点为230 N/mm²，抗拉强度为450 N/mm² |
| | | ZG310—570 | 适用于各种形状的零件，如联轴器、齿轮、气缸、轴、机架、齿圈等 | |

续表

| 标准 | 名称 | 牌号 | 应用举例 | 说明 |
|---|---|---|---|---|
| GB/T 9439—2010 | 灰铸铁 | HT150 | 用于小负荷和对耐磨性无特殊要求的零件,如端盖、外罩、手轮、一般机床底座、床身极其复杂零件、滑台、工作台和低压管件 | "HT"为灰铁的汉语拼音首位字母,后面的数字表示抗拉强度。如 HT200 表示抗拉强度为 200 N/mm² 的灰铸铁 |
| | | HT200 | 用于中等负荷和对耐磨性有一定要求的零件,如机床床身、立柱、飞轮、气缸、泵体、轴承座、活塞、齿轮箱、阀体等 | |
| | | HT250 | 用于中等负荷和对耐磨性有一定要求的零件,如阀体、油缸、气缸、联轴器、机体、齿轮、齿轮箱外壳、飞轮、液压泵和滑阀的壳体等 | |
| GB/T 1176—2013 | 5-5-5锡青铜 | ZCuSn5Pb5Zn5 | 耐磨性和耐腐蚀性均好,易加工,铸造性和气密性较好,用于较高负荷、中等滑动速度下工作的耐磨、耐腐蚀零件,如轴瓦、衬套、缸套、活塞、离合器、涡轮等 | "Z"为铸造汉语拼音的首位字母,各化学元素后面的数字表示该元素含量的百分数,如 ZCuAl10Fe3表示含: Al(8.1~11)% Fe(2~4)% 其余为 Cu 的铸造铝青铜 |
| | 10-3铝青铜 | ZCuAl10Fe3 | 力学性能高,耐磨性、耐腐蚀、抗氧化性好,可以焊接,不易钎焊,大型铸件自 700 ℃ 空冷可以防止变脆。可用于制造强度高、耐磨、耐蚀的零件,如涡轮、轴承、衬套、管嘴、耐热管配件等 | |
| | 25-6-3-3铝黄铜 | ZCuZn25Al6Fe3Mn3 | 有很高的力学性能,铸造性能好,耐腐蚀性较好,有应力腐蚀开裂倾向,可以焊接。适用于高强耐磨零件,如桥梁支承板、螺母、螺杆、耐磨板、滑板、涡轮等 | |
| | 58-2-2锰黄铜 | ZCuZn38Mn2Pb2 | 有较高的力学性能和耐蚀性,耐磨性较好,切削性能良好。可用于一般用途的构件、船舶仪表等使用的外形简单的铸件,如套筒、衬套、轴瓦、滑块等 | |
| GB/T 1173—2013 | 铸造铝合金 | ZAlSi12代号ZL102 | 用于制造形状复杂、负荷小、耐腐蚀的薄壁零件和工作温度≤200 ℃的高气密性零件 | 含硅(10~13)%的铝硅合金 |
| GB/T 3190—2008 | 硬铝 | 2A12(原 LY12) | 焊接性能好,适用于制造高载荷的零件及构件(不包括冲压件和锻件) | 2A12 表示含铜(3.8~4.9)%、镁(1.2~1.8)%、锰(0.3~0.9)%的硬铝 |
| | 工业纯铝 | 1060(代 L2) | 塑性、耐腐蚀性高,焊接性好,强度低。适于制造贮槽、热交换器、防污染及深冷设备等 | 1060 表示含杂质≤0.4%的工业纯铝 |

2. 非金属材料［Non-metal Materials］

附表 5　常用非金属材料

| 标　准 | 名　称 | 牌　号 | 说　明 | 应 用 举 例 |
|---|---|---|---|---|
| GB/T 539—2008 | 耐油石棉橡胶板 | NY250<br>HNY300 | 有 0.4～3.0 mm 的十种厚度规格 | 供航空发动机用的煤油、润滑油及冷气系统结合处的密封衬垫材料 |
| GB/T 5574—2008 | 耐酸碱橡胶板 | 2707<br>2807<br>2709 | 较高硬度<br>中等硬度 | 具有耐酸碱性能,在温度 -30～60 ℃ 的 20% 浓度的酸碱液体中工作,用于冲制密封性好的垫圈 |
| | 耐油橡胶板 | 3707<br>3807<br>3709<br>3809 | 较高硬度 | 可在一定温度的机油、变压油、汽油等介质中工作,适用于冲制各种形状的垫圈 |
| | 耐热橡胶板 | 4708<br>4808<br>4710 | 较高硬度<br>中等硬度 | 可在 -30～100 ℃,且压力不大的条件下,于热空气、蒸汽介质中工作,用于冲制各种垫圈及隔热垫板 |

# 三、常用的热处理名词［Heat Treatment Vocabulary Explanation］

附表 6　常用的热处理名词

| 名　词 | 应　用 | 说　明 |
|---|---|---|
| 退火 | 用来消除铸、锻、焊零件的应力,降低硬度,便于切削加工,细化金属晶粒,改善组织,增加韧性 | 将钢件加热到临界温度(一般是 710～715 ℃,个别合金钢 800～900 ℃)以上 30～50 ℃,保温一段时间,然后缓慢冷却(一般在炉中冷却) |
| 正火 | 用来处理低碳和中碳结构钢及渗碳零件,使其组织细化,增加硬度和韧性,减小应力,改善切削性能 | 将钢件加热到临界温度以上,保温一段时间,然后在空气中冷却,冷却速度比退火快 |
| 淬火 | 用来提高钢的硬度和强度极限,但淬火会引起应力使钢变脆,所以淬火后必须回火 | 将钢件加热到临界温度以上,保温一段时间,然后在水、盐水或油中(个别材料在空气中)急速冷却,使其得到高硬度 |

续表

| 名 词 | | 应 用 | 说 明 |
|---|---|---|---|
| 回火 | | 用来消除淬火后的脆性和应力,提高钢的塑性和冲击韧性 | 回火是将淬硬的钢件加热到临界点以下的回火温度,保温一段时间,然后在空气中或油中冷却 |
| 调质 | | 用来使钢获得高的韧性和足够的强度。重要的齿轮、轴及丝杆等零件需调质处理 | 淬火后在 450~650 ℃ 进行高温回火,称为调质 |
| 表面淬火 | 火焰淬火 | 使零件表面获得高硬度,而心部保持一定的韧性,使零件既耐磨又能承受冲击。表面淬火常用来处理齿轮等 | 用火焰或高频电流将零件表面迅速加热至临界温度以上,急速冷却 |
| | 高频淬火 | | |
| 渗碳淬火 | | 增加钢件的耐磨性能、表面硬度、抗拉强度及疲劳极限。适用于低碳、中碳($w_c <$ 0.4%)结构钢的中小型零件 | 在渗碳剂中将钢件加热到900~950 ℃,停留一定时间,将碳渗入钢表面,深度为 0.5~2 mm |
| 氮化 | | 增加钢件的耐磨性能,表面硬度、疲劳极限和耐蚀能力。适用于合金钢、碳钢、铸铁件,如机车主轴、丝杆以及在潮湿碱水和燃烧气体介质的环境中工作的零件 | 氮化是在 500~600 ℃ 通入氨的炉子内加热,向钢的表面渗入氮原子的过程。氮化层为 0.025~0.8 mm,氮化时间为 20~50 h |
| 氰化 | | 增加表面硬度、耐磨性、疲劳强度和耐蚀性,用于要求硬度高耐磨的中小型及薄片零件和刀具等 | 氰化是在 820~860 ℃ 炉内通入碳和氮,保温 1~2 h,使钢件的表面同时渗入碳、氮原子,可得到 0.2~2 mm 的氰化层 |
| 时效 | | 使工件消除应力,用于量具,精密丝杆,床身导轨,床身等 | 低温回火后,精加工之前,加热到100~160 ℃,保持 5~40 h。对铸件也可用天然时效(放在露天中一年以上) |
| 发蓝发黑 | | 防腐蚀,美观。用于一般连接的标准件和其他电子类零件 | 将金属零件放在很浓的碱和氧化剂溶液中加热氧化,使金属表面形成一层氧化铁所组成的保护性薄膜 |
| 硬度 | | 检测材料抵抗硬物压入其表面的能力。HB 用于退火、正火、调质的零件及铸件;HRC 用于经淬火、回火及表面渗碳、渗氮等处理的零件;HV 用于薄层硬化的零件 | 硬度代号:HBS(布氏硬度) HRC(洛氏硬度,C 级) HV(维氏硬度) |

## 四、螺纹［Threads］

1. 普通螺纹［Normal Threads］（摘自 GB/T 196—2003）

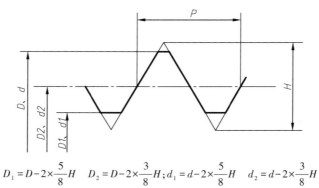

$$D_1 = D - 2 \times \frac{5}{8}H \quad D_2 = D - 2 \times \frac{3}{8}H; d_1 = d - 2 \times \frac{5}{8}H \quad d_2 = d - 2 \times \frac{3}{8}H$$

$$H = \frac{\sqrt{3}}{2}P = 0.866\ 025\ 404P$$

$D$—内螺纹大径；$d$—外螺纹大径；$D_1$—内螺纹小径；$d_1$—外螺纹小径；

$D_2$—内螺纹中径；$d_2$—外螺纹中径；$P$—螺距；$H$—原始三角形高度

标记示例：

粗牙普通螺纹，大径为 16 mm，螺距为 2 mm，右旋，内螺纹公差带中径和顶径均为6H，该螺纹标记为：M16—6H

细牙普通螺纹，大径为 16 mm，螺距为 1.5 mm，左旋，外螺纹公差带中径为 5 g，大径为 6 g，该螺纹标记为：M16×1.5LH—5g6g

附　表　7

| 公称直径 $D$、$d$ | | 螺距 $P$ | | 粗牙小径 $D_1$、$d_1$ | 公称直径 $D$、$d$ | | 螺距 $P$ | | 粗牙小径 $D_1$、$d_1$ |
|---|---|---|---|---|---|---|---|---|---|
| 第一系列 | 第二系列 | 粗牙 | 细牙 | | 第一系列 | 第二系列 | 粗牙 | 细牙 | |
| 3 | | 0.5 | 0.35 | 2.459 | 20 | | 2.5 | 2；1.5；1 | 17.294 |
| | 3.5 | 0.6 | | 2.850 | | 22 | 2.5 | 2；1.5；1 | 19.294 |
| 4 | | 0.7 | 0.5 | 3.242 | 24 | | 3 | 2；1.5；1 | 20.752 |
| 5 | | 0.8 | | 4.134 | | 27 | 3 | 2；1.5；1 | 23.752 |
| 6 | | 1 | 0.75 | 4.917 | 30 | | 3.5 | 3；2；1.5；1 | 26.211 |
| 8 | | 1.25 | 1；0.75 | 6.647 | | 33 | 3.5 | 3；2；1.5 | 29.211 |
| 10 | | 1.5 | 1.25；1；0.75 | 8.376 | 36 | | 4 | 3；2；1.5 | 31.670 |
| 12 | | 1.75 | 1.5；1.25；1 | 10.106 | | 30 | 4 | | 34.670 |
| | 14 | 2 | 1.5；1.25；1 | 11.835 | 42 | | 4.5 | 4；3；2；1.5 | 37.129 |
| 16 | | 2 | 1.5；1 | 13.835 | | 45 | 4.5 | | 40.129 |
| | 18 | 2.5 | 2；1.5；1 | 15.294 | 48 | | 5 | | 42.587 |

2. 55°非密封管螺纹［Non-Threads Tight Pipe Threads］(摘自 GB/T 7307—2001)

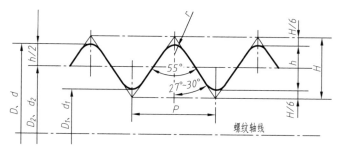

$$H = 0.960\ 491P \quad h = 0.640\ 327P \quad r = 0.137\ 329P$$

标记示例:

尺寸代号为 3/4、右旋、55°非密封管螺纹,标记为:G3/4

附　表　8

| 尺寸代号 | 每25.4 mm内的牙数 $n$ | 螺距 $P$ | 基 本 尺 寸 | | | 尺寸代号 | 每25.4 mm内的牙数 $n$ | 螺距 $P$ | 基 本 尺 寸 | | |
|---|---|---|---|---|---|---|---|---|---|---|---|
| | | | 大径 $D$、$d$ | 中径 $D_2$、$d_2$ | 小径 $D_1$、$d_1$ | | | | 大径 $D$、$d$ | 中径 $D_2$、$d_2$ | 小径 $D_1$、$d_1$ |
| 1/8 | 28 | 0.907 | 9.728 | 9.147 | 8.566 | $1\frac{1}{4}$ | | 2.309 | 41.910 | 40.431 | 38.952 |
| 1/4 | 19 | 1.337 | 13.157 | 12.301 | 11.445 | $1\frac{1}{2}$ | | 2.309 | 47.303 | 46.324 | 44.845 |
| 3/8 | | 1.337 | 16.662 | 15.806 | 14.950 | $1\frac{3}{4}$ | | 2.309 | 53.746 | 52.267 | 50.788 |
| 1/2 | 14 | 1.814 | 20.955 | 19.793 | 18.631 | 2 | | 2.309 | 59.614 | 58.135 | 56.656 |
| 5/8 | | 1.814 | 22.911 | 21.794 | 20.587 | $2\frac{1}{4}$ | 11 | 2.309 | 65.710 | 64.231 | 62.752 |
| 3/4 | | 1.814 | 26.441 | 25.279 | 24.117 | $2\frac{1}{4}$ | | 2.309 | 75.148 | 73.705 | 72.226 |
| 7/8 | | 1.814 | 30.201 | 29.039 | 27.877 | $2\frac{3}{4}$ | | 2.309 | 81.534 | 80.055 | 78.576 |
| 1 | 11 | 2.309 | 33.249 | 31.770 | 30.291 | 3 | | 2.309 | 87.884 | 86.405 | 84.926 |
| $1\frac{1}{8}$ | | 2.309 | 37.897 | 36.418 | 34.939 | $3\frac{1}{2}$ | | 2.309 | 100.330 | 98.851 | 97.372 |

## 五、常用螺纹紧固件[Common threaded Fasteners]

1. 螺栓[Bolts]

六角头螺栓—A 和 B 级（GB/T 5782—2016）　　　　六角头螺栓—全螺纹—A 和 B 级（GB/T 5783—2016）

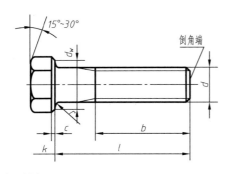 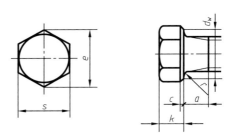

标记示例：

螺纹规格 $d$ = 12 mm、公称长度 $l$ = 80 mm、A 级的六角头螺栓，标记为：螺栓 GB/T 5782　M12×80

附　表　9　　　　　　　　　　　　　　　　　mm

| 螺纹规格 $d$ | | | M3 | M4 | M5 | M6 | M8 | M10 | M12 | M16 | M20 | M24 |
|---|---|---|---|---|---|---|---|---|---|---|---|---|
| $B$（参考） | $l \leqslant 125$ | | 12 | 14 | 16 | 18 | 22 | 26 | 30 | 38 | 46 | 54 |
| | $125 < l \leqslant 200$ | | 18 | 20 | 22 | 24 | 28 | 32 | 36 | 44 | 52 | 60 |
| | $l > 200$ | | 31 | 33 | 35 | 37 | 41 | 45 | 49 | 57 | 65 | 73 |
| $c$（max） | GB/T 5782 GB/T 5783 | | 0.4 | 0.4 | 0.5 | 0.5 | 0.6 | 0.6 | 0.6 | 0.8 | 0.8 | 0.8 |
| $d_w$（min） | GB/T 5782 | A | 4.57 | 5.88 | 6.88 | 8.88 | 11.63 | 14.63 | 16.63 | 22.49 | 28.19 | 33.61 |
| | GB/T 5783 | B | 4.45 | 5.74 | 6.74 | 8.74 | 77.47 | 14.47 | 16.47 | 22 | 27.7 | 33.25 |
| $e$（min） | GB/T 5782 | A | 6.01 | 7.66 | 8.79 | 11.05 | 14.38 | 17.77 | 20.03 | 26.75 | 33.53 | 39.98 |
| | GB/T 5783 | B | 5.88 | 7.50 | 8.63 | 10.89 | 14.20 | 17.59 | 19.85 | 26.17 | 32.95 | 39.55 |
| $k$（公称） | GB/T 5782 GB/T 5783 | | 2 | 2.8 | 3.5 | 4 | 5.3 | 6.4 | 7.5 | 10 | 12.5 | 15 |
| $r$（min） | GB/T 5782 GB/T 5783 | | 0.1 | 0.2 | 0.2 | 0.25 | 0.4 | 0.4 | 0.6 | 0.6 | 0.8 | 0.8 |
| $s$（公称） | GB/T 5782 GB/T 5783 | | 5.5 | 7 | 8 | 10 | 13 | 16 | 18 | 24 | 30 | 36 |
| $a$（max） | GB/T 5783 | | 1.5 | 2.1 | 2.4 | 3 | 4 | 4.5 | 5.3 | 6 | 7.5 | 9 |
| $l$（公称） | 商品规格范围 | GB/T 5782 | 20～30 | 25～40 | 25～50 | 30～60 | 40～80 | 45～100 | 50～120 | 65～160 | 80～200 | 90～240 |
| | | GB/T 5783 | 6～30 | 8～40 | 10～50 | 12～60 | 16～80 | 20～100 | 25～120 | 30～200 | 40～200 | 50～200 |
| | 系列值 | | 6,8,10,12,16,20,25,30,35,40,45,50,（55），60,（65），70,80,90,100,110,120,130,140, 150,160,180,200,220,240,260,280,300,320,340,360 | | | | | | | | | |

2. 双头螺柱［Double Heads Studs］

$b_m = 1d$（GB/T 897—1988）、$b_m = 1.25d$（GB/T 898—1988）、$b_m = 1.5d$（GB/T 899—1988）、$b_m = 2d$（GB/T 900—1988）

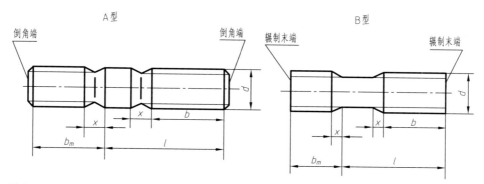

标记示例：

（1）两端均为粗牙普通螺纹，$d = 10$ mm、$l = 50$ mm、B 型、$b_m = 1d$，标记为：螺柱 GB/T 897　M10×50

（2）旋入端为粗牙普通螺纹，旋螺母端为细牙普通螺纹（$P = 1$ mm），$d = 10$ mm、$l = 50$ mm、A 型、$b_m = 1d$，标记为：螺柱 GB/T 897 AM10—M10×1×50

附　表　10

mm

| 螺纹规格 $d$ | | M5 | M6 | M8 | M10 | M12 | M16 | M20 | M24 | M30 | M36 | M24 | M48 |
|---|---|---|---|---|---|---|---|---|---|---|---|---|---|
| $b_m$ | GB/T 897—1988 | 5 | 6 | 8 | 10 | 12 | 16 | 20 | 24 | 30 | 36 | 42 | 48 |
| | GB/T 898—1988 | 6 | 8 | 10 | 12 | 15 | 20 | 25 | 30 | 38 | 45 | 52 | 60 |
| | GB/T 899—1988 | 8 | 10 | 12 | 15 | 18 | 24 | 30 | 36 | 45 | 54 | 65 | 72 |
| | GB/T 900—1988 | 10 | 12 | 16 | 20 | 24 | 32 | 40 | 48 | 60 | 72 | 84 | 96 |
| $x$（max） | | | | | | | | 1.5P | | | | | |
| $l$ | | | | | | | | $b$ | | | | | |
| 16 | | 10 | | | | | | | | | | | |
| (18) | | 10 | | | | | | | | | | | |
| 20 | | | 10 | 12 | | | | | | | | | |
| (22) | | | | | | | | | | | | | |
| (25) | | | | | 14 | | | | | | | | |
| (28) | | | 14 | 16 | | 16 | | | | | | | |
| 30 | | | | | | | | | | | | | |
| (32) | | 16 | | | 16 | | 20 | | | | | | |
| 35 | | | | | | 20 | | 25 | | | | | |
| (38) | | | | | | | | | | | | | |
| 40 | | | | | | | | | | | | | |
| 45 | | | | | | | 30 | | 30 | | | | |
| 50 | | | 18 | | | | | 35 | | | | | |
| (55) | | | | 22 | | | | | | | | | |
| 60 | | | | | | | | | 45 | 40 | | | |
| (65) | | | | | | | | | | | | | |
| 70 | | | | | | | | | | | | | |
| (75) | | | | | 26 | 30 | | | | 45 | | | |
| 80 | | | | | | | | | | 50 | 50 | | |
| (85) | | | | | | | 38 | | | | | | |
| 90 | | | | | | | | 46 | | | | | |
| (95) | | | | | | | | | 54 | | 60 | | 60 |
| 100 | | | | | | | | | | 60 | | 70 | |
| 110 | | | | | | | | | | | | | 80 |
| 120 | | | | | | | | | | | 78 | 90 | 102 |
| 130 | | | | 32 | | | | | | | | | |
| 180 | | | | | 36 | 44 | 52 | 60 | 72 | 84 | 96 | 108 |

3. 螺钉［Screws］

开槽圆柱头螺钉（GB/T 65—2016）　　　　　　　　开槽沉头螺钉（GB/T 68—2016）

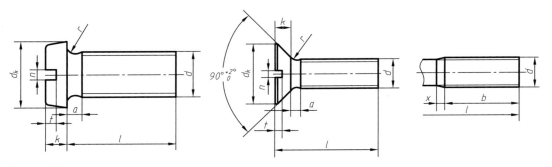

标记示例：

螺纹规格 $d$＝5 mm、公称长度 $l$＝20 mm 的开槽圆头螺钉,标记为:螺钉　GB/T 65 M5×20

附　表　11　　　　　　　　　　　　　　　　　　mm

| 螺纹规格 $d$ | | M1.6 | M2 | M2.5 | M3 | M4 | M5 | M6 | M8 | M10 |
|---|---|---|---|---|---|---|---|---|---|---|
| $P$ | GB/T 65—2016 | 0.35 | 0.4 | 0.45 | 0.5 | 0.7 | 0.8 | 1 | 1.25 | 1.5 |
| | GB/T 68—2016 | | | | | | | | | |
| $b$(min) | GB/T 65—2016 | 25 | | | | 38 | | | | |
| | GB/T 68—2016 | | | | | | | | | |
| $d_k$(max) | GB/T 65—2016 | 3 | 3.8 | 4.5 | 5.5 | 7 | 8.5 | 10 | 13 | 16 |
| | GB/T 68—2016 | 3.6 | 4.4 | 5.5 | 6.3 | 9.4 | 10.4 | 12.6 | 17.3 | 20 |
| $k$(max) | GB/T 65—2016 | 1.1 | 1.4 | 1.8 | 2 | 2.6 | 3.3 | 3.9 | 5 | 6 |
| | GB/T 68—2016 | 1 | 1.2 | 1.5 | 1.65 | 2.7 | 2.7 | 3.3 | 4.65 | 5 |
| $n$(公称) | GB/T 65—2016 | 0.4 | 0.5 | 0.6 | 0.8 | 1.2 | 1.2 | 1.6 | 2 | 2.5 |
| | GB/T 68—2016 | | | | | | | | | |
| $r$ min | GB/T 65—2016 | 0.1 | 0.1 | 0.1 | 0.1 | 0.2 | 0.2 | 0.25 | 0.4 | 0.4 |
| $r$ max | GB/T 68—2016 | 0.4 | 0.5 | 0.6 | 0.8 | 1 | 1.3 | 1.5 | 2 | 2.5 |
| $t$(min) | GB/T 65—2016 | 0.45 | 0.6 | 0.7 | 0.85 | 1.1 | 1.3 | 1.6 | 2 | 2.4 |
| | GB/T 68—2016 | 0.32 | 0.4 | 0.5 | 0.6 | 1 | 1.1 | 1.2 | 1.8 | 2 |
| $l$(公称) 商品规格范围 | GB/T 65—2016 | 2～16 | 3～20 | 3～25 | 4～30 | 5～40 | 6～50 | 8～60 | 10～80 | 12～80 |
| | GB/T 68—2016 | 2.5～16 | 3～20 | 4～25 | 5～30 | 6～40 | 8～50 | | | |
| 全螺纹范围 | GB/T 65—2016 | $l\leqslant30$ | | | | $l\leqslant40$ | | | | |
| | GB/T 68—2016 | $l\leqslant30$ | | | | $l\leqslant45$ | | | | |
| 系列值 | | 2,2.5,3,4,5,6,8,10,12,(14),16,20,25,30,35,40,45,50,(55),60,(65),70,(75),80 | | | | | | | | |

4. 紧定螺钉［Grub Screw］

开槽锥端紧定螺钉
（GB/T 71—2018）

开槽平端紧定螺钉
（GB/T 73—2017）

开槽长圆柱端紧定螺钉
（GB/T 75—2018）

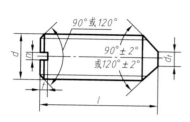 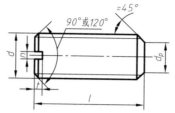 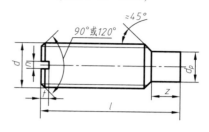

标记示例：

螺纹规格 $d=5\,mm$、公称长度 $l=12\,mm$ 的开槽锥端紧定螺钉，标记为：螺钉　GB/T 71　M5×12

附　表　12

mm

| 螺纹规格 $d$ | | | M1.2 | M1.6 | M2 | M2.5 | M3 | M4 | M5 | M6 | M8 | M10 | M12 |
|---|---|---|---|---|---|---|---|---|---|---|---|---|---|
| $P$ | GB/T 71、GB/T 73 | | 0.25 | 0.35 | 0.4 | 0.5 | 0.5 | 0.7 | 0.8 | 1 | 1.25 | 1.5 | 1.75 |
| | GB/T 75 | | | | | | | | | | | | |
| $d_t$ | GB/T 71 | | 0.12 | 0.16 | 0.2 | 0.25 | 0.3 | 0.4 | 0.5 | 1.5 | 2 | 2.5 | 3 |
| $d_p$ (max) | GB/T 71、GB/T 73 | | 0.6 | 0.8 | 1 | 1.5 | 2 | 2.5 | 3.5 | 4 | 5.5 | 7 | 8.5 |
| | GB/T 75 | | | | | | | | | | | | |
| $n$ (公称) | GB/T 71、GB/T 73 | | 0.2 | 0.25 | 0.25 | 0.4 | 0.4 | 0.6 | 0.8 | 1 | 1.2 | 1.6 | 2 |
| | GB/T 75 | | | | | | | | | | | | |
| $t$ (min) | GB/T 71、GB/T 73 | | 0.4 | 0.56 | 0.64 | 0.72 | 0.8 | 1.12 | 1.28 | 1.6 | 2 | 2.4 | 2.8 |
| | GB/T 75 | | | | | | | | | | | | |
| $z$(min) | GB/T 75 | | | 0.8 | 1 | 1.2 | 1.5 | 2 | 2.5 | 3 | 4 | 5 | 6 |
| 倒角和锥顶角 | GB/T 71 | 120° | $l=2$ | $l\leq2.5$ | | $l\leq3$ | | $l\leq4$ | $l\leq5$ | $l\leq6$ | $l\leq8$ | $l\leq10$ | $l\leq12$ |
| | | 90° | $l\geq2.5$ | $l\geq3$ | | $l\geq4$ | | $l\geq5$ | $l\geq6$ | $l\geq8$ | $l\geq10$ | $l\geq12$ | $l\geq14$ |
| | GB/T 73 | 120° | | $l\leq2$ | $l\leq2.5$ | | $l\leq3$ | $l\leq4$ | $l\leq5$ | $l\leq6$ | $l\leq8$ | $l\leq10$ | |
| | | 90° | $l\geq2$ | $l\geq2.5$ | $l\geq3$ | | $l\geq4$ | $l\geq5$ | $l\geq6$ | $l\geq8$ | $l\geq10$ | $l\geq12$ | |
| | GB/T 75 | 120° | | $l\leq2.5$ | $l\leq3$ | $l\leq4$ | $l\leq5$ | $l\leq6$ | $l\leq8$ | $l\leq10$ | $l\leq14$ | $l\leq16$ | $l\leq20$ |
| | | 90° | | $l\geq3$ | $l\geq4$ | $l\geq5$ | $l\geq6$ | $l\geq8$ | $l\geq10$ | $l\geq12$ | $l\geq16$ | $l\geq20$ | $l\geq25$ |
| $l$ (公称) | 商品规格范围 | GB/T 71 | 2~6 | 2~8 | | 3~10 | 3~12 | 4~16 | 6~20 | 8~25 | 8~30 | 10~40 | 12~50 | 14~60 |
| | | GB/T 73 | | | | 2~10 | 2.5~12 | 13~16 | 4~20 | 5~25 | 6~30 | 8~40 | 10~50 | 12~60 |
| | | GB/T 75 | | | 2.5~8 | 3~10 | 4~12 | 5~16 | 6~20 | 8~25 | 8~30 | 10~40 | 12~50 | 14~60 |
| | 系列值 | | 2,2.5,3,4,5,6,8,10,12,(14),16,20,25,30,50,(55),60 | | | | | | | | | | |

5. 螺母［Nuts］

（1）1 型六角螺母—C 级（GB/T 41—2016）

（2）1 型六角螺母—A 和 B 级（GD/T 6170—2015）

（3）六角薄螺母—A 和 B 级—倒角（GU/T 6172.1—2016）

（4）2 型六角螺母—A 和 B 级（GB/T 6175—2016）

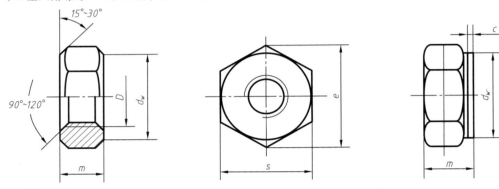

标记示例：

螺纹规格 $D$＝12 mm 的 1 型、C 级六角螺母，标记为：螺母 GB/T 41 M12

附　表　13　　　　　　　　　　　　　　　　　　　　mm

| 螺纹规格 $D$ | | M1.6 | M2 | M2.5 | M3 | M4 | M5 | M6 | M9 | M10 | M12 | M16 | M20 | M24 | M30 | M36 |
|---|---|---|---|---|---|---|---|---|---|---|---|---|---|---|---|---|
| $c$ (max) | GB/T 6170 | 0.2 | 0.2 | 0.3 | 0.4 | 0.4 | 0.5 | 0.5 | 0.6 | 0.6 | 0.6 | 0.8 | 0.8 | 0.8 | 0.8 | 0.8 |
| | GB/T 6175 | | | | | | | | | | | | | | | |
| $d_w$ (min) | GB/T 41 | | | | | | 6.7 | 8.7 | 11.5 | 14.5 | 16.5 | 22 | 27.7 | 33.3 | 42.8 | 51.1 |
| | GB/T 6170 | 2.4 | 3.1 | 4.1 | 4.6 | 5.9 | 6.9 | 8.9 | 11.6 | 14.6 | 16.6 | 22.5 | 27.7 | 33.2 | 42.7 | 51.1 |
| | GB/T 6172.1 | | | | | | | | | | | | | | | |
| | GB/T 6175 | | | | | | | | | | | | | | | |
| $e$ (min) | GB/T 41 | | | | | | 8.63 | 10.98 | 14.20 | 17.59 | 19.85 | 26.17 | | | | |
| | GB/T 6170 | 3.41 | 4.32 | 5.45 | 6.01 | 7.66 | 8.79 | 11.05 | 14.38 | 17.77 | 20.03 | 26.75 | 32.95 | 39.55 | 50.85 | 60.79 |
| | GB/T 6172.1 | | | | | | | | | | | | | | | |
| | GB/T 6175 | | | | | | | | | | | | | | | |
| $m$ (max) | GB/T 41 | | | | | | 5.6 | 6.4 | 7.9 | 9.5 | 12.2 | 15.9 | 19 | 22.3 | 26.4 | 31.9 |
| | GB/T 6170 | 1.3 | 1.6 | 2 | 2.4 | 3.2 | 4.7 | 5.2 | 6.8 | 8.4 | 10.8 | 14.8 | 18 | 21.5 | 25.6 | 31 |
| | GB/T 6172.1 | 1 | 1.2 | 1.6 | 1.8 | 2.2 | 2.7 | 3.1 | 4 | 5 | 6 | 8 | 10 | 12 | 15 | 18 |
| | GB/T 6175 | | | | | | 5.1 | 5.7 | 7.5 | 9.3 | 12 | 16.4 | 20.3 | 23.9 | 28.6 | 34.7 |
| $s$ (max) | GB/T 41 | | | | | | 8 | 10 | 13 | 16 | 18 | 24 | 30 | 36 | 46 | 55 |
| | GB/T 6170 | 3.2 | 4 | 5 | 5.5 | 7 | | | | | | | | | | |
| | GB/T 6172.1 | | | | | | | | | | | | | | | |
| | GB/T 6175 | | | | | | | | | | | | | | | |

6. 垫圈［Washers］

（1）小垫圈——A 级（GB/T 848—2002）、平垫圈——A 级（GB/T 97.1—2002）、平垫圈—倒角型——A 级（GB/T 97.2—2002）、平垫圈—C 级（GB/T 95—2002）

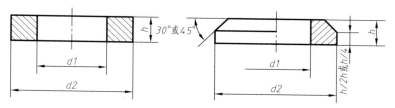

标记示例:标准系列,公称规格 8 mm、由钢制造的硬度等级为 200HV 级、不经表面处理的 A 级平垫圈,标记为:

垫圈 GB/T 97.1　8

附　表　14　　　　　　　　　　　　　　　mm

| 公称规格(螺纹大径 $d$) | | 4 | 5 | 6 | 8 | 10 | 12 | 16 | 20 | 24 | 30 | 36 |
|---|---|---|---|---|---|---|---|---|---|---|---|---|
| $d_1$ 公称 (min) | GB/T 848—2002 | 4.3 | | | | | | | | | | |
| | GB/T 97.1—2002 | | 5.3 | 6.4 | 8.4 | 10.5 | 13 | 17 | 21 | 25 | 31 | 37 |
| | GB/T 97.2—2002 | | | | | | | | | | | |
| | GB/T 95—2002 | 4.5 | 5.5 | 6.6 | 9 | 11 | 13.5 | 17.5 | 22 | 26 | 33 | 39 |
| $d_2$ 公称 (max) | GB/T 848—2002 | 8 | 9 | 11 | 15 | 18 | 20 | 28 | 34 | 39 | 50 | 60 |
| | GB/T 97.1—2002 | 9 | | | | | | | | | | |
| | GB/T 97.2—2002 | | 10 | 12 | 16 | 20 | 24 | 30 | 37 | 44 | 56 | 66 |
| | GB/T 95—2002 | 9 | | | | | | | | | | |
| $h$ 公称 | GB/T 848—2002 | 0.5 | 1 | 1.6 | | 1.6 | 2 | 2.5 | 3 | | | |
| | GB/T 97.1—2002 | 0.8 | | | | | | | | 4 | | 5 |
| | GB/T 97.2—2002 | | 1 | 1.6 | | 2 | 2.5 | 3 | | | | |
| | GB/T 95—2002 | 0.8 | | | | | | | | | | |

（2）标准弹簧垫圈（GB/T 93—1987）

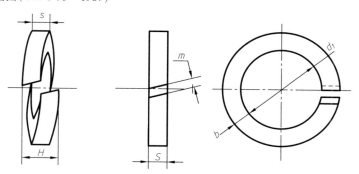

标记示例:标准系列,公称尺寸 $d$ = 16 mm 的弹簧垫圈,标记为:垫圈 GB/T 93　16

附　表　15　　　　　　　　　　　　　　　　　　mm

| 公称尺寸<br>（螺纹规格 $d$） | 2 | 2.5 | 3 | 4 | 5 | 6 | 8 | 10 | 12 | 16 | 20 | 24 | 30 | 36 | 42 | 48 |
|---|---|---|---|---|---|---|---|---|---|---|---|---|---|---|---|---|
| $d_1$<br>（min） | 2.1 | 2.6 | 3.1 | 4.1 | 5.1 | 6.1 | 8.1 | 10.2 | 12.2 | 16.2 | 20.2 | 24.5 | 30.5 | 36.5 | 42.5 | 48.5 |
| $s(b)$<br>（公称） | 0.5 | 0.65 | 0.8 | 1.1 | 1.3 | 1.6 | 2.1 | 2.6 | 3.1 | 4.1 | 5 | 6 | 7.5 | 9 | 10.5 | 12 |
| $H$<br>（max） | 1 | 1.3 | 1.6 | 2.2 | 2.6 | 3.2 | 4.2 | 5.2 | 6.2 | 8.2 | 10 | 12 | 15 | 18 | 21 | 24 |
| $m \leqslant$ | 0.25 | 0.33 | 0.4 | 0.55 | 0.65 | 0.8 | 1.05 | 1.3 | 1.55 | 2.05 | 2.5 | 3 | 3.75 | 4.5 | 5.25 | 6 |

# 六、键[Keys]

1. 平键　键槽的剖面尺寸（摘自 GB/T 1095—2003）

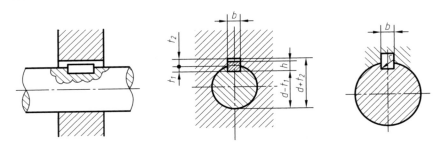

2. 普通型　平键（摘自 GB/T 1096—2003）

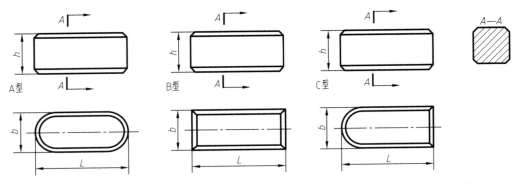

标记示例：普通 A 型平键，$b = 18$ mm、$h = 11$ mm、$L = 100$ mm,标记为：GB/T 1096 键 18×11×100

普通 B 型平键，$b = 18$ mm、$h = 11$ mm、$L = 100$ mm,标记为：GB/T 1096 键 B18×11×100

附　表　16　　　　　　　　　　　　　　　　　　　　　　mm

| 键尺寸 $b \times h$ | 键长度 $L$ | 基本尺寸 $b$ | 松连接 轴 H9 | 松连接 毂 D10 | 紧密连接 轴和毂 P9 | 正常连接 轴 N9 | 正常连接 毂 JS9 | 轴 $t_1$ 公称尺寸 | 轴 $t_1$ 极限偏差 | 毂 $t_2$ 公称尺寸 | 毂 $t_2$ 极限偏差 | 半径 $r$ 最小 | 半径 $r$ 最大 |
|---|---|---|---|---|---|---|---|---|---|---|---|---|---|
| $2 \times 2$ | 6~20 | 2 | +0.025 0 | +0.060 +0.020 | -0.006 -0.031 | -0.004 -0.029 | ±0.0125 | 1.2 | +0.1 0 | 1.0 | +0.1 0 | 0.08 | 0.16 |
| $3 \times 3$ | 6~36 | 3 | +0.025 0 | +0.060 +0.020 | -0.006 -0.031 | -0.004 -0.029 | ±0.0125 | 1.8 | | 1.4 | | 0.08 | 0.16 |
| $4 \times 4$ | 8~45 | 4 | +0.030 0 | +0.078 +0.030 | -0.012 -0.042 | 0 -0.030 | ±0.015 | 2.5 | | 1.8 | | 0.16 | 0.25 |
| $5 \times 5$ | 10~56 | 5 | +0.030 0 | +0.078 +0.030 | -0.012 -0.042 | 0 -0.030 | ±0.015 | 3.0 | | 2.3 | | 0.16 | 0.25 |
| $6 \times 6$ | 14~70 | 6 | +0.030 0 | +0.078 +0.030 | -0.012 -0.042 | 0 -0.030 | ±0.015 | 3.5 | | 2.8 | | 0.16 | 0.25 |
| $8 \times 7$ | 18~90 | 8 | +0.036 0 | +0.098 +0.040 | -0.015 -0.051 | 0 -0.036 | ±0.018 | 4.0 | +0.2 0 | 3.3 | +0.2 0 | 0.25 | 0.40 |
| $10 \times 8$ | 22~110 | 10 | +0.036 0 | +0.098 +0.040 | -0.015 -0.051 | 0 -0.036 | ±0.018 | 5.0 | | 3.3 | | 0.25 | 0.40 |
| $12 \times 8$ | 28~140 | 12 | +0.043 0 | +0.120 +0.050 | -0.018 -0.061 | 0 -0.043 | ±0.0215 | 5.0 | | 3.3 | | 0.25 | 0.40 |
| $14 \times 9$ | 36~160 | 14 | +0.043 0 | +0.120 +0.050 | -0.018 -0.061 | 0 -0.043 | ±0.0215 | 5.5 | | 3.8 | | 0.25 | 0.40 |
| $16 \times 10$ | 45~180 | 16 | +0.043 0 | +0.120 +0.050 | -0.018 -0.061 | 0 -0.043 | ±0.0215 | 6.0 | | 4.3 | | 0.25 | 0.40 |
| $18 \times 11$ | 50~200 | 18 | +0.043 0 | +0.120 +0.050 | -0.018 -0.061 | 0 -0.043 | ±0.0215 | 7.0 | | 4.4 | | 0.25 | 0.40 |
| $20 \times 12$ | 56~220 | 20 | +0.052 0 | +0.149 +0.065 | -0.022 -0.074 | 0 -0.052 | ±0.026 | 7.5 | | 4.9 | | 0.40 | 0.60 |
| $22 \times 14$ | 63~250 | 22 | +0.052 0 | +0.149 +0.065 | -0.022 -0.074 | 0 -0.052 | ±0.026 | 9.0 | | 5.4 | | 0.40 | 0.60 |
| $25 \times 14$ | 70~280 | 25 | +0.052 0 | +0.149 +0.065 | -0.022 -0.074 | 0 -0.052 | ±0.026 | 9.0 | | 5.4 | | 0.40 | 0.60 |
| $28 \times 16$ | 80~320 | 28 | +0.052 0 | +0.149 +0.065 | -0.022 -0.074 | 0 -0.052 | ±0.026 | 10.0 | | 6.4 | | 0.40 | 0.60 |

键长度 $L$ 取值:6,8,10,12,14,16,18,20,22,25,28,32,36,40,45,50,56,63,70,80,90,100,110,125,140,160,180,200,220,250,280,320,360,400,500

# 七、销 [ Pins ]

1. 圆锥销 [ Taper Pins ] ( GB/T 117—2000 )

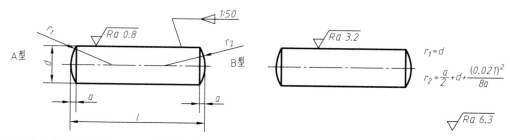

$$r_1 \approx d$$
$$r_2 \approx \frac{a}{2} + d + \frac{(0.021)^2}{8a}$$

标记示例:公称直径 $d = 10$ mm、公称长度 $l = 60$ mm、材料为 35 钢、热处理硬度为 28~38HRC、表面氧化的 A

型圆锥销,标记为:销 GB/T 117　10×60;如为 B 型,则标记为:销 GB/T 117　B10×60

附　表　17
mm

| $d$(公称) | 0.6 | 0.8 | 1 | 1.2 | 1.5 | 2 | 2.5 | 3 | 4 | 5 |
|---|---|---|---|---|---|---|---|---|---|---|
| $a \approx$ | 0.08 | 0.1 | 0.12 | 0.16 | 0.2 | 0.25 | 0.3 | 0.4 | 0.5 | 0.63 |
| $l$(商品规格范围公称长度) | 4~8 | 5~12 | 6~16 | 6~20 | 8~24 | 10~35 | 10~35 | 12~45 | 14~55 | 18~60 |
| $d$(公称) | 6 | 8 | 10 | 12 | 16 | 20 | 25 | 30 | 40 | 50 |
| $a \approx$ | 0.8 | 1 | 1.2 | 1.6 | 2 | 2.5 | 3 | 4 | 5 | 6.3 |
| $l$(商品规格范围公称长度) | 22~90 | 22~120 | 26~160 | 32~180 | 40~200 | 45~200 | 50~200 | 55~200 | 60~200 | 65~200 |
| $l$ 系列 | 2,3,4,5,6,8,10,12,14,16,18,20,22,24,26,28,30,32,35,40,45,50,55,60,65,70,75,80,85,90,95,100,120,140,160,180,200 | | | | | | | | | |

## 2. 圆柱销［Parallel Pins］

不淬硬钢和奥氏体不锈钢(GB/T 119.1—2000)

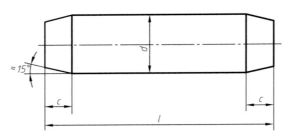

标记示例:公称直径 $d$ = 10 mm、公差为 m6、公称长度 $l$ = 60 mm、材料为钢、不经淬硬、不经表面处理的圆柱销,标记为:销 GB/T 119.1　10m6×60

附　表　18
mm

| $d$(公称) | 0.6 | 0.8 | 1 | 1.2 | 1.5 | 2 | 2.5 | 3 | 4 | 5 |
|---|---|---|---|---|---|---|---|---|---|---|
| $c \approx$ | 0.12 | 0.16 | 0.20 | 0.25 | 0.30 | 0.35 | 0.40 | 0.50 | 0.63 | 0.80 |
| $l$(商品规格范围公称长度) | 2~6 | 2~8 | 4~10 | 4~12 | 4~16 | 6~20 | 6~24 | 8~30 | 8~40 | 10~50 |
| $d$(公称) | 6 | 8 | 10 | 12 | 16 | 20 | 25 | 30 | 40 | 50 |
| $c \approx$ | 1.2 | 1.6 | 2 | 2.5 | 3 | 3.5 | 4 | 5 | 6.3 | 8 |
| $l$(商品规格范围公称长度) | 12~60 | 14~80 | 18~95 | 22~140 | 26~180 | 35~200 | 50~200 | 60~200 | 80~200 | 95~200 |
| $l$ 系列 | 2,3,4,5,6,8,10,12,14,16,18,20,22,24,26,28,30,32,35,40,45,50,55,60,65,70,75,80,85,90,95,100,120,140,160,180,200 | | | | | | | | | |

# 八、轴承 [ Bearings ]

附表 19　深沟球轴承 ( GB/T 276—2013 )

标 记 示 例
60000 型
滚动轴承 6004　GB/T 276—2013

mm

| 轴承代号 | $d$ | $D$ | $B$ | 轴承代号 | $d$ | $D$ | $B$ |
|---|---|---|---|---|---|---|---|
| (0)1 尺寸系列 | | | | (0)3 尺寸系列 | | | |
| 606 | 6 | 17 | 6 | 634 | 4 | 16 | 5 |
| 607 | 7 | 19 | 6 | 635 | 5 | 19 | 6 |
| 608 | 8 | 22 | 7 | 6300 | 10 | 35 | 11 |
| 609 | 9 | 24 | 7 | 6301 | 12 | 37 | 12 |
| 6000 | 10 | 26 | 8 | 6302 | 15 | 42 | 13 |
| 6001 | 12 | 28 | 8 | 6303 | 17 | 47 | 14 |
| 6002 | 15 | 32 | 9 | 6304 | 20 | 52 | 15 |
| 6003 | 17 | 35 | 10 | 6305 | 25 | 62 | 17 |
| 6004 | 20 | 42 | 12 | 6306 | 30 | 72 | 19 |
| 6005 | 25 | 47 | 12 | 6307 | 35 | 80 | 21 |
| 6006 | 30 | 55 | 13 | 6308 | 40 | 90 | 23 |
| 6007 | 35 | 62 | 14 | 6309 | 45 | 100 | 25 |
| 6008 | 40 | 68 | 15 | 6310 | 50 | 110 | 27 |
| 6009 | 45 | 75 | 16 | 6311 | 55 | 120 | 29 |
| 6010 | 50 | 80 | 16 | 6312 | 60 | 130 | 31 |
| 6011 | 55 | 90 | 18 | 6313 | 65 | 140 | 33 |
| 6012 | 60 | 95 | 18 | 6314 | 70 | 150 | 35 |
| (0)2 尺寸系列 | | | | (0)4 尺寸系列 | | | |
| 623 | 3 | 10 | 4 | 6403 | 17 | 62 | 17 |
| 624 | 4 | 13 | 5 | 6404 | 20 | 72 | 19 |
| 625 | 5 | 16 | 5 | 6405 | 25 | 80 | 21 |
| 626 | 6 | 19 | 6 | 6406 | 30 | 90 | 23 |
| 627 | 7 | 22 | 7 | 6407 | 35 | 100 | 25 |
| 628 | 8 | 24 | 8 | 6408 | 40 | 110 | 27 |
| 629 | 9 | 26 | 8 | 6409 | 45 | 120 | 29 |
| 6200 | 10 | 30 | 9 | 6410 | 50 | 130 | 31 |
| 6201 | 12 | 32 | 10 | 6411 | 55 | 140 | 33 |
| 6202 | 15 | 35 | 11 | 6412 | 60 | 150 | 35 |
| 6203 | 17 | 40 | 12 | 6413 | 65 | 160 | 37 |
| 6204 | 20 | 47 | 14 | 6414 | 70 | 180 | 42 |
| 6205 | 25 | 52 | 15 | 6415 | 75 | 190 | 45 |
| 6206 | 30 | 62 | 16 | 6416 | 80 | 200 | 48 |
| 6207 | 35 | 72 | 17 | 6417 | 85 | 210 | 52 |
| 6208 | 40 | 80 | 18 | 6418 | 90 | 225 | 54 |
| 6209 | 45 | 85 | 19 | 6419 | 95 | 240 | 55 |
| 6210 | 50 | 90 | 20 | 6420 | 100 | 250 | 58 |
| 6211 | 55 | 100 | 21 | | | | |
| 6212 | 60 | 110 | 22 | | | | |

### 附表 20　圆锥滚子轴承（GB/T 297—2015）

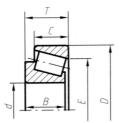

标 记 示 例
30000 型
滚动轴承 30204　GB/T 297—2015

mm

| 轴承代号 | $d$ | $D$ | $T$ | $B$ | $C$ | $E$ | 轴承代号 | $d$ | $D$ | $T$ | $B$ | $C$ | $E$ |
|---|---|---|---|---|---|---|---|---|---|---|---|---|---|
| 02 尺寸系列 | | | | | | | 22 尺寸系列 | | | | | | |
| 30204 | 20 | 47 | 15.25 | 14 | 12 | 37.3 | 32204 | 20 | 47 | 19.25 | 18 | 15 | 35.8 |
| 30205 | 25 | 52 | 16.25 | 15 | 13 | 41.1 | 32205 | 25 | 52 | 19.25 | 18 | 16 | 41.3 |
| 30206 | 30 | 62 | 17.25 | 16 | 14 | 49.9 | 32206 | 30 | 62 | 21.25 | 20 | 17 | 48.9 |
| 30207 | 35 | 72 | 18.25 | 17 | 15 | 58.8 | 32207 | 35 | 72 | 24.25 | 23 | 19 | 57 |
| 30208 | 40 | 80 | 19.75 | 18 | 16 | 65.7 | 32208 | 40 | 80 | 24.75 | 23 | 19 | 64.7 |
| 30209 | 45 | 85 | 20.75 | 19 | 16 | 70.4 | 32209 | 45 | 85 | 24.75 | 23 | 19 | 69.6 |
| 30210 | 50 | 90 | 21.75 | 20 | 17 | 75 | 32210 | 50 | 90 | 24.75 | 23 | 19 | 74.2 |
| 30211 | 55 | 100 | 22.75 | 21 | 18 | 84.1 | 32211 | 55 | 100 | 26.75 | 25 | 21 | 82.8 |
| 30212 | 60 | 110 | 23.75 | 22 | 19 | 91.8 | 32212 | 60 | 110 | 29.75 | 28 | 24 | 90.2 |
| 30213 | 65 | 120 | 24.75 | 23 | 20 | 101.9 | 32213 | 65 | 120 | 32.75 | 31 | 27 | 99.4 |
| 30214 | 70 | 125 | 26.25 | 24 | 21 | 105.7 | 32214 | 70 | 125 | 33.25 | 31 | 27 | 103.7 |
| 30215 | 75 | 130 | 27.75 | 25 | 22 | 110.4 | 32215 | 75 | 130 | 33.25 | 31 | 27 | 108.9 |
| 30216 | 80 | 140 | 28.25 | 26 | 22 | 119.1 | 32216 | 80 | 140 | 35.25 | 33 | 28 | 117.4 |
| 30217 | 85 | 150 | 30.5 | 28 | 24 | 126.6 | 32217 | 85 | 150 | 38.5 | 36 | 30 | 124.9 |
| 30218 | 90 | 160 | 32.5 | 30 | 26 | 134.9 | 32218 | 90 | 160 | 42.5 | 40 | 34 | 132.6 |
| 30219 | 95 | 170 | 34.5 | 32 | 27 | 143.3 | 32219 | 95 | 170 | 45.5 | 43 | 37 | 140.2 |
| 30220 | 100 | 180 | 37 | 34 | 29 | 151.3 | 32220 | 100 | 180 | 49 | 46 | 39 | 148.1 |
| 03 尺寸系列 | | | | | | | 23 尺寸系列 | | | | | | |
| 30304 | 20 | 52 | 16.25 | 15 | 13 | 41.3 | 32304 | 20 | 52 | 22.25 | 21 | 18 | 39.5 |
| 30305 | 25 | 62 | 18.25 | 17 | 15 | 50.6 | 32305 | 25 | 62 | 25.25 | 24 | 20 | 48.6 |
| 30306 | 30 | 72 | 20.75 | 19 | 16 | 58.2 | 32306 | 30 | 72 | 28.75 | 27 | 23 | 55.7 |
| 30307 | 35 | 80 | 22.75 | 21 | 18 | 65.7 | 32307 | 35 | 80 | 32.75 | 31 | 25 | 62.8 |
| 30308 | 40 | 90 | 25.25 | 23 | 20 | 72.7 | 32308 | 40 | 90 | 35.25 | 33 | 27 | 69.2 |
| 30309 | 45 | 100 | 27.75 | 25 | 22 | 81.7 | 32309 | 45 | 100 | 38.25 | 36 | 30 | 78.3 |
| 30310 | 50 | 110 | 29.25 | 27 | 23 | 90.6 | 32310 | 50 | 110 | 42.25 | 40 | 33 | 86.2 |
| 30311 | 55 | 120 | 31.5 | 29 | 25 | 99.1 | 32311 | 55 | 120 | 45.5 | 43 | 35 | 94.3 |
| 30312 | 60 | 130 | 33.5 | 31 | 26 | 107.7 | 32312 | 60 | 130 | 48.5 | 46 | 37 | 102.9 |
| 30313 | 65 | 140 | 36 | 33 | 28 | 116.8 | 32313 | 65 | 140 | 51 | 48 | 39 | 111.7 |
| 30314 | 70 | 150 | 38 | 35 | 30 | 125.2 | 32314 | 70 | 150 | 54 | 51 | 42 | 119.7 |
| 30315 | 75 | 160 | 40 | 37 | 31 | 134 | 32315 | 75 | 160 | 58 | 55 | 45 | 127.8 |
| 30316 | 80 | 170 | 42.5 | 39 | 33 | 143.1 | 32316 | 80 | 170 | 61.5 | 58 | 48 | 136.5 |
| 30317 | 85 | 180 | 44.5 | 41 | 34 | 150.4 | 32317 | 85 | 180 | 63.5 | 60 | 49 | 144.2 |
| 30318 | 90 | 190 | 46.5 | 43 | 36 | 159 | 32318 | 90 | 190 | 67.5 | 64 | 53 | 151.7 |
| 30319 | 95 | 200 | 49.5 | 45 | 38 | 165.8 | 32319 | 95 | 200 | 71.5 | 67 | 55 | 160.3 |
| 30320 | 100 | 215 | 51.5 | 47 | 39 | 178.5 | 32320 | 100 | 215 | 77.5 | 73 | 60 | 171.6 |

附表 21　单向推力球轴承（GB/T 301—2015）

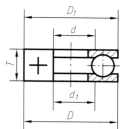

标 记 示 例

内径 $d = 20$ mm，51204 型推力球轴承，12 尺寸系列：

滚动轴承 51204　GB/T 301—2015

mm

| 轴承 | $d$ | $d_1$ | $D$ | $D_1$ | $T$ | 轴承 | $d$ | $d_1$ | $D$ | $D_1$ | $T$ |
|---|---|---|---|---|---|---|---|---|---|---|---|
| 11 尺寸系列 | | | | | | 13 尺寸系列 | | | | | |
| 51104 | 20 | 21 | 35 | 35 | 10 | 51304 | 20 | 22 | 47 | 47 | 18 |
| 51105 | 25 | 26 | 42 | 42 | 11 | 51305 | 25 | 27 | 52 | 52 | 18 |
| 51106 | 30 | 32 | 47 | 47 | 11 | 51306 | 30 | 32 | 60 | 60 | 21 |
| 51107 | 35 | 37 | 52 | 52 | 12 | 51307 | 35 | 37 | 68 | 68 | 24 |
| 51108 | 40 | 42 | 60 | 60 | 13 | 51308 | 40 | 42 | 78 | 78 | 26 |
| 51109 | 45 | 47 | 65 | 65 | 14 | 51309 | 45 | 47 | 85 | 85 | 28 |
| 51110 | 50 | 52 | 70 | 70 | 14 | 51310 | 50 | 52 | 95 | 95 | 31 |
| 51111 | 55 | 57 | 78 | 78 | 16 | 51311 | 55 | 57 | 105 | 105 | 35 |
| 51112 | 60 | 62 | 85 | 85 | 17 | 51312 | 60 | 62 | 110 | 110 | 35 |
| 51113 | 65 | 65 | 90 | 90 | 18 | 51313 | 65 | 67 | 115 | 115 | 36 |
| 51114 | 70 | 72 | 95 | 95 | 18 | 51314 | 70 | 72 | 125 | 125 | 40 |
| 51115 | 75 | 77 | 100 | 100 | 19 | 51315 | 75 | 77 | 135 | 135 | 44 |
| 51116 | 80 | 82 | 105 | 105 | 19 | 51316 | 80 | 82 | 140 | 140 | 44 |
| 51117 | 85 | 87 | 110 | 110 | 19 | 51317 | 85 | 88 | 150 | 150 | 49 |
| 51118 | 90 | 92 | 120 | 120 | 22 | 51318 | 90 | 93 | 155 | 155 | 50 |
| 51120 | 100 | 102 | 135 | 135 | 25 | 51320 | 100 | 103 | 170 | 170 | 55 |
| 12 尺寸系列 | | | | | | 14 尺寸系列 | | | | | |
| 51204 | 20 | 22 | 40 | 40 | 14 | 51405 | 25 | 27 | 60 | 60 | 24 |
| 51205 | 25 | 27 | 47 | 47 | 15 | 51406 | 30 | 32 | 70 | 70 | 28 |
| 51206 | 30 | 32 | 52 | 52 | 16 | 51407 | 35 | 37 | 80 | 80 | 32 |
| 51207 | 35 | 37 | 62 | 62 | 18 | 51408 | 40 | 42 | 90 | 90 | 36 |
| 51208 | 40 | 42 | 68 | 68 | 19 | 51409 | 45 | 47 | 100 | 100 | 39 |
| 51209 | 45 | 47 | 73 | 73 | 20 | 51410 | 50 | 52 | 110 | 110 | 43 |
| 51210 | 50 | 52 | 78 | 78 | 22 | 51411 | 55 | 57 | 120 | 120 | 48 |
| 51211 | 55 | 57 | 90 | 90 | 25 | 51412 | 60 | 62 | 130 | 130 | 51 |
| 51212 | 60 | 62 | 95 | 95 | 26 | 51413 | 65 | 68 | 140 | 140 | 56 |
| 51213 | 65 | 67 | 100 | 100 | 27 | 51414 | 70 | 73 | 150 | 150 | 60 |
| 51214 | 70 | 72 | 105 | 105 | 27 | 51415 | 75 | 78 | 160 | 160 | 65 |
| 51215 | 75 | 77 | 110 | 110 | 27 | 51416 | 80 | 83 | 170 | 170 | 68 |
| 51216 | 80 | 82 | 115 | 115 | 28 | 51417 | 85 | 88 | 180 | 177 | 72 |
| 51217 | 85 | 88 | 125 | 125 | 31 | 51418 | 90 | 93 | 190 | 187 | 77 |
| 51218 | 90 | 93 | 135 | 135 | 35 | 51420 | 100 | 103 | 210 | 205 | 85 |
| 51220 | 100 | 103 | 150 | 150 | 38 | 51422 | 110 | 113 | 230 | 225 | 95 |

# 参 考 文 献

## Reference

[1] 大连理工大学工程图学教研室.机械制图[M].7 版.北京:高等教育出版社,2013.

[2] 何铭新,钱可强,徐祖茂.机械制图[M].7 版.北京:高等教育出版社,2016.

[3] 陶冶,王静,何扬清.工程制图[M].2 版.北京:高等教育出版社,2013.

[4] 杨铭.机械制图[M].2 版.北京:机械工业出版社,2012.

[5] 胡国军.机械制图[M].2 版.杭州:浙江大学出版社,2013.

[6] 何建英,等.画法几何及机械制图[M].7 版.北京:高等教育出版社,2016.

[7] 万静,许纪倩.机械制图[M].北京:清华大学出版社,2011.

[8] 钱可强.工程制图[M].2 版.北京:高等教育出版社,2011.

[9] 庞正刚.机械制图[M].北京:北京航空航天大学出版社,2012.

[10] 张永茂,王继荣.AutoCAD 2010 中文版机械绘图实例教程[M].4 版.北京:机械工业出版社,2010.

[11] 王敏.SolidWorks 2012 中文版[M].北京:高等教育出版社,2012.

[12] 李广军,吕金丽,富威.工程图学基础[M].3 版.北京:高等教育出版社,2021.